职业本科教育机电类专业新形态一体化教材

机械制图及 CAD

主编 周燕 高军

中国教育出版传媒集团

高等教育出版社·北京

内容简介

本书是为适应高等职业教育教学改革和发展，面向高素质技术技能人才培养需要，结合编者多年教学经验编写而成的，教材体系采用制图与计算机绘图融合的形式。本书主要内容包括：制图的基本知识、正投影法及三视图、基本体三视图识读与绘制、组合体三视图识读与绘制、机件的常用表达方法、标准件与常用件的特殊表示法、零件图识读与绘制、装配图识读与绘制等。

全书采用我国最新颁布的《技术制图》与《机械制图》国家标准及与制图有关的其他国家标准，计算机绘图部分采用 AutoCAD 中文版编写并配有微课便于教学。与本书配套的习题集同步出版。

本书可作为职业本科、应用型本科及高等职业院校相关专业机械制图课程教材，也可作为机械行业技术人员、操作人员的岗位培训用书。

授课教师如需本书配套的教学课件，可发邮件至邮箱 gzjx@ pub. hep. cn 获取。

图书在版编目（CIP）数据

机械制图及 CAD / 周燕,高军主编 . --北京：高等教育出版社，2024.4

　　ISBN 978-7-04-061715-3

　　Ⅰ.①机… Ⅱ.①周… ②高… Ⅲ.①机械制图-AutoCAD 软件-高等职业教育-教材 Ⅳ.①TH126

　　中国国家版本馆 CIP 数据核字（2024）第 038870 号

机械制图及 CAD
JIXIE ZHITU JI CAD

| 策划编辑 | 张　璋 | 责任编辑 | 张　璋 | 封面设计 | 张雨微 | 版式设计 | 李彩丽 |
| 责任绘图 | 黄云燕 | 责任校对 | 刘娟娟 | 责任印制 | 耿　轩 | | |

出版发行	高等教育出版社		网　　址	http://www.hep.edu.cn
社　　址	北京市西城区德外大街 4 号			http://www.hep.com.cn
邮政编码	100120		网上订购	http://www.hepmall.com.cn
印　　刷	河北信瑞彩印刷有限公司			http://www.hepmall.com
开　　本	787 mm×1092 mm　1/16			http://www.hepmall.cn
印　　张	18.75			
字　　数	430 千字		版　　次	2024 年 4 月第 1 版
购书热线	010-58581118		印　　次	2024 年 4 月第 1 次印刷
咨询电话	400-810-0598		定　　价	49.00 元

本书如有缺页、倒页、脱页等质量问题，请到所购图书销售部门联系调换
版权所有　侵权必究
物 料 号　61715-00

前 言

本书是为适应高等职业教育教学改革和发展的需要，突出职业本科教育教学特色，再结合近年来计算机应用技术的发展，参考国内外同类教材，总结全体编写人员的教学经验，并融入多年教学改革成果编写而成的，书中严格贯彻了有关机械制图的国家标准。本书以党的二十大精神为指引，坚定不移地把党的二十大提出的目标任务落到实处，坚持不懈用习近平新时代中国特色社会主义思想铸魂育人，深化教育教学改革，着力提高科技创新和人才培养的能力，坚定不移推进特色鲜明的高水平应用型职业本科课程建设，以适应高素质技术技能人才的培养。

本书的主要特点如下。

1. 采用"学习内容→案例分析→技能跟踪训练→知识拓展"的教学模式，更符合职业本科学生学习机械制图时的认知规律，有助于理解和巩固与机械相关的知识。

2. 主要教学内容围绕"知识传递、发展能力、巩固学习成果、与工程实际衔接、帮助学生获得参考信息"5个主题开展，为发展学生学习能力并持续拓展能力、激发知识学习动力并深度挖掘知识提供了基础知识支持。在内容上突出基础性、实用性、先进性及实践性，实现与产业界的紧密结合，培养学生的综合职业能力。

3. 从整体上体现培养学生识图能力为主的教学思想，同时又充分注意实践环节，通过案例训练及配套的习题集等内容，培养学生运用理论解决实际工程问题的能力。本书选用典型的机械制图图例，通过对这些图例的识读与绘制，培养学生的空间思维能力，系统训练学生机械图样的识读与绘制能力。

4. 本书选用 AutoCAD 软件作为计算机绘图工具，每一教学模块均独立安排了计算机绘图知识及微课，并与该模块内容紧密结合，使机械制图理论和计算机绘图有机地结合起来，既有助于培养学生的基本工程素质，也有利于训练学生的计算机绘图能力。

为提高教学效果，帮助学生全面掌握机械制图知识与技能，为后续课程学习打下良好的专业基础，本课程建议总学时为100~120学时，两学期完成授课，各院校可根据实际情况决定内容的取舍。

本书由运城职业技术大学周燕、内蒙古第一机械集团有限公司高军担任主编。参与本书编写的有：运城职业技术大学周燕（导读、模块三、模块四），内蒙古第一机械集团有限公司高军（模块二），运城职业技术大学李小龙（模块七）、杨明霞（模块一）、王锦翠（模块五）、姚伟德（模块六）、樊晋娜（模块八）、董晓宾（附录）。

　　由于编者水平有限，书中难免存有疏漏和不当之处，敬请专家、同仁和广大读者批评指正。

编　者

2024 年 1 月

目 录

附录

参考文献

导读

一、图的作用

"图"的本意是指用绘画表现出来的形象。图形特别契合人类视觉系统的观察，人类从图形上接受信息的速度要比从数字、文字、表格中快很多倍，因此用图来记录或描述对象比用文字等描述要简明、方便、直观得多。

翻开本书会发现，书中有很多大家现在还无法读懂的图。在日常生产、生活中，大家也会发现各种各样的图。例如：服装设计行业有服装设计图、工业设计行业有产品效果图、建筑行业有建筑设计图和建筑施工图、地质勘探行业有地质剖面图、机械行业有零件图和装配图等。

这些图的作用是简明、直观地表达设计或者施工等思想。我们会发现这些图上表达的思想，换做用语言和文字是较难表达清楚的。这也就说明了，为什么各行各业都有自己的图。

在工程技术中，为了准确表达工程对象的结构、形状、尺寸和技术要求，根据投影原理、国家标准及有关规定画出的图，称为图样。

在产品研发过程中，设计者通过图样来表达自己的设计思想，制造者通过图样来领会设计意图并按图样实施产品的加工制造及检验，所以图样被称为工程界的技术语言，享有"工程语言"之称。

二、机械图样

各行各业都有自己的图样，机械行业用什么样的图表达零件的结构、形状、零件间的位置关系呢？

如图 0-1 所示是常见的螺栓和螺母。若要制造它们，必须先将实物转换成工程界通用的技术语言，即图样，这样制造者才能按照图样上的具体结构、形状、尺寸和技术要求，生产出合格的螺栓和螺母。

此外，在制造由多个零件构成的机器或部件时，除螺栓、螺母、垫圈、螺柱、螺钉、键、销等标准件可直接购买外，构成该机器或部件的其他所有零件（非标准件）都需要画出其零件图样，并需要画出表示该机器或部件中各零件的连接方式、装配关系、工作原理和传动方式的装配图样。

在机械制造业中，零件图样和装配图样统称为机械图样。

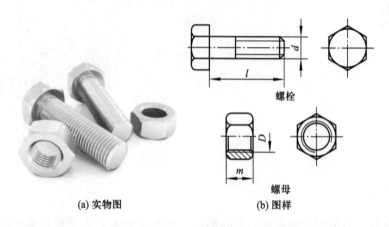

(a) 实物图　　　　　　(b) 图样

图 0-1　螺栓和螺母

机械工程中常用的机械图样有：零件图和装配图。

零件图：表达单个零件的结构、大小和技术要求的图样。在生产实际中，无论零件的结构形状多么简单，想要制造它，就需要先绘制它的零件图。零件图是制造零件、检验零件、指导零件生产的依据，如图 0-2 所示。

装配图：表达机器或部件装配、连接关系的图样。在机器或部件的设计制造及装配时都需要装配图，这是因为装配图可以表达机器或部件的工作原理、零件间的装配关系，以及装配、检验和安装时需要的尺寸和技术要求，如图 0-3 所示。

三、机械图样的绘图原理

机械图样是根据正投影原理，按照制图国家标准的规定绘制出的图样。

正投影原理：物体正放、光线相互平行且与投影面垂直。用正投影原理得到的投影反映了零件的真实结构和形状，如图 0-4 所示。

四、机械图样在机械工程中的作用

1）表达设计思想（案例：假如你的脑海里有一款概念车的想法，怎么展示出来?）。

2）帮助使用机器（案例：一张产品说明书，说明书上的视图对我们来说有什么用?）。

3）加工制造、装配、检验的依据（案例：汽车零部件加工过程中，起指导作用的资料是什么?）。

4）技术引进与交流的手段（案例：在技术引进工作中，为什么要引进具体的图纸?）。

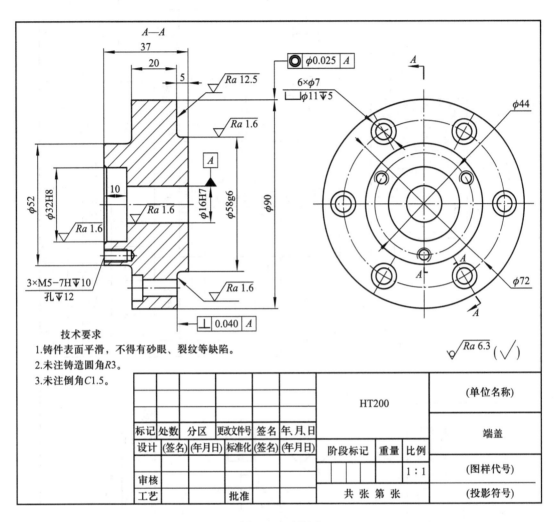

图 0-2 零件图

五、课程的学习方法

1. 由物画图、由图想物

学习本课程的主要方法是自始至终要把物体的投影与物体的形状紧密联系在一起，不断地由物画图、由图想物，既要思考视图的形成，又要想象物体的形状，在图、物的相互转换过程中，逐步提高图示能力、绘图能力及读图能力、空间思维能力。实际上，空间思维能力的提高是一个由量变到质变的过程，这正是唯物辩证法发展的观点，只有通过循序渐进地练习，不断地"照物绘图"和"依图想物"，才会有空间思维能力质的突破。

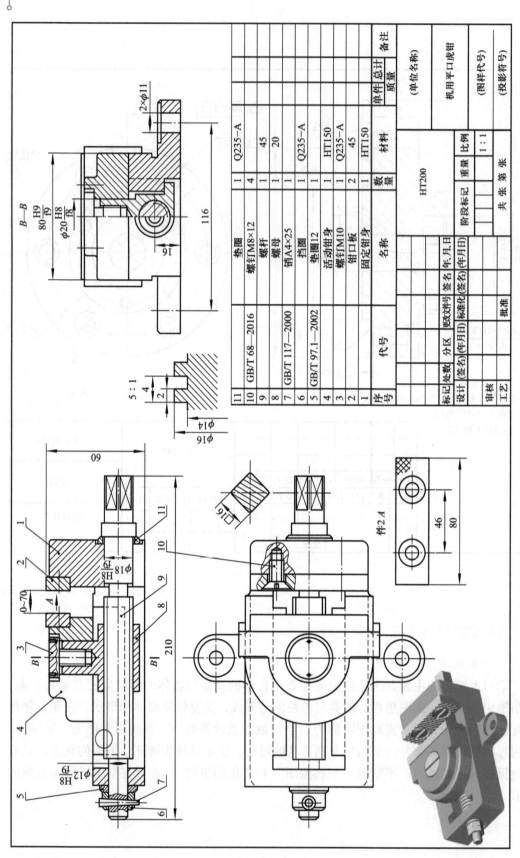

序号	代号	名称	数量	材料	单件	总计	备注
11		垫圈	1	Q235-A			
10	GB/T 68-2016	螺钉M8×12	4	45			
9		螺杆	1	45			
8		螺母	1	20			
7	GB/T 117-2000	销A4×25	1				
6		挡圈	1	Q235-A			
5	GB/T 97.1-2002	垫圈12	1				
4		活动钳身	1	HT150			
3		螺钉M10	1	Q235-A			
2		钳口板	2	45			
1		固定钳身	1	HT150			

			质量				
标记	处数	分区	更改文件号	签名	年月日		(单位名称)
设计			(签名)	(年月日)	标准化	(签名)	(年月日)	机用平口虎钳
审核							(图样代号)
工艺				批准			(投影符号)

HT200   阶段标记   重量   比例   1 : 1

共 张   第 张

图 0-3 机用平口虎钳装配图

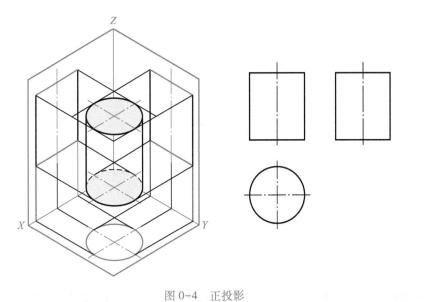

图 0-4 正投影

2. 学、练相结合

课前预习、课中学习与课后练习紧密结合，在学中练，在练中学。在完成习题作业的过程中，要按照正确的绘图方法和步骤作图，养成正确使用绘图工具的习惯，严格执行制图的相关标准和规定。

模块一

制图的基本知识

【模块导读】

　　机械图样是现代工业生产中重要的技术文件之一，是工程界的技术语言。工程技术人员通过机械图样表达设计意图（图1-1），制造者通过图样加工制造产品。为了能绘制和识读机械图样，我们需具备制图的一些基本知识，包括国家标准中的有关规定、绘图工具的使用方法、常用几何图形的作图方法和技能等。

【学习目标】

- ❖ 掌握国家标准中关于图幅、比例、字体、图线的有关规定；
- ❖ 熟悉绘图工具的使用方法；
- ❖ 掌握几何作图的方法及简单平面图形的分析方法和作图步骤，正确绘制平面图形；
- ❖ 掌握国家标准《机械制图》中尺寸标注的有关内容；
- ❖ 提高对国家标准的认识；
- ❖ 培养细致、严谨、一丝不苟的工作作风、态度与素质。

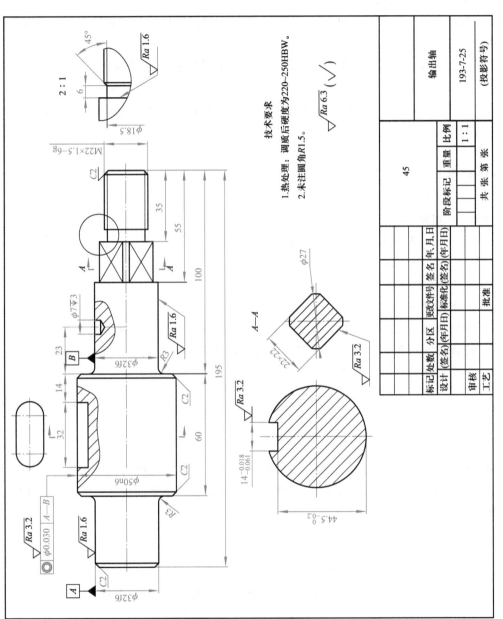

图 1-1　工程实际中的零件图

【学习内容 1.1】 制图国家标准的基本规定

　　图样作为工程界通用的技术语言，具有统一的规范标准，这个规范标准就是《技术制图》《机械制图》等国家标准。国家标准对机械图样绘制的严谨性、科学性要求，体现了执行国家标准和规范生产的职业素养。国家标准对于机械图样的管理和交流起着重要的保障作用。

　　要正确绘制和识读图样，必须熟悉国家标准的有关规定。国家标准（简称国标），其代号为"GB"。例如：GB/T 14689—2008，其中 GB/T 为推荐性国家标准，"G""B""T"分别为"国家""标准""推荐"汉语拼音首字母，"14689"为标准顺序号，"2008"为该标准发布的年号。

　　【知识拓展】标准的分类与级别

　　（1）标准的分类

　　ISO——国际标准；

　　GB——中华人民共和国国家标准；

　　EN——欧洲标准；

　　DIN——德国标准。

　　（2）标准的级别

　　标准的级别是指依据《中华人民共和国标准化法》将标准划分为国家标准、行业标准、地方标准和企业标准等 4 个层次，各层次之间有一定的依从关系和内在联系，形成一个覆盖全国又层次分明的标准体系。

1.1.1　图纸幅面和格式（摘自 GB/T 14689—2008）

　　（1）图纸幅面

　　图纸幅面（简称图幅），指图纸尺寸规格的大小，为图纸宽度与长度组成的图面。为了使图纸幅面统一，便于装订和管理，绘制工程图样时，图纸幅面应优先采用表 1-1 中规定的基本幅面类型。

表 1-1　基本幅面及图框尺寸   mm

幅面代号		A0	A1	A2	A3	A4
幅面尺寸 $B \times L$		841×1189	594×841	420×594	297×420	210×297
边框尺寸	a	25				
	c	10			5	
	e	20			10	

　　必要时，允许选用加长幅面的图纸。加长幅面的尺寸是基本幅面的长边尺寸保持不变，短边尺寸乘整数倍增加后得出的，如图 1-2 所示。

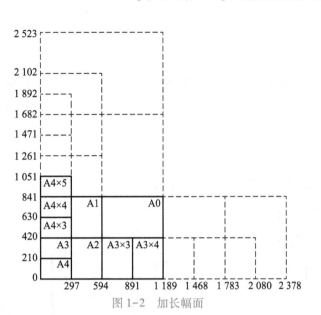

图 1-2 加长幅面

（2）图框格式

图纸上限定绘图区域的线框称为图框。绘图时，需先在图纸上用粗实线画出图框，再将图样绘制在图框内，图框格式分为不留装订边（图 1-3）和留装订边（图 1-4）两种，同一产品中所有图样均应采用同一格式。

注：图纸可横放或竖放，一般采用 A4 竖放或 A3 横放。

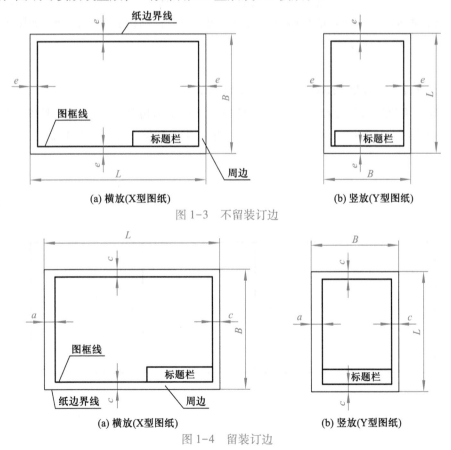

（a）横放(X型图纸)   （b）竖放(Y型图纸)

图 1-3 不留装订边

（a）横放(X型图纸)   （b）竖放(Y型图纸)

图 1-4 留装订边

1.1.2 标题栏（GB/T 10609.1—2008）

每张图纸都必须绘制标题栏。其外框线用粗实线绘制，其右侧边和底边与图框线重合，内部分格线用粗实线和细实线绘制。国家标准规定的标题栏格式及其尺寸如图1-5所示。

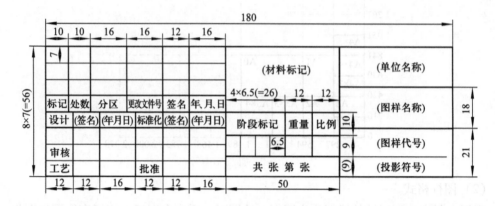

图1-5 标题栏格式及其尺寸

通常情况下，标题栏位于图纸的右下方，它在图纸中的具体位置及方向如图1-3、1-4所示。其中，当标题栏的长边置于水平方向且与图纸的长边平行时，则构成 X 型图纸，如图1-4（a）所示；当标题栏的长边与图纸的长边垂直时，则构成 Y 型图纸，如图1-4（b）所示。看图方向应与标题栏方向一致。

【知识拓展】企业中图纸标题栏如何填写？

国家标准规定的标题栏即为企业用标题栏，在绘制图样时，必须按照国家标准的规定进行绘制，标题栏可以分为4个部分，具体每一部分的用法见表1-2。

表1-2 标题栏的填写方法

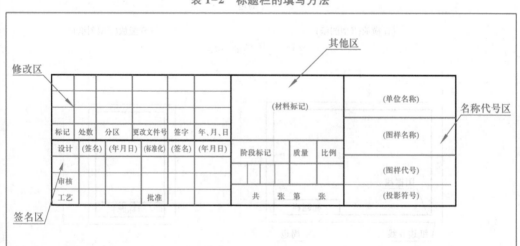

续表

名　称	作　用	举　例
修改区	图纸需要修改时，需在图样上标出相应的修改标记，并在修改栏中填写记录。修改区应自下而上以 a、b、c 依次填写	<table><tr><td></td><td></td><td></td><td></td><td></td><td></td></tr><tr><td></td><td></td><td></td><td></td><td></td><td></td></tr><tr><td>a</td><td>3</td><td>B2</td><td>2023.10.15</td><td>张××</td><td>2023.1.2</td></tr><tr><td>标记</td><td>处数</td><td>分区</td><td>更改文件号</td><td>签字</td><td>年、月、日</td></tr></table>
签名区	图样需要按顺序由设计、审核、工艺和标准化签字后，才可用于指导生产使用	<table><tr><td>设计</td><td>(签名)</td><td>(年月日)</td><td>(标准化)</td><td>(签名)</td><td>(年月日)</td></tr><tr><td></td><td>张三</td><td>2023.1.21</td><td></td><td>张××</td><td>2023.2.16</td></tr><tr><td>审核</td><td>李四</td><td>2023.1.27</td><td></td><td></td><td></td></tr><tr><td>工艺</td><td>王××</td><td>2023.2.5</td><td>批准</td><td></td><td></td></tr></table>
其他区	① 材料标记处填写零件的材料标号。 ② 阶段标记有 4 个框格，根据生产阶段不同，在不同的框格内填写相关代号，"S"——样机（样品）试制图样标记代号；"A"——小批试制图样标记代号；"B"——正式生产图样标记代号。 第一框格填 S，后面空白，表示该图纸是样机（样品）试制阶段。 第二框格填 A，这是试制成功之后加上的，表示该产品可以进行小批试制生产。 第三框格填 B，表示该产品可以正式生产。 第四框格预留，一般不用	38CrSi <table><tr><td>阶段标记</td><td>质量</td><td>比例</td></tr><tr><td>S</td><td></td><td>1：1</td></tr></table>共 10 张　第 3 张
名称代号区	图样代号是根据零件所在的装配组别和产品编写的，加示例中 WSD 表示产品代号；02 表示第 2 组装配组件；052 表示该装配组件中的第 52 个零件。每一个零件都有一个且唯一的图样代号	××职业技术大学 金工实训中心 主动轴 WSD.02.052

a	3	B2	2023.10.15	张××	2023.1.2	38CrSi			××职业技术大学 金工实训中心
标记	处数	分区	更改文件号	签字	年、月、日				
设计		(签名)	(年月日)	(标准化)	(签名)	(年月日)			主动轴
	张三	2023.1.21		张××	2023.2.16	阶段标记	质量	比例	
审核	李四	2023.1.27				S		1：1	WSD.02.052
工艺	王××	2023.2.5	批准			共 10 张　第 3 张			

1.1.3   比例（GB/T 14690—1993）

比例是指图样中图形与其实物相应要素的线性尺寸之比。绘图时应从表 1-3 规定的系列中选取比例，并尽量采用 1:1 的原值比例。工程上应优先选取第一系列比例，必要时也可以采用第二系列比例。

表 1-3   常用的绘图比例

种类	第一系列	第二系列				
原值比例	1:1					
放大比例	2:1 5:1 $1 \times 10^{n}:1$ $2 \times 10^{n}:1$ $5 \times 10^{n}:1$	4:1 2.5:1 $4 \times 10^{n}:1$ $2.5 \times 10^{n}:1$				
缩小比例	1:2 4:5 1:10 $1:2 \times 10^{n}$ $1:5 \times 10^{n}$ $1:10 \times 10^{n}$	1:1.5 $1:1.5 \times 10^{n}$	1:2.5 $1:2.5 \times 10^{n}$	1:3 $1:3 \times 10^{n}$	1:4 $1:4 \times 10^{n}$	1:6 $1:6 \times 10^{n}$

注：n 为正整数。

选用比例的原则是有利于图形的清晰表达和图纸幅面的有效利用。同一张图样上的各视图应采用相同的比例，并标注在标题栏中的"比例"栏内。不论采用何种比例，图形中所标注的尺寸数值均指真实尺寸，与图形的比例无关，如图 1-6 所示。

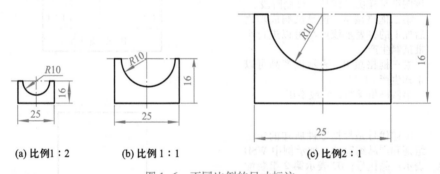

(a) 比例1:2   (b) 比例1:1   (c) 比例2:1

图 1-6   不同比例的尺寸标注

1.1.4   字体（GB/T 14691—1993）

字体是指图样中文字、字母和数字的书写形式，用来标注尺寸和说明机件在设计、制造、装配时的各项要求。书写时必须做到字体工整、笔画清楚、间隔均匀、排列整齐。

1）字体的大小以号数表示，字体的号数就是字体高度（单位为 mm，用 h 表示）。字体高度的公称尺寸系列为：1.8，2.5，3.5，5，7，10，14，20 mm。如需书写更大的字，其字体高度应按 $\sqrt{2}$ 的比率递增。用作指数、分数、注脚和尺寸偏差的数字，一般采用小一号的字体。

2）汉字应写成长仿宋体字，并应采用中华人民共和国国务院正式推行的《汉字简化方案》中规定的简化字。长仿宋体字的书写要领是：横平竖直、注意起落、结构均匀、填满方格。汉字的字体高度 h 不应小于 3.5 mm，其字体宽度一般为 $h/\sqrt{2}$。

3）字母和数字分为 A 型和 B 型。字体的笔画宽度用 d 表示。A 型字体的笔画宽度 $d=h/14$，B 型字体的笔画宽度 $d=h/10$。

4）字母和数字可写成斜体和直体。斜体字字头向右倾斜，与水平基准线成75°。绘图时，一般采用 B 型斜体字。在同一图样上，只允许选用一种字体。

汉字示例：

字体端正笔划清楚
排列整齐间隔均匀

大写拉丁字母示例：

ABCDEFGHIJKLMNOPQRSTUVWXYZ

小写拉丁字母示例：

abcdefghijklmnopqrstuvwxyz

数字示例：

阿拉伯数字

0123456789

罗马数字

Ⅰ Ⅱ Ⅲ Ⅳ Ⅴ Ⅵ Ⅶ Ⅷ Ⅸ Ⅹ

1.1.5 图线（GB/T 14691—1993）

（1）线型及其应用

绘图时应采用国家标准规定的图线型式和画法，见表1-4。

表1-4　线型及其应用

图线名称	线　　型	图线宽度	一般应用	应用举例
粗实线	——————	d	① 可见棱边线； ② 可见轮廓线； ③ 相贯线； ④ 螺纹牙顶线； ⑤ 齿顶圆（线）等	
细实线	——————	$d/2$	① 尺寸线和尺寸界线； ② 剖面线； ③ 重合断面轮廓线； ④ 过渡线； ⑤ 螺纹牙底线	

图线名称	线　型	图线宽度	一般应用	应用举例
波浪线	〜〜〜	$d/2$	① 断裂处的边界线； ② 视图与剖视图的分界线	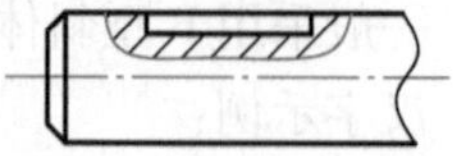
细虚线	- - - - - -	$d/2$	① 不可见棱边线； ② 不可见轮廓线	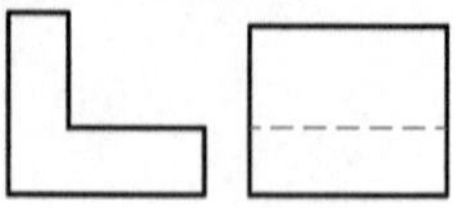
细点画线	— · — · —	$d/2$	① 轴线； ② 对称中心线； ③ 分度圆（线）； ④ 剖切线	
细双点画线	— ·· — ·· —	$d/2$	① 相邻辅助零件的轮廓线； ② 可动零件极限位置的轮廓线； ③ 轨迹线； ④ 中断线； ⑤ 剖切面前的结构轮廓线	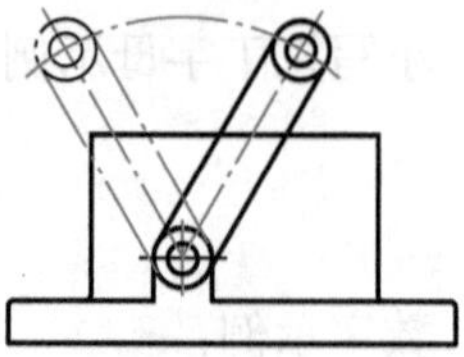
双折线	—／\—／\—	$d/2$	① 断裂处的边界线； ② 视图与剖视图的分界线	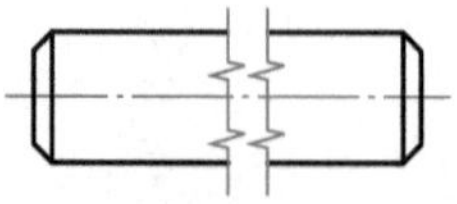
粗虚线	▬ ▬ ▬ ▬	d	允许表面处理的表示线	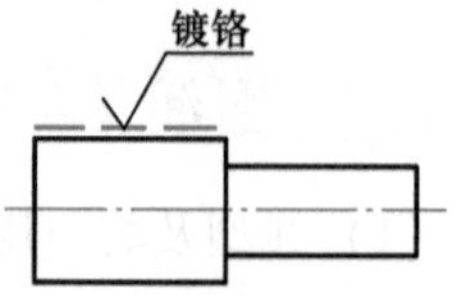 镀铬
粗点画线	▬ · ▬ · ▬	d	限定范围表示线	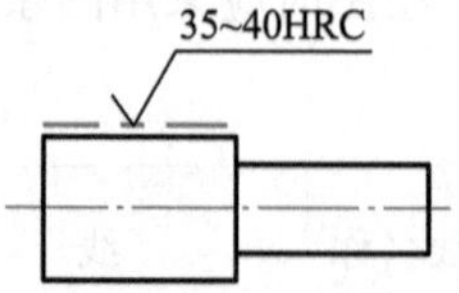 35～40HRC

图线的线宽有粗、细两种，粗线的宽度 d 应按图的大小和复杂程度在 0.5～2 mm 之间选取，粗、细线的线宽之比为 2∶1。线宽推荐系列为 0.18 mm、0.25 mm、0.35 mm、0.5 mm、0.7 mm、1 mm、1.4 mm、2 mm，（优先选用 0.5 mm 或 0.7 mm）。

（2）图线画法及注意事项

1）在同一图样中，同类图线的宽度应基本一致。细虚线、细点画线及细双点画线画的长度和间隔应大致相同。细点画线和细双点画线的首尾两端应以长画开始和结束，如图 1-7 所示。

2）细虚线与各种图线相交时，应以画相交；细虚线作为粗实线的延长线时，实、虚变换处要空开，如图 1-7 所示。

3）在较小图形上绘制细点画线有困难时，可用细实线代替，如图 1-7 所示。

4）绘制圆的对称中心线时，细点画线应超出图形轮廓 3～5 mm，圆心应为长画的交点，如图 1-7 所示。

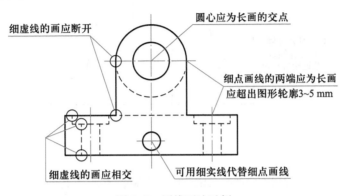

图 1-7 图线画法示例

1.1.6 尺寸标注（GB/T 4458.4—2003，GB/T 16675.2—2012）

图样中的图形只能表示物体的结构形状，而物体的大小和相对位置关系由图样中标注的尺寸确定。所以，尺寸是图样中的重要内容之一，是制造、检验机件的直接依据。尺寸标注是一项极为重要的工作，应符合国家标准的规定，做到正确、完整、清晰、合理。

（1）尺寸的组成

一个完整的尺寸由尺寸数字、尺寸界线和尺寸线组成，如图 1-8 所示。

1）尺寸数字表示尺寸的大小。一般应写在尺寸线的上方，当尺寸线为垂直方向时，应注写在尺寸线的左方并垂直于尺寸线，也允许注写在尺寸线的中断处，在同一张图样上应尽可能一致，如图 1-8 所示。

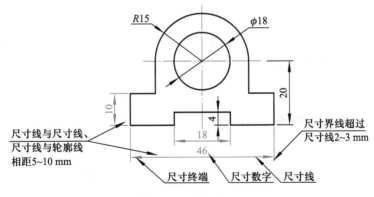

图 1-8 尺寸的组成

2）尺寸界线表示尺寸的范围。用细实线绘制，由图形的轮廓线、轴线或对称中心线处引出，也可将轮廓线、轴线或对称中心线本身作为尺寸界线。尺寸界线一般应与尺寸线垂直并超出尺寸线 2～3 mm。必要时允许倾斜标注，如图 1-9 所示。

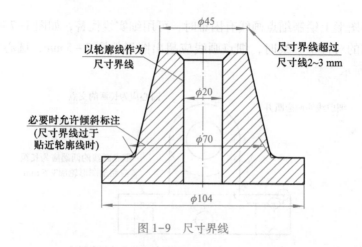

图 1-9　尺寸界线

3）尺寸线表示所注尺寸的方向，用细实线绘制，不能用其他线型代替，也不能与其他图线重合或画在其延长线上。尺寸线与尺寸线之间或尺寸线与尺寸界线之间应尽量避免相互交叉，在标注线性尺寸时，尺寸线必须与所标注的线段平行，并遵循"小尺寸在内，大尺寸在外"的原则，依次排列整齐，如图 1-10 所示。

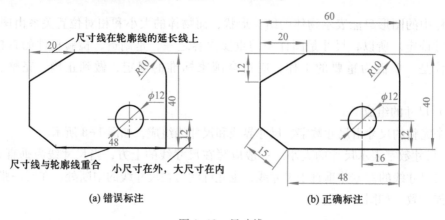

(a) 错误标注 　　　　　　　(b) 正确标注

图 1-10　尺寸线

机械图样中的尺寸线终端一般采用箭头表示，当没有足够的地方画箭头时，可用小圆点或斜线代替，如图 1-11 所示。

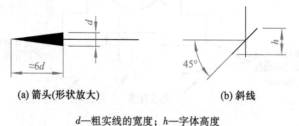

(a) 箭头(形状放大) 　　　　　(b) 斜线

d—粗实线的宽度；h—字体高度

图 1-11　箭头画法

（2）基本规则

1）机件的真实大小应以图样上所注的尺寸数值为依据，与图形的大小及绘图的准确度无关。

2）图样中尺寸以毫米（mm）为单位时，无须标注计量单位的代号或名称。如采用其他单位，则必须注明相应的单位符号，如 60°、30 cm、1″等。

3）图中所标注的尺寸为该图样所示零件的最后完工尺寸，否则应另加说明。

4）机件的每一尺寸，一般只标注一次，并应标注在反映该结构最清晰的图形上。

5）标注尺寸时应尽量使用符号和缩写词。常用的符号和缩写词见表 1-5。

表 1-5　常用的符号和缩写词

名　称	符号和缩写词	名　称	符号和缩写词
直径	ϕ	正方形	□
半径	R	深度	▽
球直径	$S\phi$	沉孔或锪平	⊔
球半径	SR	埋头孔	∨
厚度	t	弧长	⌒
45°倒角	C	斜度	∠
均布	EQS	锥度	◁

（3）常见尺寸注法

标注尺寸时，应符合国家标准的标注样式，常见的几种标注方法见表 1-6。

表 1-6　常见的几种标注方法

项　目	图　例	说　明
线性尺寸	 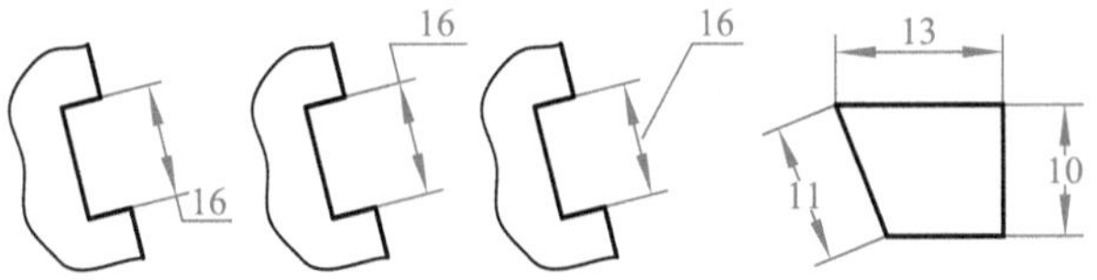	线性尺寸的尺寸数字一般注写在尺寸线的上方或中断处，且应按图（a）所示的方向注写，并尽可能避免在图示 30° 范围内标注尺寸，当无法避免时应引出标注，如图（b）所示。对于非水平方向上的尺寸，其尺寸数字也可水平注写在尺寸线的中断处
直径	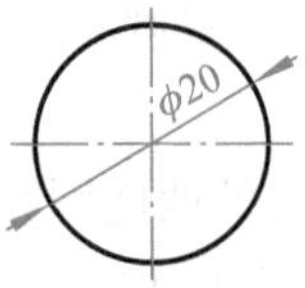 	标注圆或大于半圆的弧时，应标注直径，并在尺寸数字前加注直径符号"ϕ"，尺寸线应通过圆心，在接触圆周的终端画箭头，如图（a）、（b）所示。 圆弧直径尺寸线应画至略超过圆心，只在尺寸线一端画箭头指向圆弧，如图（b）所示

续表

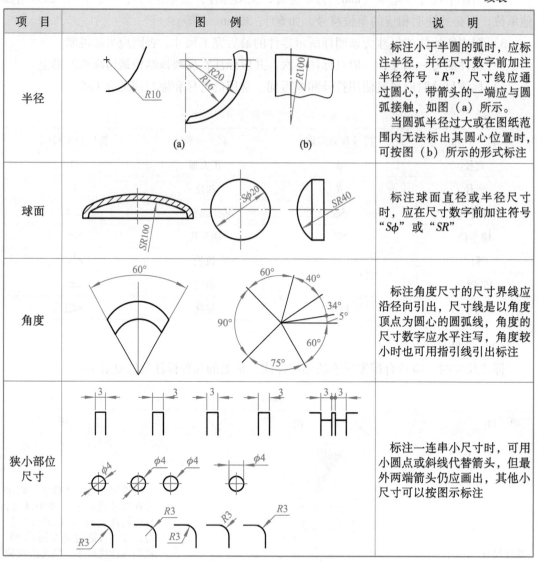

项　目	图　例	说　明
半径	(a)　　　(b)	标注小于半圆的弧时，应标注半径，并在尺寸数字前加注半径符号"R"，尺寸线应通过圆心，带箭头的一端应与圆弧接触，如图（a）所示。 当圆弧半径过大或在图纸范围内无法标出其圆心位置时，可按图（b）所示的形式标注
球面		标注球面直径或半径尺寸时，应在尺寸数字前加注符号"$S\phi$"或"SR"
角度		标注角度尺寸的尺寸界线应沿径向引出，尺寸线是以角度顶点为圆心的圆弧线，角度的尺寸数字应水平注写，角度较小时也可用指引线引出标注
狭小部位尺寸		标注一连串小尺寸时，可用小圆点或斜线代替箭头，但最外两端箭头仍应画出，其他小尺寸可以按图示标注

【学习内容 1.2】 几何作图

1.2.1　斜度与锥度的画法

斜度是指一直线对另一直线或一平面对另一平面的倾斜程度。斜度的大小用两直线或两平面间夹角的正切值来表示，其标注形式为"∠1:n"。斜度符号的指向应与斜度方向一致。斜度符号的画法及标注如图 1-12 所示。

锥度是指正圆锥的底圆直径 D 与高度 L 之比，或圆台的两底圆直径之差（$D-d$）与高度 l 之比，其标注形式为"◁1:n"。锥度符号的尖端方向应与锥度方向一致。锥度符号的画法及标注如图 1-13 所示。

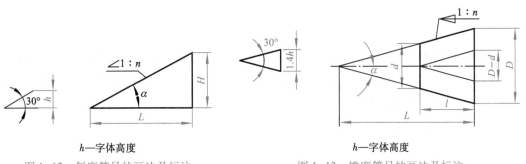

h—字体高度

图1-12　斜度符号的画法及标注

h—字体高度

图1-13　锥度符号的画法及标注

斜度与锥度的具体画法及步骤见表1-7。

表1-7　斜度与锥度

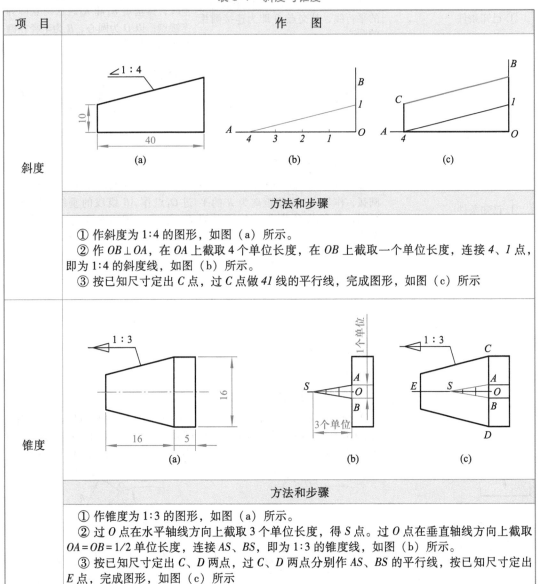

项　目	作　图
斜度	(a)　(b)　(c)
	方法和步骤
	① 作斜度为1:4的图形，如图（a）所示。 ② 作 $OB \perp OA$，在 OA 上截取4个单位长度，在 OB 上截取一个单位长度，连接4、1点，即为1:4的斜度线，如图（b）所示。 ③ 按已知尺寸定出 C 点，过 C 点做 41 线的平行线，完成图形，如图（c）所示
锥度	(a)　(b)　(c)
	方法和步骤
	① 作锥度为1:3的图形，如图（a）所示。 ② 过 O 点在水平轴线方向上截取3个单位长度，得 S 点。过 O 点在垂直轴线方向上截取 $OA=OB=1/2$ 单位长度，连接 AS、BS，即为1:3的锥度线，如图（b）所示。 ③ 按已知尺寸定出 C、D 两点，过 C、D 两点分别作 AS、BS 的平行线，按已知尺寸定出 E 点，完成图形，如图（c）所示

1.2.2　圆弧连接的画法

在机械图样中，大多数图形都是由直线和圆弧、圆弧和圆弧光滑连接而成的。圆弧连接指用圆弧光滑连接已知直线或曲线。若要连接光滑，必须先准确地做出连接圆弧的圆心和切点，即圆弧连接的作图步骤如下：① 求连接圆弧的圆心；② 找出连接点，即切点的位置；③ 在两切点之间画连接圆弧。圆弧连接的画法见表 1-8。

表 1-8　圆弧连接的画法

作图方法和步骤		
用圆弧连接两已知线段		
① 已知条件	② 分别作与两已知线段距离为 R 的平行线，其交点 O 即为连接圆弧的圆心	③ 过 O 点分别作两条已知线段的垂线，得垂足 K_1 和 K_2，这两点即为连接点；以 O 为圆心、R 为半径在两连接点间画弧
用圆弧连接一已知线段和一已知圆弧		
① 已知条件	② 以 O 为圆心，$R+R_1$ 为半径画圆弧，作与 AB 线段距离为 R 的平行线，其交点 O_1 即为连接圆弧的圆心	③ 连接 OO_1 与已知圆弧交于 K_1 点，过 O_1 点作 AB 线段的垂线，得垂足 K_2，这两点即为连接点；以 O_1 为圆心、R 为半径在两连接点间画弧
圆弧外切连接两已知圆弧		
① 已知条件	② 分别以 O_1、O_2 为圆心，$R+R_1$ 和 $R+R_2$ 为半径画圆弧，其交点 O 即为连接圆弧的圆心	③ 连接 OO_1、OO_2 与已知圆弧分别交于 K_1、K_2 点，这两点即为连接点；以 O 为圆心、R 为半径在两连接点间画弧

续表

作图方法和步骤		
圆弧内切连接两已知圆弧		
① 已知条件	② 分别以 O_1、O_2 为圆心，$R-R_1$ 和 $R-R_2$ 为半径画圆弧，其交点 O 即为连接圆弧的圆心	③ 连接 OO_1、OO_2 并延长与已知圆弧分别交于 K_1、K_2 点，这两点即为连接点；以 O 为圆心、R 为半径在两连接点间画弧

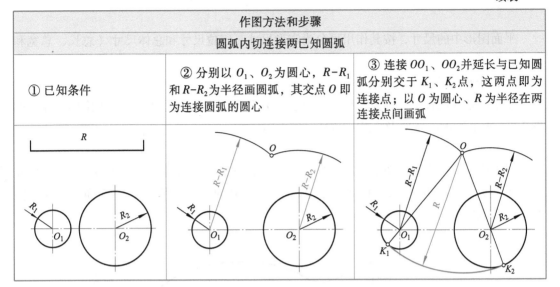

【技能跟踪训练】 几何作图

1. 参照图例按锥度 1:5 补全图形，并标注。

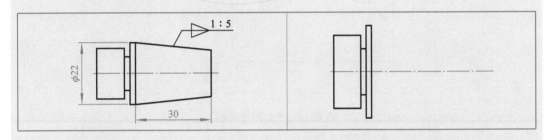

2. 参照图例尺寸，补全平面图形的轮廓，保留找圆心及连接点时的作图线。

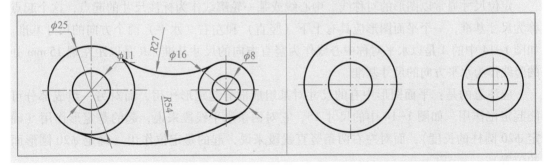

【学习内容 1.3】 平面图形绘制

　　平面图形一般由许多线段连接而成，这些线段之间的相对位置和连接关系要依据给定的尺寸来确定。画图时，只有通过分析尺寸和线段间的关系，才能明确画该平面图形时应从何处着手，以及按什么顺序作图。

1.3.1　尺寸分析

平面图形中的尺寸，按其作用可分为定形尺寸、定位尺寸和总体尺寸（总长、总宽和总高）三类。

（1）定形尺寸

用于确定线段长度、圆弧半径（或圆直径）和角度大小等的尺寸，称为定形尺寸。如图 1-14 所示的 $\phi5$、$\phi20$ 及 $SR10$、$R15$、$R12$、15 等。

（2）定位尺寸

用于确定线段在平面图形中所处位置的尺寸，称为定位尺寸。如图 1-14 所示，尺寸 8 确定了 $\phi5$ 的圆心位置；尺寸 75 间接地确定了 $SR10$ 的圆心位置；尺寸 45 确定了 $R50$ 圆心的一个坐标值。

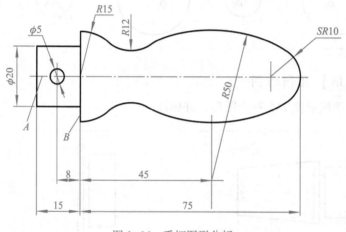

图 1-14　手柄图形分析

（3）尺寸基准

定位尺寸通常以图形的对称线、中心线或某一轮廓线作为标注尺寸的起点，这个起点称为尺寸基准，一个平面图形应具有上下（竖直）和左右（水平）两个方向的尺寸基准。如图 1-14 中的 A 是以水平对称中心线作为竖直方向的尺寸基准，B 是以距左端 15 mm 处的竖线作为水平方向的尺寸基准。

应注意的是：平面图形中有的尺寸对某组成部分起定形作用，而对另一组成部分可能起定位作用。如图 1-14 中的尺寸 15，它对两条水平线段来说，起的是定形作用（确定 $\phi20$ 圆柱的长度），而对左右两条竖直线段来说，起的是定位作用（确定 $\phi20$ 圆形面的位置）。

所以判定一个尺寸是哪类尺寸时，应针对具体被研究对象而言。

1.3.2　线段分析

平面图形中的线段（圆弧），根据其定位尺寸完整与否，可分为以下三类。

（1）已知线段（圆弧）

平面图形中定形尺寸和定位尺寸都齐全的线段（圆弧）称为已知线段（圆弧）。已知线段（圆弧）可直接画出，如图 1-14 中 φ5 的圆、R15 和 SR10 的圆弧、长度 15 的直线段等。画已知线段（圆弧），无须依赖其他线段（圆弧）即可直接画出。

（2）中间线段（圆弧）

平面图形中，具有定形尺寸而定位尺寸不全的线段（圆弧）称为中间线段（圆弧）。中间线段（圆弧）缺少一个相对于尺寸基准的位置尺寸，必须利用其一端与相邻线段（圆弧）之间的连接关系才能画出。如图 1-14 中 R50 圆弧，其圆心水平方向的位置尺寸是未直接给出的，由图可知其右侧与一个已知圆弧，即 SR10 的圆弧相连接，可利用其与 SR10 圆弧的内切关系画出。

（3）连接线段（圆弧）

平面图形中只有定形尺寸而无定位尺寸的线段（圆弧）称为连接线段（圆弧）。连接线段（圆弧）必须借助于其与相邻线段（圆弧）间的连接关系才能画出。如图 1-14 中 R12 圆弧，其圆心相对于尺寸基准两个方向的位置尺寸均未给出，必须利用其与 R15、R50 两圆弧外切的关系才能画出。

画图时，应先画已知线段（圆弧），再画中间线段（圆弧），最后画连接线段（圆弧）。

1.3.3　绘图方法和步骤

（1）准备工作

1）分析图形的尺寸及其线段；

2）确定比例，选用图幅，固定图纸；

3）拟定具体的作图顺序（线段分析）。

（2）绘制底稿（表 1-9）

绘制底稿时，各种线型均暂不分粗细，并要画得轻而细。

1）步骤 1：绘制基准线；

2）步骤 2：绘制已知线段（圆弧）；

3）步骤 3：绘制中间线段（圆弧）；

4）步骤 4：绘制连接线段（圆弧）。

（3）描深图线

以先细后粗、先曲后直、先水平后垂斜的顺序加深图线，最后画箭头、标注尺寸等。

表 1-9　手柄平面图形的作图步骤

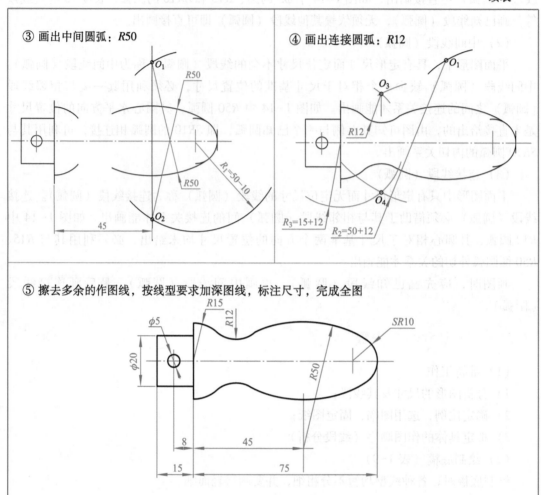

③ 画出中间圆弧：R50

④ 画出连接圆弧：R12

⑤ 擦去多余的作图线，按线型要求加深图线，标注尺寸，完成全图

【技能跟踪训练】平面图形绘制

在指定位置抄画平面图形，比例为 1:2。

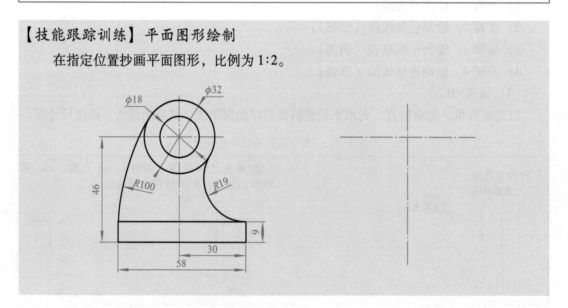

【学习内容 1.4】 AutoCAD 绘制平面图形

1.4.1 AutoCAD 的基本操作技能

跟随微课学习 AutoCAD 的基本操作技能。

微课 认识 AutoCAD 的经典界面	微课 认识线型、线宽、图层	微课 直角坐标输入法	微课 极坐标精确绘图	微课 直线命令
微课 多边形命令	微课 圆弧命令	微课 圆命令	微课 修剪命令	微课 利用长度尺寸绘制图形
微课 分解命令	微课 利用极轴绘制线段	微课 有切线的简单平面图形绘制		

1.4.2 AutoCAD 绘制单头呆扳手平面图形

具体作图步骤见表 1-10。

表 1-10   AutoCAD 绘制单头呆板手平面图形的作图步骤

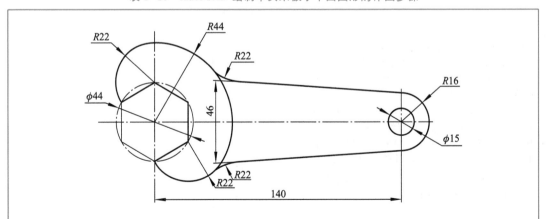

注：呆扳手的一端（单头）或两端（双头）带有固定尺寸的开口，其开口尺寸与螺母的尺寸相适应，并根据标准尺寸制作而成。呆扳手是装置及设备安装、检修工作中的必需工具。

续表

步骤 1：绘制基准线。 ① 打开已预设图层的样板文件； ② 打开"正交"■、"对象捕捉"□等辅助绘图工具按钮； ③ 切换到"05 细点画线"图层，在绘图区域利用"直线"／命令绘制图形基准线	
步骤 2：绘制已知线段（外接圆直径为 $\phi44$ 的正六边形）。 ① 在"05 细点画线"图层用"圆"○命令以左侧点画线交点为圆心绘制 $\phi44$ 的圆； ② 在"01 粗实线"图层用"多边形"⬠·命令绘制正方边形。输入侧面数 6，指定正多边形的中心点（$\phi44$ 的圆心），选择"内接于圆（I）"，指定圆半径（识别铅垂基准线与 $\phi44$ 圆的交点后单击左键）	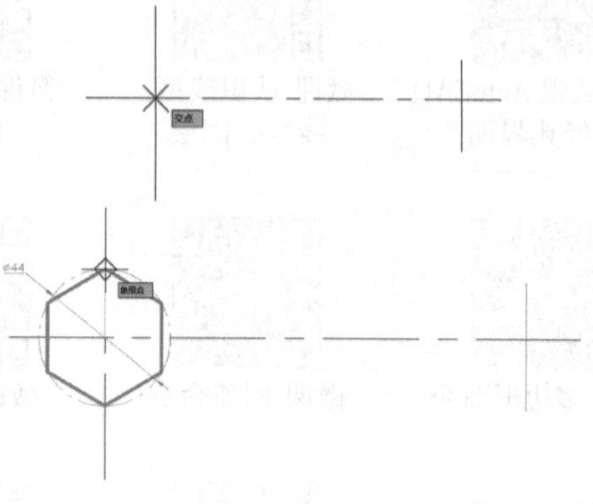
步骤 3：绘制已知圆弧（$R22$）。 ① 以 1 点为圆心，利用"圆弧"命令绘制 $R22$ 的圆弧； ② 以 2 点为圆心，利用"圆弧"命令绘制 $R22$ 的圆弧； ③ 利用"打断"命令将正六边形在与圆弧 $R22$ 交点处打断，再将打断后左侧线段换到"02 细实线"图层	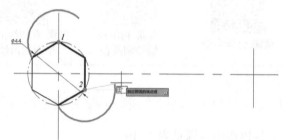
步骤 4：绘制已知圆弧（$R44$）。 ① 利用"圆弧"命令绘制 $R44$ 的圆弧； ② 利用"修剪"／命令将 $R22$ 与 $R44$ 圆弧的多余部分修剪干净。 注："修剪"命令中的 选择对象或<全部选择>：为用鼠标左键单击选择剪切的边界线，若选择完毕，单击鼠标右键结束选择；如果直接单击鼠标右键，则默认所有图中图线均为剪切线。 选择要修剪的对象，或按住 Shift 键选择要延伸的对象，或为用鼠标左键依次单击需要修剪掉的线条	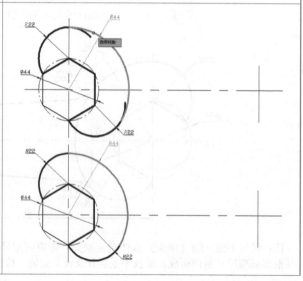

续表

步骤 5：绘制已知圆弧（φ15 和 R16）。 ① 以 3 点为圆心，利用"圆"命令绘制 φ15 圆； ② 以 3 点为圆心，利用"圆弧"命令绘制 R15 圆弧	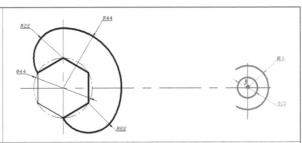
步骤 6：绘制已知线段（切线）。 ① 利用"偏移"📑命令找到与 R44 相交的两条相距 46 mm 的水平线； 注："偏移"📑命令中的 ⌐ 指定偏移距离或 23 为输入与源对象之间的平行距离； 选择要偏移的对象，或 为选择源对象；指定要偏移的那一侧上的点，或 为指定偏移方向。 ② 利用"直线"命令绘制与 R16 相切的切线； ③ 利用"修剪"✂修剪命令将多余图线修剪干净	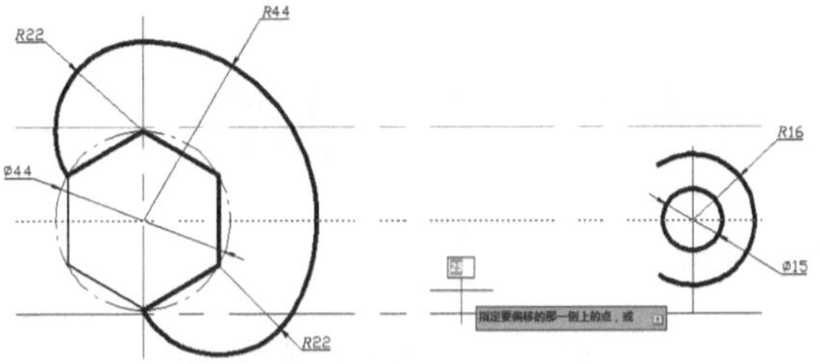  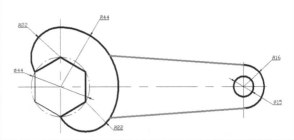
步骤 7：绘制连接圆弧（R22 过渡圆角）。 ① 利用"圆角"◯圆角命令绘制 R22 圆角； 注：单击"圆角"命令按钮后关注命令栏：	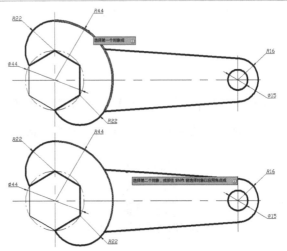

续表

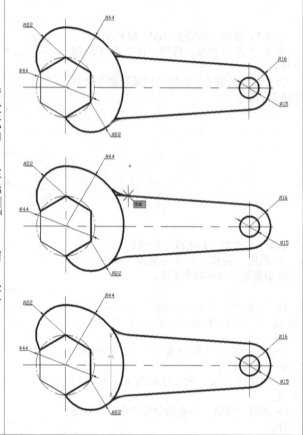

需着重关注当前设置是否符合绘图意向，若需设置圆角半径值，则在命令行输入"R"或"r"，进入圆角半径值设置，输入数值即可：

该结构倒圆角后不需要修剪线条，这时在命令行输入"T"或"t"后进行修剪模式选择：

输入修剪模式选项
修剪(T)
● 不修剪(N)

，再依次选择需要倒圆角的两条线段即可完成圆角绘制。

② 利用"打断" 命令将切线在交点处打断成两条线段。目的是有利于进行尺寸"46"的标注。

③ 再将打断后的线段转换到"2 细实线"图层

步骤8：尺寸标注。

① 线性 创建线型标注：140、46；

② 半径 创建半径标注：R22、R44、R16；

③ 直径 创建直径标注：φ44、φ15

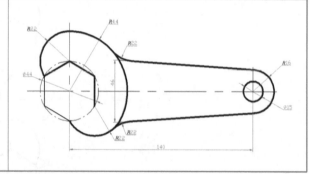

【技能跟踪训练】 AutoCAD 绘制复杂平面图形

跟随演示实例完成复杂平面图形的绘制。

演示实例 平面图形绘制1

演示实例 平面图形绘制2

【知 识 总 结】

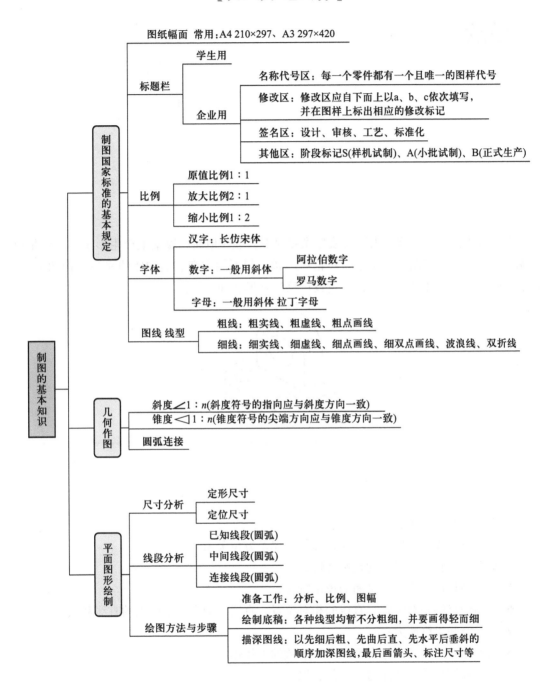

模块二

正投影法及三视图

【模块导读】

在日常生活中，物体在太阳光或灯光照射下，会在地面或墙壁上产生影子，这就是投影现象。这个影子只能反映物体的外轮廓形状，却不能详细表达物体的完整结构和大小。如图 2-1 所示的三维实体，如何通过投影反映其形状和尺寸？

图 2-1　三维实体

【学习目标】

❖ 正确理解正投影法的基本概念；
❖ 熟悉三面投影的形成、三面投影的规律及方位关系；
❖ 掌握点、直线、平面的投影特性；
❖ 掌握各种位置直线、平面的投影特性；
❖ 熟悉两点的相对位置、直线的相对位置、直线上的点、平面上的直线和点。
❖ 培养空间思维能力；
❖ 培养认真负责的工作态度和严谨细致的工作作风；
❖ 培养计算机绘图技能与信息化意识。

【学习内容 2.1】　投影法的基本知识

投影法是机械制图的基本理论。机械制图依靠投影法来确定空间几何原形在平面图纸上的图形。有了投影法，人们就能利用平面图形正确地表达物体的空间结构和形状。

2.1.1 投影法的基本概念

在光源照射下，不同的物体都会在投影面上产生不同的影子。投影法就是投射线通过物体，投向选定的平面，在该平面上得到图形的方法。用投影法得到的图形称为投影，投影所在的平面称为投影面。

投射线、被投射的物体和投影面是形成投影的三个必备条件——投影三要素。

2.1.2 投影法的种类

根据投射线的类型，投影法分为中心投影法和平行投影法两类。

（1）中心投影法

将所有投射线汇交于一点（投射中心位于有限远处）的投影方法称为中心投影法，简称中心投影，如图 2-2 所示。中心投影法所得到的投影不能反映物体的真实大小和形状，它随投影面、物体和投射中心三者之间距离的变化而变化，其立体感较强，但度量性较差，在机械图样中很少使用（广泛应用于绘制产品或建筑物的透视图）。

（2）平行投影法

投射线相互平行的投影方法（投射中心位于无限远处）称为平行投影法（简称平行投影）。其根据投射线是否垂直于投影面又可分为正投影法和斜投影法。

1）正投影法。如图 2-3（a）所示，在平行投影法中，投射线与投影面垂直，称为正投影法。

2）斜投影法。如图 2-3（b）所示，在平行投影法中，投射线与投影面倾斜，称为斜投影法。

正投影法所得正投影能够反映物体的真实大小和形状，在绘制机械图样中普遍采用。为了叙述简便，本书将正投影简称为投影。

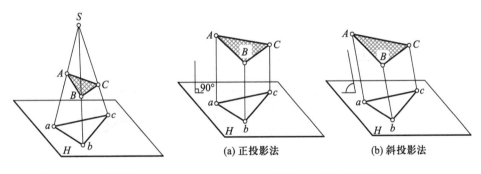

图 2-2　中心投影法　　　　　图 2-3　平行投影法

2.1.3 正投影法的基本性质

（1）真实性

当平面图形或直线平行于投影面时，其投影反映平面图形的实形或直线的实长，如图 2-4（a）所示。

（2）积聚性

当平面图形或直线垂直于投影面时，平面图形或直线的投影积聚成一直线或一点，如图 2-4（b）所示。

（3）类似性

当平面图形或直线倾斜于投影面时，直线的投影仍为直线但比实长短；平面图形的投影类似于平面图形，其基本特征不变，但小于真实形状，如图 2-4（c）所示。

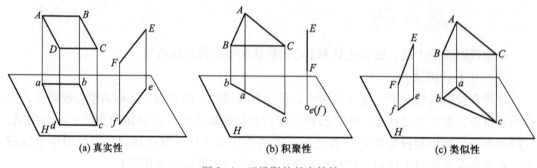

| (a) 真实性 | (b) 积聚性 | (c) 类似性 |

图 2-4   正投影的基本特性

【学习内容 2.2】 三视图的形成及投影规律

在机械制图中，通常假设人的视线为一组平行的，且垂直于投影面的投射线，这样在投影面上所得到的正投影称为视图。

一般情况下，一个视图不能确定物体的形状。如图 2-5 所示，三个形状不同的物体，它们在同一投射方向上的视图均相同。因此，要反映物体的完整形状，必须增加由不同投射方向所得到的几个视图，互相补充，才能将物体表达清楚。工程上常用的是三视图。

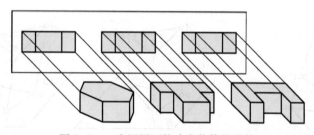

图 2-5   一个视图不能确定物体的形状

2.2.1   三投影面体系与三视图

（1）三投影面体系的建立

三投影面体系由三个互相垂直的投影面所组成，如图 2-6 所示。在三投影面体系中，三个投影面分别为：

1）正立投影面：简称为正面，用 V 表示；

2）水平投影面：简称为水平面，用 H 表示；

3）侧立投影面：简称为侧面，用 W 表示。

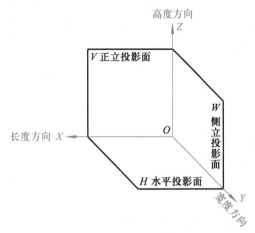

图 2-6 三投影面体系

三个投影面的相互交线，称为投影轴。它们分别为：

1）OX 轴：V 面和 H 面的交线，它代表长度方向；

2）OY 轴：H 面和 W 面的交线，它代表宽度方向；

3）OZ 轴：V 面和 W 面的交线，它代表高度方向。

三个投影轴垂直相交的交点 O，称为原点。

在实际作图中，为了画图方便，需要将三个投影面展开在一个平面（纸面）上表示，如图 2-7（a）所示，V 面保持不动，将 H 面绕 OX 轴向下旋转 $90°$，将 W 面绕 OZ 轴向右旋转 $90°$，分别重合到 V 面所在平面上。应注意在 H 面和 W 面旋转时，OY 轴被分为两处，分别用 OY_H（在 H 面上）和 OY_W（在 W 面上）表示，如图 2-7（b）所示。

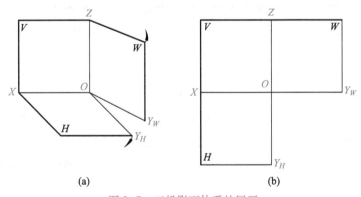

(a)   (b)

图 2-7 三投影面体系的展开

（2）三视图的形成

将物体放在三投影面体系中，物体的位置处在人与投影面之间，然后将物体对各个投影面进行投射，投影面展开后得到三个视图，把物体在长、宽、高三个方向，上下、左右、前后 6 个方位的形状表达出来，如图 2-8 所示。

三个视图分别为：

1）主视图：从前向后进行投射，在 V 面上所得到的视图。

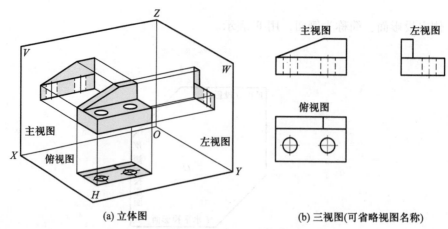

图 2-8 三视图的形成

2）俯视图：从上向下进行投射，在 H 面上所得到的视图。

3）左视图：从左向右进行投射，在 W 面上所得到的视图。

注意：绘图时，不必绘制投影面、投影轴和视图名称，只需画出三个视图。

2.2.2 三视图的投影规律

把互相垂直的三个投影面上的视图展开在同一平面上后，各视图的位置关系有规则地配置着，并且相互之间形成了一定的对应关系。

（1）视图位置关系

以主视图为中心，俯视图在主视图正下方，左视图在主视图正右方，画三视图时应按照此位置关系配置视图，绘制时如图 2-8（b）所示，不需要注写其名称。

（2）"三等"投影关系

物体都有长、宽、高三个方向的尺寸，通常物体左右方向的距离为长；前后方向的距离为宽；上下方向的距离为高。每个视图只能反映物体两个方向的尺寸。主视图反映物体的长度和高度尺寸，俯视图反映物体的长度和宽度尺寸，左视图反映物体的宽度和高度尺寸。由此得出，主、俯视图共同反映物体的长度尺寸，主、左视图共同反映物体的高度尺寸，俯、左视图共同反映物体的宽度尺寸。所以，主、俯视图长度相等并且对正；主、左视图高度相等并且平齐；俯、左视图宽度相等，简称为"长对正、高平齐、宽相等"的"三等"投影关系，如图 2-9 所示。这是三视图的投影规律，也是画图和读图的依据，必须严格遵守。

注意：无论是整个物体还是物体的局部，其三面投影都必须符合"长对正、高平齐、宽相等"的"三等"投影关系，如图 2-10 所示。

（3）视图与物体的方位关系

所谓方位关系，指的是绘图（或看图）者正对观察物体为基准（即主视图的投射方向），看物体在空间上有上、下、左、右、前、后 6 个方位，如图 2-11（a）所示。在三视图中其方位关系如图 2-11（b）所示，其中主视图反映物体的上下、左右相对位置关系；俯视图反映物体的前后、左右相对位置关系；左视图反映物体的前后、上下相对位置关系。

注意：俯、左视图靠近主视图的一侧（里边）反映物体的后面，远离主视图（外边）的一侧反映物体的前面。

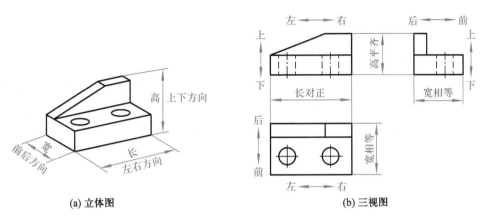

(a) 立体图　　　　　　　　　　(b) 三视图

图 2-9　"三等"投影关系 1

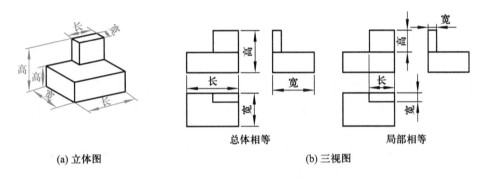

(a) 立体图　　　　　　　　　　(b) 三视图

图 2-10　"三等"投影关系 2

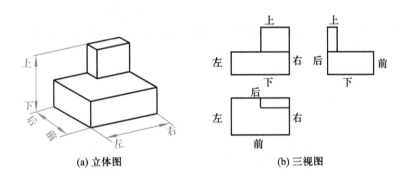

(a) 立体图　　　　　　　　　　(b) 三视图

图 2-11　视图与物体的方位关系

【学习内容 2.3】 点的投影

　　点、直线、平面是构成物体形状的基本几何元素,学习和熟练掌握它们的投影特性和规律,有助于后期透彻理解机械图样所表达的内容,在点、直线、平面这几个基本几何元素中,点是最基本、最简单的几何元素,研究点的投影,掌握其投影规律,能为正确理解和表达物体的形状打下坚实的基础。

2.3.1　点在三投影面体系中的投影

点的投影仍然是点，且是唯一的。

如图 2-12 (a) 所示，若已知一空间点 A，在 P 平面上可得到其唯一投影点 a；但是，若已知一空间点的一面投影 b，则并不能够确定其空间点的位置，如图 2-12 (b) 所示。因此，为了确定空间立体的形状，需采用多面正投影法。

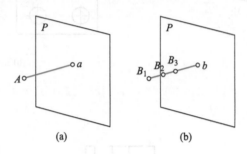

图 2-12　点的投影图

将空间点 A 置于三投影面体系中，自 A 点分别向三个投影面作垂线，它们的垂足就是 A 点分别在三个投影面上的投影，如图 2-13 (a) 所示。A 点在 H 面上投影为 a；在 V 面上的投影为 a'；在 W 面上的投影为 a''。

规定用大写字母（如 A）表示空间点，它的水平投影、正面投影和侧面投影分别用相应的小写字母（如 a、a' 和 a''）表示。

为使投影画在同一平面上，需将投影面展开。先将空间点 A 移去，V 面保持不动，H 面绕 OX 轴向下旋转 90°，W 面绕 OZ 轴向右旋转 90°，使它们与 V 面展开在同一平面，这样就得到如图 2-13 (b) 所示的投影图。OY 轴随 H、W 面分为两处，分别以 OY_H、OY_W 表示。实际画图时投影面不必画出，如图 2-13 (c) 所示。

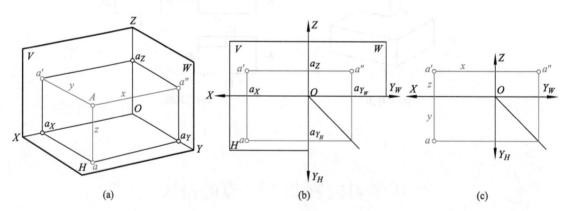

图 2-13　点在三个投影面中的投影

点的三面投影规律：

1）点的两面投影连线必定垂直于相应的投影轴。

即：$a'a \perp OX$；$a'a'' \perp OZ$；$aa_{Y_H} \perp OY_H$，$a''a_{Y_W} \perp OY_W$。

2）点的投影到投影轴的距离等于空间点到相应投影面的距离。

即：$a'a_{X}=a''a_{Y_W}=A$ 点到 H 面的距离 Aa；$aa_{X}=a''a_{Z}=A$ 点到 V 面的距离 Aa'；$aa_{Y_H}=a'a_{Z}=A$ 点到 W 面的距离 Aa''。

2.3.2　点的投影与直角坐标的关系

点的空间位置可以用直角坐标来表示。将三投影面体系作为空间直角坐标系，V、H、W 面作为坐标面，投影轴 OX、OY、OZ 作为坐标轴，原点 O 作为坐标原点。

如图 2-14 所示，A 点的空间位置可以用直角坐标 $(x，y，z)$ 来表示，其投影与坐标的关系为：

A 点的 x 坐标值 $=Oa_{X}=aa_{Y}=a'a_{Z}=Aa''$，反映 A 点到 W 面的距离；

A 点的 y 坐标值 $=Oa_{Y}=aa_{X}=a''a_{Z}=Aa'$，反映 A 点到 V 面的距离；

A 点的 z 坐标值 $=Oa_{Z}=a'a_{X}=a''a_{Y}=Aa$，反映 A 点到 H 面的距离。

投影 a 由 A 点的 x、y 坐标值确定，a' 由 A 点的 x、z 坐标值确定，a'' 由 A 点的 y、z 坐标值确定。所以已知空间点 A 的坐标值 $(x，y，z)$ 后，就能唯一确定它的三面投影。

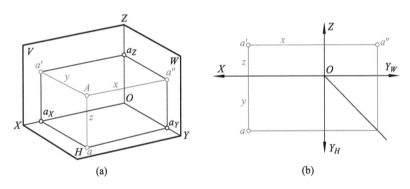

(a)　　　　　　　　　(b)

图 2-14　点的投影与坐标的关系

2.3.3　两点的相对位置

（1）两点相对位置的确定

两点的相对位置是指以其中一点为基准点，确定另一点对基准点的相对位置。两点在空间的相对位置由两点的坐标差来确定，如图 2-15 所示。

1）两点的左、右相对位置由 x 坐标差（$x_{A}-x_{B}$）确定。由于 $x_{B}<x_{A}$，因此 B 点在 A 点的右方。

2）两点的前、后相对位置由 y 坐标差（$y_{A}-y_{B}$）确定。由于 $y_{B}<y_{A}$，因此 B 点在 A 点的后方。

3）两点的上、下相对位置由 z 坐标差（$z_{A}-z_{B}$）确定。由于 $z_{B}>z_{A}$，因此 B 点在 A 点的上方。

综上所述，B 点在 A 点的右、后、上方。

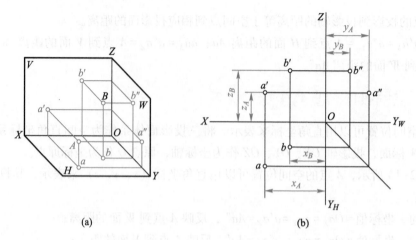

图 2-15　两点相对位置的确定

（2）重影点及可见性

如图 2-16 所示，在 A、B 两点的投影中，a 和 b 重合，这说明 A、B 两点的 x、y 坐标相同，即 $x_A = x_B$、$y_A = y_B$，两点处于垂直于 H 面的同一条投射线上。

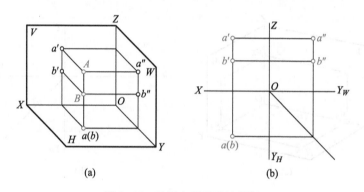

图 2-16　重影点的可见性判断

由此可见，空间两点处于垂直某投影面的同一条投射线上时，它们在该投影面内的投影重合，这两点则称为该投影面的重影点。（注意：重影点一定是针对某一个投影面而言的。）

所以产生重影点的前提是：肯定存在两个坐标值相等。

当两点的投影重合时，就需要判别其可见性，即：

1）当两点在 H 面的投影重合时，从上向下观察，z 坐标值大者可见。

2）当两点在 W 面的投影重合时，从左向右观察，x 坐标值大者可见。

3）当两点在 V 面的投影重合时，从前向后观察，y 坐标值大者可见。

判别可见性技巧：前遮后、上遮下、左遮右。

如图 2-16 所示，A、B 两点的水平投影 a、b 重合，其正面、侧面投影不重合，且 a 点在上 b 点在下，即 $z_A > z_B$，故 a 可见，b 不可见。为区别可见点与不可见点，规定对不可见的投影加括号表示，如图 2-16 所示的（b）。

【技能跟踪训练】 两点的相对位置

在已知空间点 A（20，20，10）的三面投影图上，作 B 点（30，10，0）的三面投影，并判断两点在空间的相对位置。

分析：B 点的 z 坐标等于 0，说明 B 点在_____面上，B 点的正面投影 b' 一定在_____轴上，侧面投影 b'' 一定在_____轴上。

作图：在 OX 轴上由 O 点向左量取_____，得 b_X（其正面投影 b' 重合于该点），由 b_X 向下作垂线并取 $Ob_{Y_H} = 10\,\text{mm}$，得_____。根据作出的 b、b' 即可求得第三面投影 b''。

判别 A、B 两点在空间的相对位置：

1）上、下相对位置：$z_A - z_B = 10$，故 A 在 B 点　　10 mm。

2）前、后相对位置：$y_A - y_B = 10$，故 A 在 B 点_____10 mm。

3）左、右相对位置：$x_B - x_A = 10$，故 A 在 B 点_____10 mm。

因此 A 点在 B 点的上、_____、_____方各 10 mm 处。

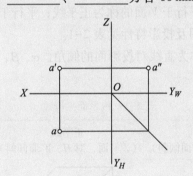

【学习内容 2.4】 直线的投影

2.4.1　直线的三面投影

直线的投影一般仍为直线。直线可以由线上的两端点确定，所以求直线的投影就是求两端点的投影，然后将两端点的同面投影连接，即为直线的投影。

如图 2-17 所示，已知直线两端点的坐标，先作出两端点的三面投影，然后连接两端点的同面投影 ab、$a'b'$、$a''b''$，即为直线的三面投影。

2.4.2　各种位置直线的投影特性

直线对投影面的位置有三种类型：一般位置直线、投影面平行线和投影面垂直线，后两种为特殊位置直线。

（1）一般位置直线

对三个投影面都倾斜的直线称为一般位置直线。如图 2-17 所示即为一般位置直线，其投影特性为：

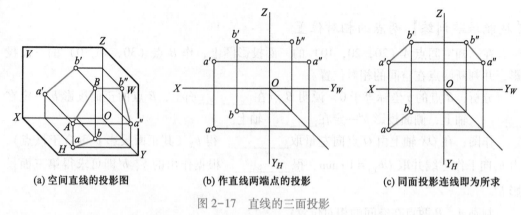

(a) 空间直线的投影图   (b) 作直线两端点的投影   (c) 同面投影连线即为所求

图 2-17 直线的三面投影

1）一般位置直线各面投影都与投影轴倾斜。

2）一般位置直线各面投影的长度均小于实长。

（2）特殊位置直线

1）投影面平行线。平行于一个投影面且同时倾斜于另外两个投影面的直线称为投影面平行线。它有三种情况：平行于 V 面的称为正平线；平行于 H 面的称为水平线；平行于 W 面的称为侧平线。其投影图及投影特性见表 2-1。

直线与投影面所夹的角称为直线对投影面的倾角。α、β、γ 分别表示直线对 H、V、W 面的倾角。

表 2-1 投影面平行线

名　称	水平线 （$//H$ 面，对 V、W 面倾斜）	正平线 （$//V$ 面，对 H、W 面倾斜）	侧平线 （$//W$ 面，对 H、V 面倾斜）
实例			
轴测图			
投影图			

续表

名 称	水平线 (//H面，对V、W面倾斜)	正平线 (//V面，对H、W面倾斜)	侧平线 (//W面，对H、V面倾斜)
投影特性	① 水平投影 $ab=AB$； ② 正面投影 $a'b'//OX$，侧面投影 $a''b''//OY_W$，均不反映实长； ③ ab 与 OX、OY_H 轴的夹角 β、γ 等于 AB 对 V、W 面的倾角	① 正面投影 $c'd'=CD$； ② 水平投影 $cd//OX$，侧面投影 $c''d''//OZ$，均不反映实长； ③ $c'd'$ 与 OX、OZ 轴的夹角 α、γ 等于 CD 对 H、W 面的倾角	① 侧面投影 $e''f''=EF$； ② 水平投影 $ef//OY_H$，正面投影 $ef//OZ$，均不反映实长； ③ $e''f''$ 与 OY_W、OZ 轴的夹角 α、β 等于 EF 对 H、V 面的倾角
小结	① 在所平行的投影面上的投影反映实长； ② 其他两面投影平行于相应的投影轴； ③ 反映实长的投影与坐标轴所夹的角度，等于空间直线对相应投影面的倾角		

判别投影面平行线技巧：当直线的投影有两面平行于投影轴，第三面投影与投影轴倾斜时，则该直线一定是投影面平行线，且一定平行于其投影为倾斜线的那个投影面。

2）投影面垂直线。垂直于一个投影面且对其他两个投影面都平行的直线称为投影面垂直线。它有三种情况：垂直于 V 面的称为正垂线；垂直于 H 面的称为铅垂线；垂直于 W 面的称为侧垂线。其投影图及投影特性见表 2-2。

表 2-2 投影面垂直线

名 称	铅垂线 (⊥H面，//V、W面)	正垂线 (⊥V面，//H、W面)	侧垂线 (⊥W面，//H、V面)
实例			
轴测图			
投影图			

续表

名　称	铅垂线 （⊥H面，//V、W面）	正垂线 （⊥V面，//H、W面）	侧垂线 （⊥W面，//H、V面）
投影特性	① 水平投影 $a(b)$ 为一点，有积聚性； ② $a'b' = a''b'' = \|AB\|$，且 $a'b' \perp OX$，$a''b'' \perp OY_W$	① 正面投影 $c'(d')$ 为一点，有积聚性； ② $cd = c''d'' = \|CD\|$，且 $cd \perp OX$，$c''d'' \perp OZ$	① 侧面投影 $e''(f'')$ 为一点，有积聚性； ② $ef = e'f' = \|EF\|$，且 $ef \perp OY_H$，$e'f' \perp OZ$
小结	① 在所垂直的投影面上的投影有积聚性； ② 其他两面投影反映线段的实长，且垂直于相应的投影轴		

判别投影面垂直线技巧：直线的投影中只要有一个投影积聚为一点，则该直线一定是投影面垂直线，且一定垂直于其投影积聚为一点的那个投影面。

注意：判别直线与投影面的相对位置时，可根据直线的投影特性进行判断。

1）若直线的投影为**"两平一斜"**，则直线为投影面平行线，倾斜的投影在哪个面，直线就平行于哪个投影面；

2）若直线的投影为**"两线一点"**，则直线为投影面重直线，点在哪个面，直线就垂直于哪个投影面。

3）若直线的投影为**"三倾斜"**，则直线为一般位置直线。

【学习内容 2.5】 平面的投影

2.5.1　平面对于一个投影面的投影特性

空间平面相对于一个投影面的位置有平行、垂直、倾斜三种，三种位置有不同的投影特性，分别在投影面反映真实性、积聚性和类似性。

如图 2-18 所示，已知平面三个端点的坐标，先作出三个端点的三面投影，然后依次连接三个端点的同面投影 abc、$a'b'c'$、$a''b''c''$，即为平面的三面投影。

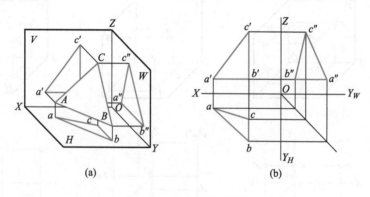

图 2-18　平面的三面投影

2.5.2　各种位置平面的投影特性

根据平面在三投影面体系中的位置可分为投影面倾斜面、投影面平行面、投影面垂直面三类。前一类平面称为一般位置平面，后两类平面称为特殊位置平面。

（1）一般位置平面

与三个投影面都处于倾斜位置的平面称为一般位置平面。其三面投影既不反映实形，也无积聚性，都是比实形小的类似形，如图 2-18 所示。

判别一般位置平面技巧：如果平面的三面投影都是类似的几何图形，则可判定该平面一定是一般位置平面。

（2）特殊位置平面

1）投影面平行面。平行于一个投影面且同时垂直于另外两个投影面的平面称为投影面平行面。它有三种情况：平行于 H 面的称为水平面；平行于 V 面的称为正平面；平行于 W 面的称为侧平面。其投影图及投影特性见表 2-3。

表 2-3　投影面平行面的投影图及投影特性

名　称	水平面 （∥H面，⊥V、W面）	正平面 （∥V面，⊥H、W面）	侧平面 （∥W面，⊥H、V面）
轴测图	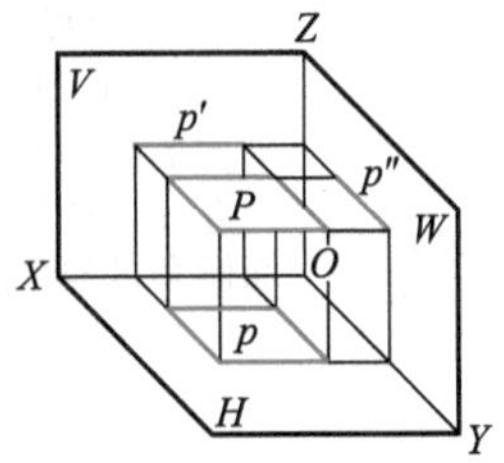	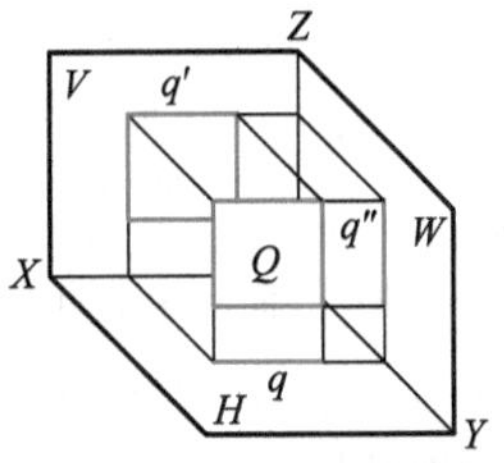	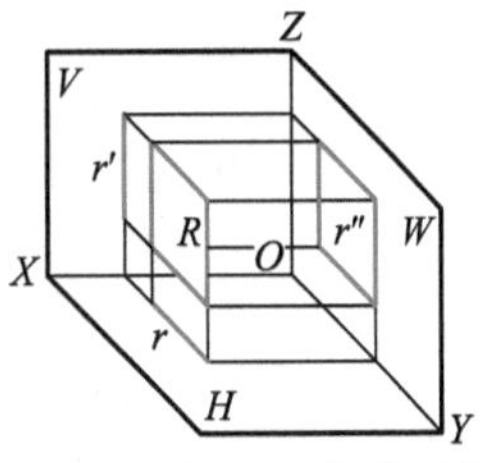
投影图	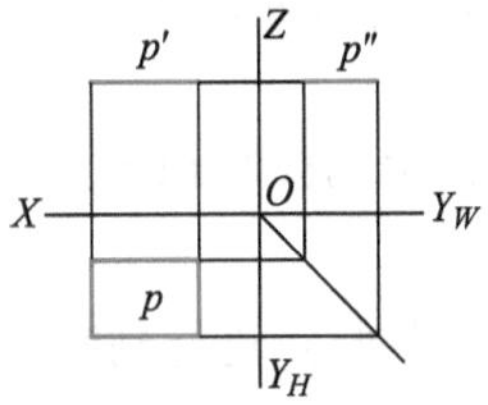	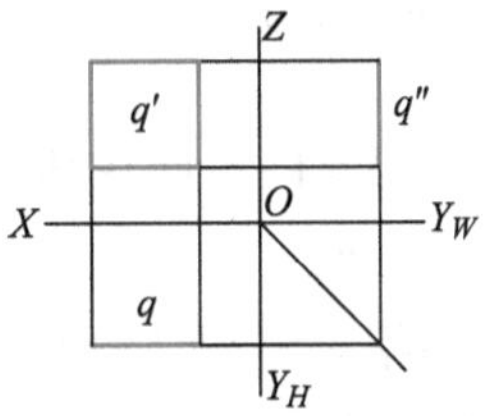	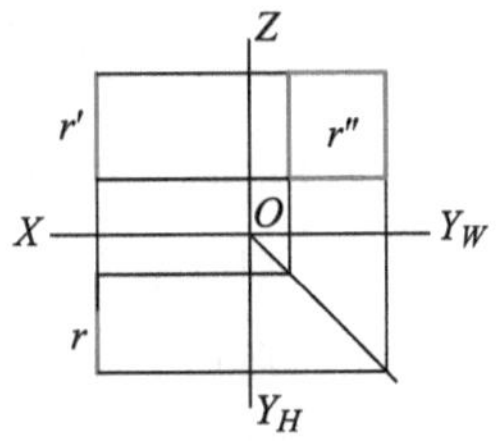
投影特性	① 水平投影 p 反映实形； ② 正面投影 p' 积聚成直线，且平行于 OX 轴； ③ 侧面投影 p'' 积聚成直线，且平行于 OY_W 轴	① 正面投影 q' 反映实形； ② 水平投影 q 积聚成直线，且平行于 OX 轴； ③ 侧面投影 q'' 积聚成直线，且平行于 OZ 轴	① 侧面投影 r'' 反映实形； ② 水平投影 r 积聚成直线，且平行于 OY_H 轴； ③ 正面投影 r' 积聚成直线，且平行于 OZ 轴
小结	① 在所平行的投影面上的投影反映实形； ② 其余两面投影积聚为直线，且平行于相应的投影轴		

判别投影面平行面技巧：如果空间平面在某一投影面上的投影反映实形，则此平面平行于该投影面。

2）投影面垂直面。垂直于一个投影面且同时倾斜于另外两个投影面的平面称为投影面垂直面。它有三种情况：垂直于 H 面的称为铅垂面；垂直于 V 面的称为正垂面；垂直于

W 面的称为侧垂面。其投影图及投影特性见表 2-4。平面与投影面所夹的角度称为平面对投影面的倾角。α、β、γ 分别表示平面对 H、V、W 面的倾角。

表 2-4   投影面垂直面的投影图及投影特性

名　称	铅垂面 （⊥H 面，对 V、W 倾斜）	正垂面 （⊥V 面，对 H、W 面倾斜）	侧垂面 （⊥W 面，对 H、V 面倾斜）
轴测图			
投影图			
投影特性	① 水平投影 p 积聚成直线； ② 正面和侧面投影 p'、p'' 为平面的类似形； ③ β、γ 反映平面对 V、W 面倾角的真实大小，$\alpha=90°$	① 正面投影 q' 积聚成直线； ② 水平和侧面投影 q、q'' 为平面的类似形； ③ α、γ 反映平面对 H、W 面倾角的真实大小，$\beta=90°$	① 侧面投影 r'' 积聚成直线； ② 水平和正面投影 r、r' 为平面的类似形； ③ α、β 反映平面对 H、V 面倾角的真实大小，$\gamma=90°$
小结	① 在所垂直的投影面上的投影积聚为直线； ② 其余两面投影为类似形； ③ 具有积聚性的投影与投影轴的夹角，分别反映平面与相应投影面的倾角		

判别投影面平行面技巧：如果空间平面在某一投影面上的投影积聚为一条与投影轴倾斜的直线，则此平面垂直于该投影面。

注意：判别平面与投影面的相对位置时，可根据投影的特点进行判断。

1）若投影为"**一框两线**"，则平面为投影面平行面，框在哪个面，平面就平行于哪个投影面；

2）若投影为"**一线两框**"，则平面为投影面垂直面，线在哪个面，平面就垂直于哪个投影面；

3）若投影为"**三个框**"，则平面为一般位置平面。

【学习内容 2.6】 AutoCAD 绘制三面投影

2.6.1   AutoCAD 的基本操作技能

跟随微课学习 AutoCAD 的基本操作技能。

 微课 矩形命令	 微课 对象捕捉	 微课 极轴追踪	 微课 对象捕捉追踪

2.6.2　AutoCAD 绘制一般位置平面的三面投影

具体作图步骤见表 2-5。

表 2-5　AutoCAD 绘制一般位置平面的三面投影的作图步骤

利用 AutoCAD 软件补画一般位置平面的侧面投影

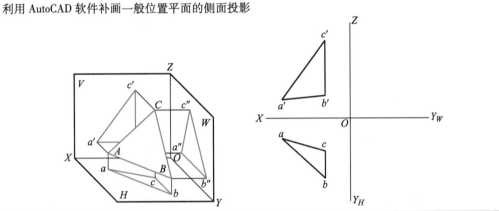

步骤 1：打开状态栏中的辅助绘图工具"极轴追踪"⊿，单击左键后勾选"45°"选项。切换到"02 细实线"图层过原点 O 绘制一条 45°辅助线。

注：极轴追踪是 AutoCAD 中作图时可以沿某一角度追踪的功能，可以在草图设置中设置"增量角"，如 30°，那每增加 30°的角度方向都能被追踪；还可利用新建"附加角"设置特定追踪角度

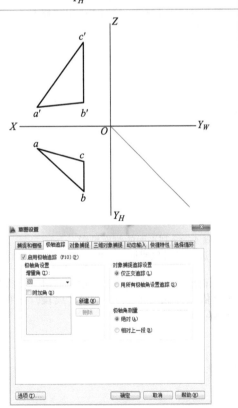

续表

步骤 2：补画 A 点的侧面投影。

① 选中"对象捕捉" □ 中的"垂足" ☑垂足(P)选项，过 a 向 OY_H 轴作垂线，并将此线延长与 45°辅助线相交；再由此交点出发向上作 OY_W 轴的垂线；

② 过 a′向 OZ 轴作垂线，与上步所绘制的投影连线相交于一点，即为 A 点的侧面投影 a″

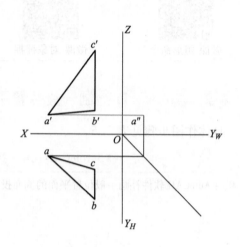

步骤 3：补画 B、C 点的侧面投影。

绘制方法同步骤 2，绘制中可用"修剪" ⼀⼀ 修剪命令修整投影连线

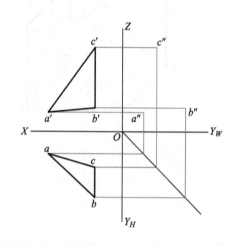

步骤 4：绘制平面的侧面投影。

① 选中"对象捕捉"中的"交点" ☑交点α选项；

② 切换到"01 粗实线"图层，利用"直线" 直线命令依次连接 a″b″、b″c″、c″a″线段，即得平面△ABC 的侧面投影

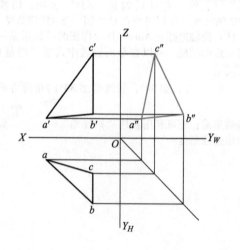

【知识总结】

请自行总结知识点，将下列总结完善。

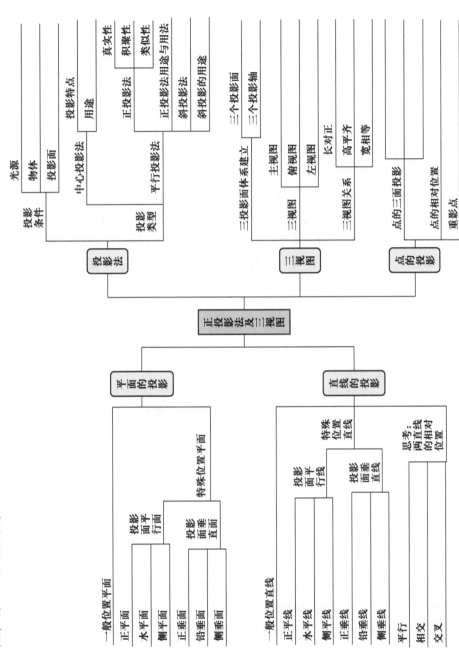

模块三

基本体三视图识读与绘制

【模块导读】

在工程实际中，任何机器都是由各种零件装配而成的，零件的作用不同，其结构形状也不尽相同（图3-1）。但是无论零件的形状多么复杂，我们都可以把它看成是由一些形状简单的基本体按照不同方式组合而成的。那么基本体就可以说是构成各种零件的基础。掌握基本体三视图的识读，可为后期零件图识读奠定基础。本模块以基本体三视图的画法和识读为基础，讲解基本体三视图的识读、绘制、尺寸标注等内容。

图3-1　工程实际中的零件

【学习目标】

❖ 巩固三视图基本知识，加深对三视图投影规律的理解；

❖ 熟悉点、直线、平面的投影，在平面上熟练作出点、直线的投影；

❖ 掌握基本体的线面分析与绘图方法，能正确绘制基本体的三视图；

❖ 学会基本体表面上点、直线的求作方法；

❖ 掌握基本体尺寸标注方法；

❖ 提高空间思维能力与抽象思维能力；

❖ 增强实践能力；

❖ 培养细致、严谨、一丝不苟的工作作风、态度与素质。

【学习内容 3.1】 基本体的分类

在工程实际中，我们可以把零件看成是由若干个基本体组合而成的，这些基本体包括棱柱、棱锥、圆柱、圆锥和圆球等。这些基本体分为平面立体和曲面立体两种。

由若干个平面围成的立体称为平面立体，工程实际中常见的有棱柱、棱锥和棱台等；由曲面或曲面和平面围成的立体称为曲面立体，工程实际中常见的曲面立体为回转体，如棱柱、棱锥、圆柱、圆锥和圆球等，如图 3-2 所示。

| 棱柱 | 棱锥 | 圆柱 | 圆锥 | 圆球 |

图 3-2　常见基本体

【学习内容 3.2】 平面立体的三视图及尺寸标注

平面立体是由若干个平面所围成的，因此，绘制平面立体的投影可归结为绘制各平面、各棱线及各顶点的投影。作图时，应判别其可见性，把可见的投影用粗实线表达，不可见的投影用细虚线表达。

3.2.1　正棱柱

正棱柱是由互相平行的上、下底面和与其垂直的侧面围成的，其侧面各棱线互相平行。常见的正棱柱有正三棱柱、正四棱柱、正五棱柱、正六棱柱等。正棱柱在投影体系中的位置，一般是将棱柱的上、下底面平行于某一投影面，侧面及其棱线垂直于该投影面。

（1）正三棱柱的三视图（图 3-3）

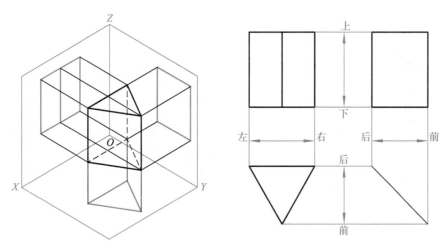

图 3-3　正三棱柱三视图

正三棱柱的投影分析及尺寸标注见表 3-1。

表 3-1 正三棱柱的投影分析及尺寸标注

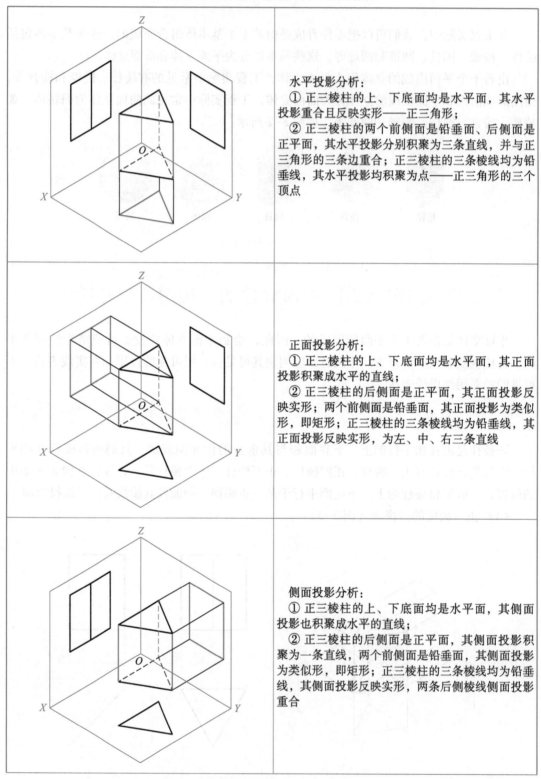

水平投影分析：

① 正三棱柱的上、下底面均是水平面，其水平投影重合且反映实形——正三角形；

② 正三棱柱的两个前侧面是铅垂面、后侧面是正平面，其水平投影分别积聚为三条直线，并与正三角形的三条边重合；正三棱柱的三条棱线均为铅垂线，其水平投影均积聚为点——正三角形的三个顶点

正面投影分析：

① 正三棱柱的上、下底面均是水平面，其正面投影积聚成水平的直线；

② 正三棱柱的后侧面是正平面，其正面投影反映实形；两个前侧面是铅垂面，其正面投影为类似形，即矩形；正三棱柱的三条棱线均为铅垂线，其正面投影反映实形，为左、中、右三条直线

侧面投影分析：

① 正三棱柱的上、下底面均是水平面，其侧面投影也积聚成水平的直线；

② 正三棱柱的后侧面是正平面，其侧面投影积聚为一条直线，两个前侧面是铅垂面，其侧面投影为类似形，即矩形；正三棱柱的三条棱线均为铅垂线，其侧面投影反映实形，两条后侧棱线侧面投影重合

续表

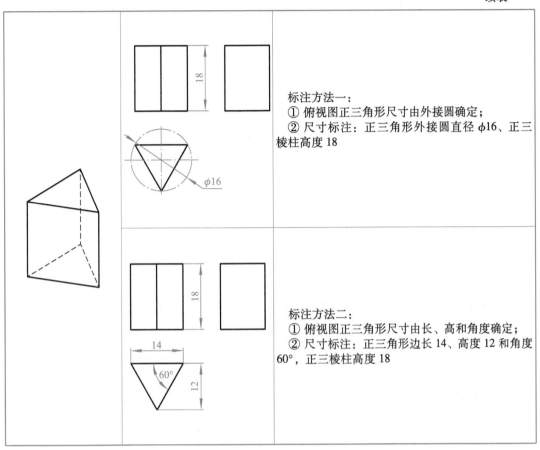

标注方法一：
① 俯视图正三角形尺寸由外接圆确定；
② 尺寸标注：正三角形外接圆直径 φ16、正三棱柱高度 18

标注方法二：
① 俯视图正三角形尺寸由长、高和角度确定；
② 尺寸标注：正三角形边长 14、高度 12 和角度 60°，正三棱柱高度 18

　　正三棱柱的三视图画法如图 3-4 所示。先画出反映上、下底面（正三角形）实形的水平投影及有积聚性的正面、侧面投影；再画三个侧面的三面投影，即得正三棱柱的三视图。

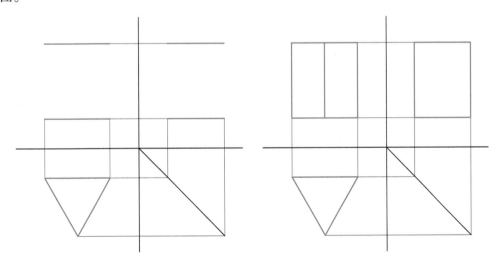

图 3-4　正三棱柱的三视图画法

【技能跟踪训练】 正四棱柱的三视图

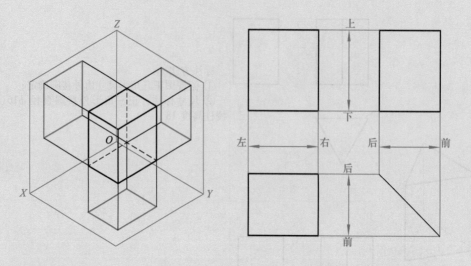

正四棱柱的投影分析及尺寸标注：（根据正三棱柱分析方法，分析正四棱柱）

_____

_____

_____。

正四棱柱的三视图画法：_____

_____

_____。

（2）正五棱柱的三视图（图 3-5）

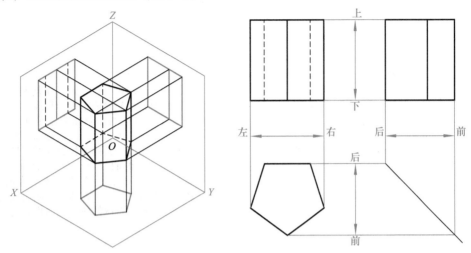

图 3-5 正五棱柱的三视图

正五棱柱的投影分析及尺寸标注见表 3-2。

表 3-2 正五棱柱的投影分析及尺寸标注

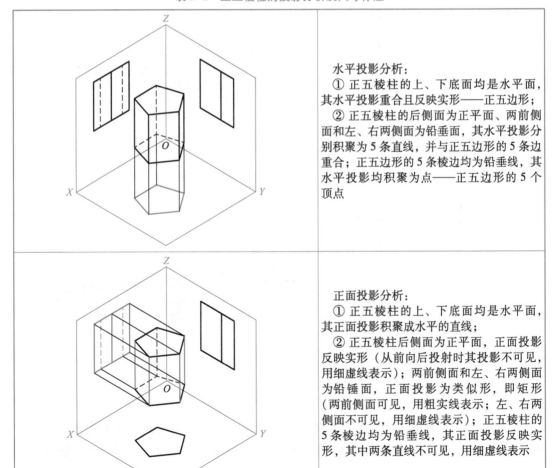

水平投影分析：
① 正五棱柱的上、下底面均是水平面，其水平投影重合且反映实形——正五边形；
② 正五棱柱的后侧面为正平面、两前侧面和左、右两侧面为铅垂面，其水平投影分别积聚为 5 条直线，并与正五边形的 5 条边重合；正五边形的 5 条棱边均为铅垂线，其水平投影均积聚为点——正五边形的 5 个顶点

正面投影分析：
① 正五棱柱的上、下底面均是水平面，其正面投影积聚成水平的直线；
② 正五棱柱后侧面为正平面，正面投影反映实形（从前向后投射时其投影不可见，用细虚线表示）；两前侧面和左、右两侧面为铅锤面，正面投影为类似形，即矩形（两前侧面可见，用粗实线表示；左、右两侧面不可见，用细虚线表示）；正五棱柱的 5 条棱边均为铅垂线，其正面投影反映实形，其中两条直线不可见，用细虚线表示

续表

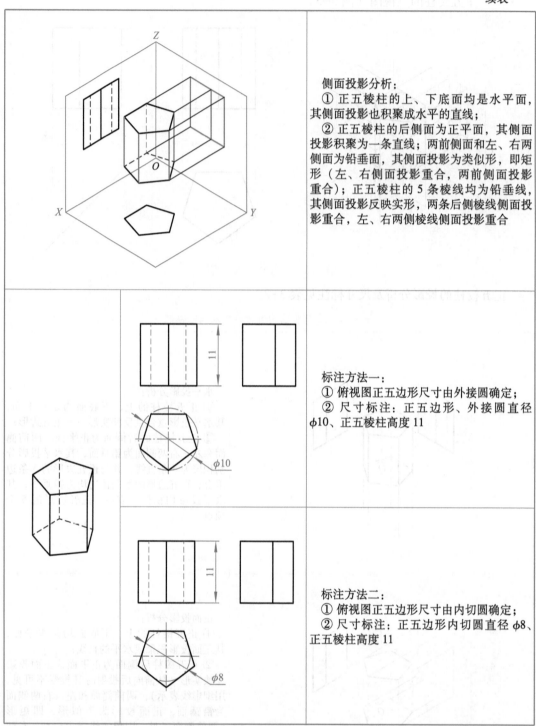

侧面投影分析:
① 正五棱柱的上、下底面均是水平面,其侧面投影也积聚成水平的直线;
② 正五棱柱的后侧面为正平面,其侧面投影积聚为一条直线;两前侧面和左、右两侧面为铅垂面,其侧面投影为类似形,即矩形(左、右侧面投影重合,两前侧面投影重合);正五棱柱的5条棱线均为铅垂线,其侧面投影反映实形,两条后侧棱线侧面投影重合,左、右两侧棱线侧面投影重合

标注方法一:
① 俯视图正五边形尺寸由外接圆确定;
② 尺寸标注:正五边形、外接圆直径 $\phi 10$、正五棱柱高度 11

标注方法二:
① 俯视图正五边形尺寸由内切圆确定;
② 尺寸标注:正五边形内切圆直径 $\phi 8$、正五棱柱高度 11

正五棱柱的三视图画法如图 3-6 所示。先画出反映上、下底面(正五边形)实形的水平投影及有积聚性的正面、侧面投影;再画 5 个侧面的三面投影,即得正五棱柱的三视图。

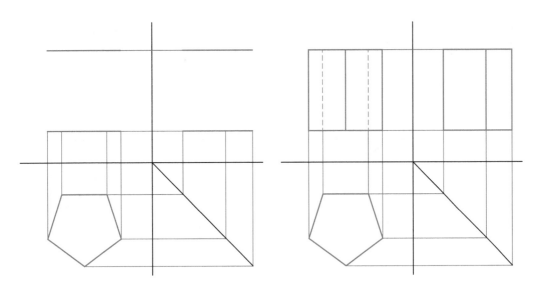

图 3-6 正五棱柱的三视图画法

【技能跟踪训练】 正六棱柱的三视图

正六棱柱的投影分析及尺寸标注：（根据正五棱柱分析方法，分析正六棱柱）

_____

_____

_____。

正六棱柱三视图画法：_____

_____

_____。

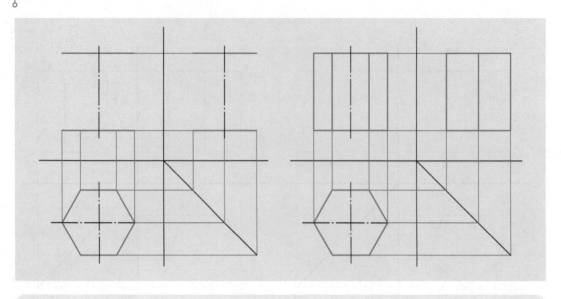

3.2.2 正棱锥

棱锥由一个多边形底面和若干个侧面组成，相邻两侧面的交线称为棱线，各棱线均过锥顶，常见的棱锥有三棱锥、四棱锥、五棱锥等，当底面为正多边形，锥顶到底面的垂足是这个正多边形的中心时，形成的棱锥称为正棱锥。

（1）正三棱锥的三视图

正三棱锥的底面是正三角形，三个侧面是全等的等腰三角形，如图3-7所示。（正三棱锥不等同于正四面体，正四面体必须每个面都是全等的等边三角形。）

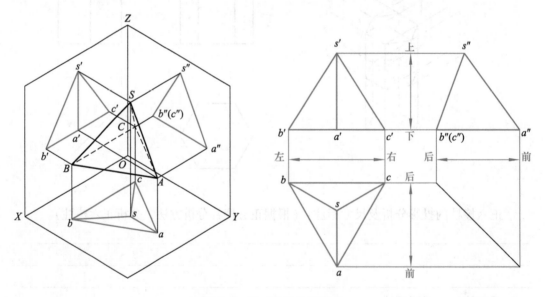

图3-7 正三棱锥的三视图

正三棱锥的投影分析及尺寸标注见表3-3。

表 3-3 正三棱锥的投影分析及尺寸标注

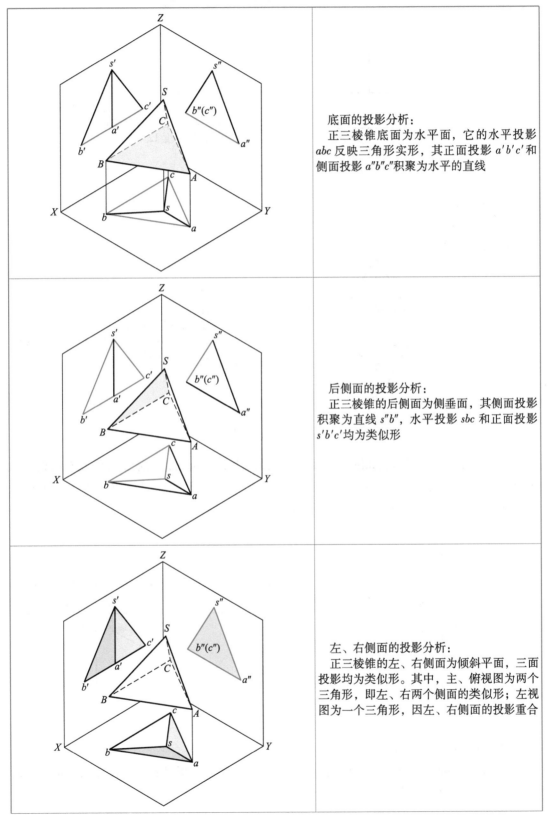

底面的投影分析：
正三棱锥底面为水平面，它的水平投影 abc 反映三角形实形，其正面投影 $a'b'c'$ 和侧面投影 $a''b''c''$ 积聚为水平的直线

后侧面的投影分析：
正三棱锥的后侧面为侧垂面，其侧面投影积聚为直线 $s''b''$，水平投影 sbc 和正面投影 $s'b'c'$ 均为类似形

左、右侧面的投影分析：
正三棱锥的左、右侧面为倾斜平面，三面投影均为类似形。其中，主、俯视图为两个三角形，即左、右两个侧面的类似形；左视图为一个三角形，因左、右侧面的投影重合

续表

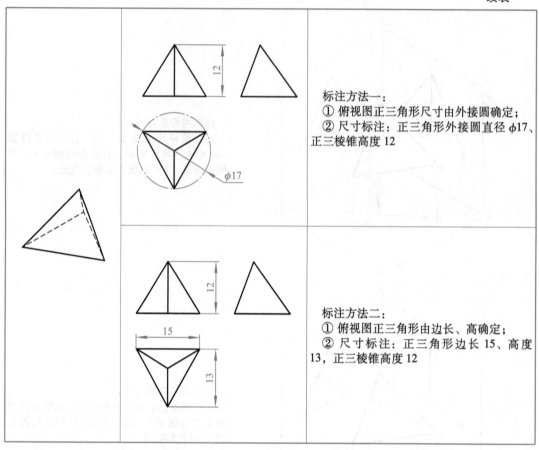

标注方法一：
① 俯视图正三角形尺寸由外接圆确定；
② 尺寸标注：正三角形外接圆直径 $\phi 17$、正三棱锥高度 12

标注方法二：
① 俯视图正三角形由边长、高确定；
② 尺寸标注：正三角形边长 15、高度 13，正三棱锥高度 12

正三棱锥的三视图画法如图 3-8 所示。先画出反映底面实形的水平投影及有积聚性的正面、侧面投影；再确定锥顶 S 的三面投影；最后分别连接锥顶 S 与底面各顶点的同面投影，从而画出各棱线的投影，即得到正三棱锥的三视图。

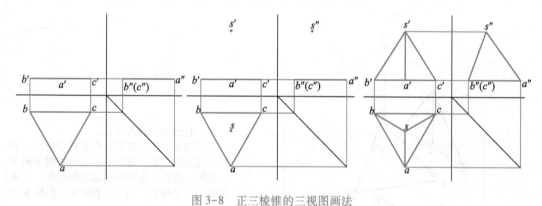

图 3-8　正三棱锥的三视图画法

（2）正四棱锥的三视图

正四棱锥的底面是正方形，侧面为 4 个全等的等腰三角形且有公共锥顶，锥顶在底面的投影是底面的中心，如图 3-9 所示。

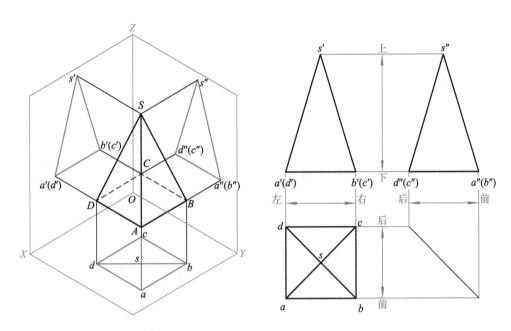

图 3-9 正四棱锥的三视图

正四棱锥的投影分析及尺寸标注见表 3-4。

表 3-4 正四棱锥的投影分析及尺寸标注

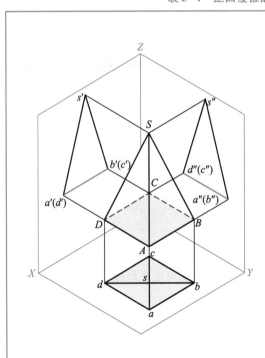

底面的投影分析：
　　正四棱锥底面为水平面，它的水平投影反映实形，即正四边形，其正面投影和侧面投影均积聚为一条水平线

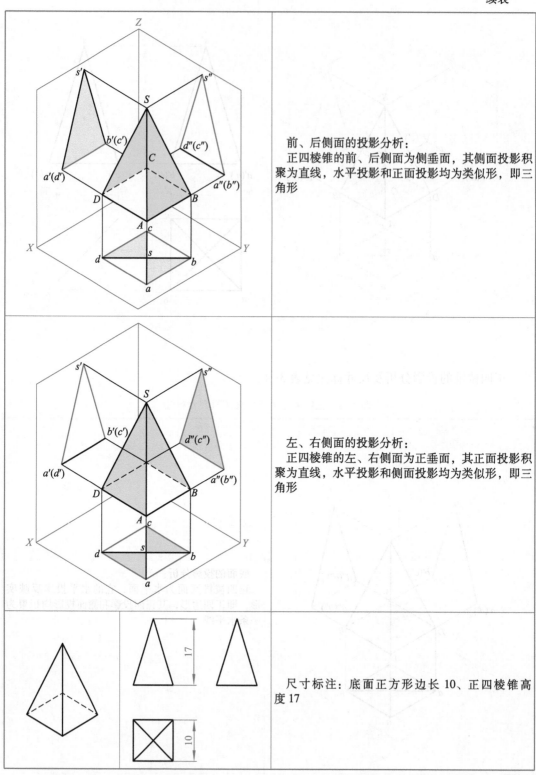

前、后侧面的投影分析：
正四棱锥的前、后侧面为侧垂面，其侧面投影积聚为直线，水平投影和正面投影均为类似形，即三角形

左、右侧面的投影分析：
正四棱锥的左、右侧面为正垂面，其正面投影积聚为直线，水平投影和侧面投影均为类似形，即三角形

尺寸标注：底面正方形边长 10、正四棱锥高度 17

正四棱锥的三视图画法如图 3-10 所示。先画出反映底面实形的水平投影及有积聚性的正面、侧面投影；再确定锥顶 S 的三面投影；最后分别连接锥顶 S 与底面各顶点的同面

投影，从而画出各棱线的投影，即得到正四棱锥的三视图。

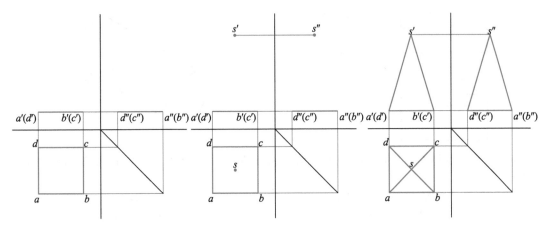

图 3-10　正四棱锥的三视图画法

【技能跟踪训练】识读平面立体三视图

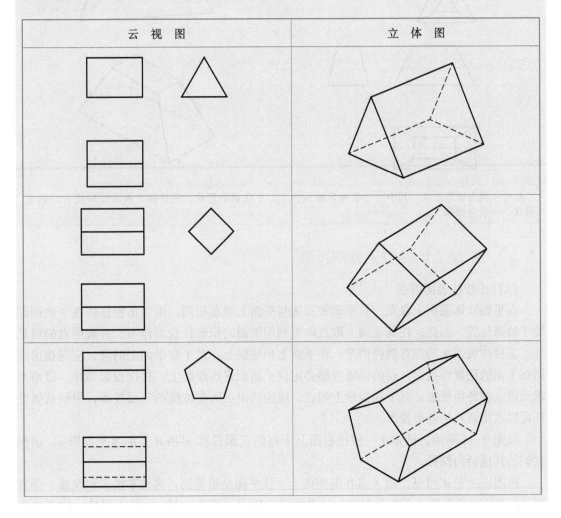

云 视 图	立 体 图

续表

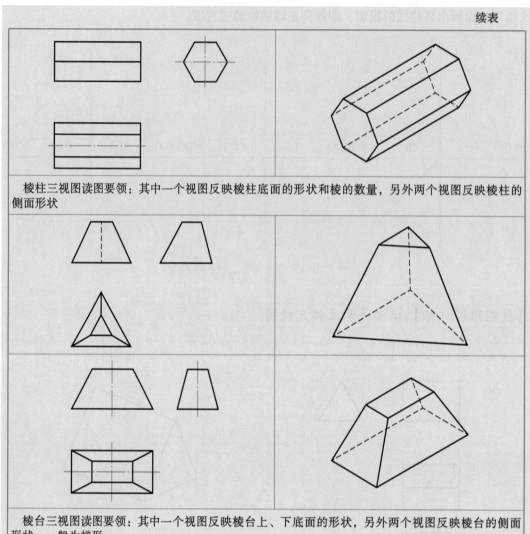

棱柱三视图读图要领：其中一个视图反映棱柱底面的形状和棱的数量，另外两个视图反映棱柱的侧面形状

棱台三视图读图要领：其中一个视图反映棱台上、下底面的形状，另外两个视图反映棱台的侧面形状，一般为梯形

3.2.3 平面立体表面上点的投影

（1）正棱柱表面取点

在平面立体表面上取点，其原理和方法与平面上取点相同，由于正棱柱的各个表面都处于特殊位置，因此，在其表面上取点均可利用平面的积聚性投影作图，并表明点的可见性。正棱柱表面上的点有两种情况：在平面上和棱线上。对于在平面上的点，应先找出点所在平面的积聚性投影，点的同面投影必定位于该积聚性投影上，根据投影规律，进而可求出该点的各面投影。对于在棱线上的点，应先找出点所在棱线的三面投影，根据从属性即可以求出该点的各面投影。

如图 3-11 所示，已知正三棱柱表面上 A 点的正面投影 a' 和 B 点的水平投影 b，求作它们的其他两面投影。

作图：由于 a' 可见，故 A 点在前侧面上。该平面是铅垂面，其水平投影积聚成一条直线，A 点的水平投影 a 必在此直线上，再根据 a 和 a'，可求出 a''。由于 b 可见，故 B 点在上底面上。该平面是水平面，其正面投影和侧面投影均积聚成一条直线，B 点的正面投影 b' 和侧面投影 b'' 分别在同面的积聚性直线上，根据投影规律，可求出 b' 和 b''。

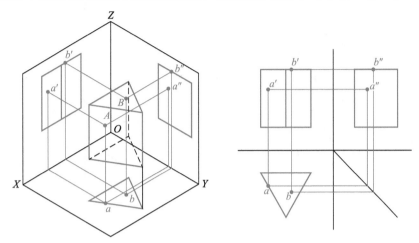

图 3-11　正三棱柱表面取点

【技能跟踪训练】 正四棱柱表面取点

已知正四棱柱表面上 A 点的侧面投影 a'' 和 B 点的正面投影 b'，求作它们的其他两面投影。

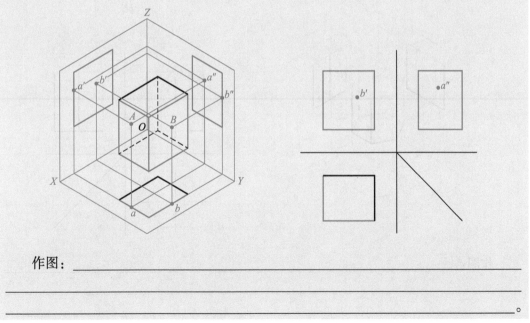

作图：_____

_____

_____ 。

如图 3-12 所示，已知正五棱柱表面上 A 点的正面投影 a' 和 B 点的正面投影 b'，求作它们的其他两面投影。

作图：由于 a' 可见，故 A 点在前侧面上，该平面为铅垂面，其水平投影积聚为一条直线，a 必在此直线上。再根据 a' 和 a，可求出 a''。

由于 b' 不可见，故 B 点在右侧面上，该平面为铅垂面，其水平投影积聚为一条直线，b 必在此直线上。再根据 b' 和 b，可求出 b''。

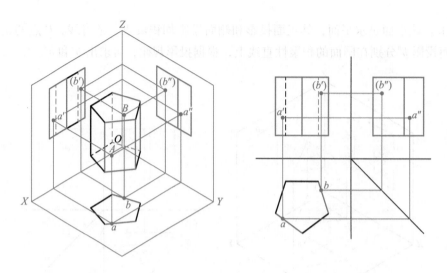

图 3-12   正五棱柱表面取点

【技能跟踪训练】正六棱柱表面取点

已知正六棱柱表面上 A 点的正面投影 a'（不可见）和 B 点的水平投影 b，求作它们的其他两面投影。

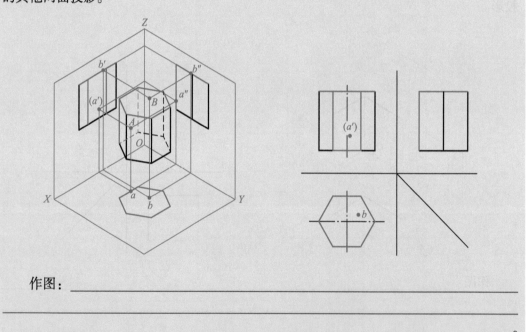

作图：_____

_____

_____。

（2）正棱锥表面取点

在正棱锥表面上取点，其原理和方法与在平面上取点相同。正棱锥表面上的点有两种情况：在特殊平面上和在一般位置平面上。如果点在特殊平面上，则可利用该平面的积聚性投影作图；如果点在一般位置平面上，则可利用辅助线作图，并表明点的可见性。

取点法 1：如图 3-13 所示，已知正三棱锥表面上 N 点的正面投影 n'，且该点在 △SBC 上。△SBC 是侧垂面，需采用辅助线法求作 N 点的其他两面投影。过 N 点及锥顶 S 作一条直线 $S\ I$，与底边 BC 交于点 I，作出该直线的正面投影 $S'I\ '$，再作出其水平投影 $s1$，根据点在直线上的投影特性，可求出水平投影 n 及侧面投影 n''。

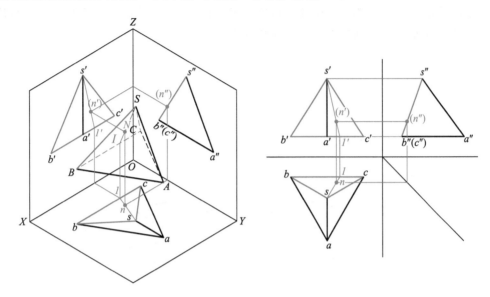

图 3-13　正三棱锥表面取点 1

取点法 2：如图 3-14 所示，已知正三棱锥表面上 P 点的正面投影 p'，且该点在 △SAB 上。△SAB 是一般位置平面，可通过 P 点作平行于 AB 直线的辅助线来求出 P 点的其他两面投影。

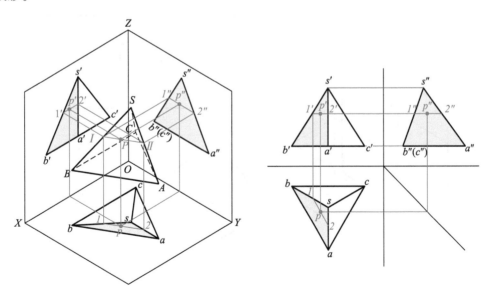

图 3-14　正三棱锥表面取点 2

【学习内容 3.3】 回转体的三视图及尺寸标注

回转体上的曲面（也称为回转面）是由一条母线（直线或曲线）绕回转轴旋转而形成的表面，如圆柱、圆锥等，其中任意位置的母线称为素线，如图 3-15 所示。画回转体的投影就是画回转面的转向轮廓线、底面和轴线的投影。

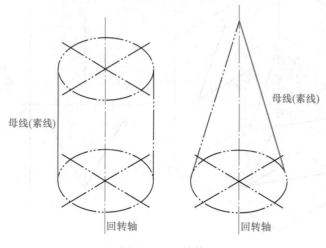

图 3-15　回转体

3.3.1　圆柱的三视图（图 3-16）

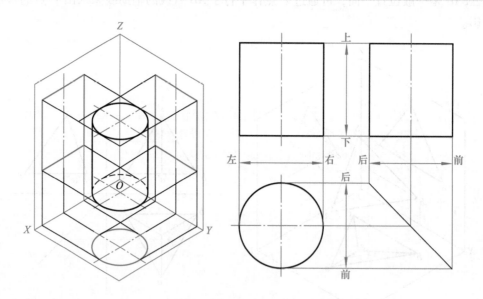

图 3-16　圆柱的三视图

圆柱的投影分析、表面取点及尺寸标注见表 3-5。

表3-5　圆柱的投影分析、表面取点及尺寸标注

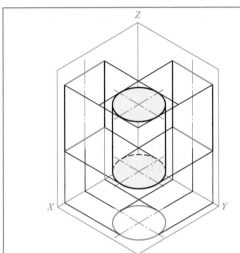

底面的投影分析：
　　圆柱的上、下底面为水平面，它的水平投影反映实形，即圆形。其正面投影和侧面投影均积聚为水平的直线

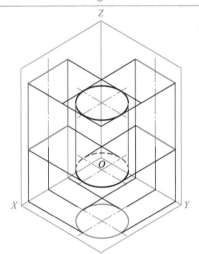

回转面的投影分析：
　　圆柱的回转面（圆柱面）为铅垂面，其水平投影积聚为圆形框；其正面投影中，左、右两边线分别是圆柱面最左、最右素线（转向轮廓线）的投影；其侧面投影中，两条边线分别是圆柱最前、最后素线（转向轮廓线）的投影

圆柱三视图读图要领：其中一个视图为圆，另外两个视图为相等的矩形；哪一个视图为圆，圆柱的轴线垂直于哪一个投影面。
注：为了便于看图，把圆柱分成4个区域，分别为左前、右前、左后和右后

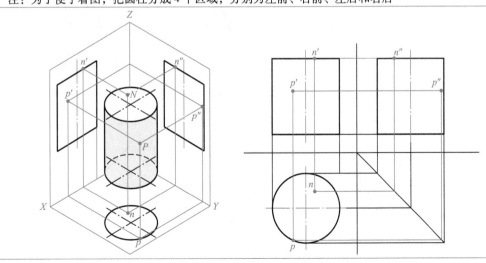

续表

圆柱表面上点的投影，可根据圆柱的积聚性求出。例如，已知圆柱表面上 N 点水平投影 n 和 P 点的正面投影 p'，求出两点的其他两面投影。 N 点：由 n 可见，知 N 在圆柱上表面，由积聚性可得 n' 和 n''； P 点：由 p' 可见，知 P 点在圆柱体左前侧圆柱面上，由积聚性可得 p，再由投影规律可得 p''	
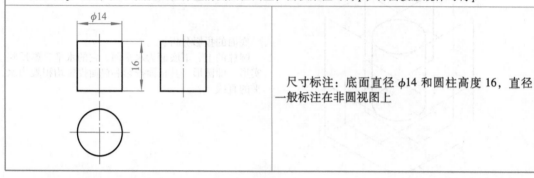	尺寸标注：底面直径 $\phi14$ 和圆柱高度 16，直径一般标注在非圆视图上

圆柱的三视图画法如图 3-17 所示。先画出圆的中心线和主、左视图中圆柱轴线的投影；再画出投影为圆的俯视图中的圆；最后按照投影关系画出主、左视图，即得到圆柱的三视图。

图 3-17   圆柱的三视图画法

3.3.2   圆锥的三视图（图 3-18）

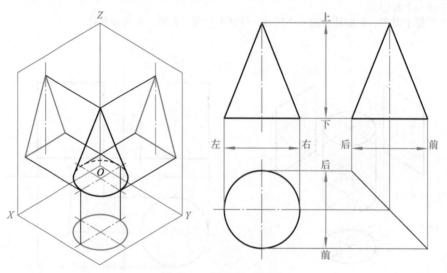

图 3-18   圆锥的三视图

圆锥的投影分析、表面取点及尺寸标注见表 3-6。

表 3-6　圆锥的投影分析、表面取点及尺寸标注

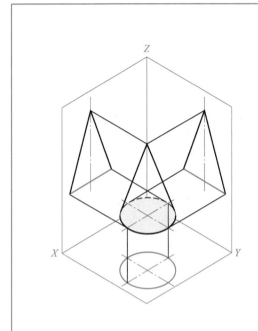

底面的投影分析：
　圆锥的底面为水平面，它的水平投影反映实形，即圆形；其正面投影、侧面投影均积聚为水平的直线

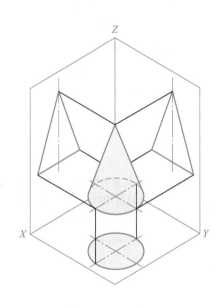

回转面的投影分析：
　圆锥的回转面（圆锥面）的水平投影为圆形，正面投影和侧面投影均为等腰三角形；其正面投影中，三角形的两边分别是圆锥面最左、最右素线（转向轮廓线）的投影；其侧面投影中，三角形的两边分别是圆锥面最前、最后素线（转向轮廓线）的投影

　圆锥三视图读图要领：其中一个视图为圆，另外两个视图为相等的等腰三角形；哪一个视图为圆，圆锥的轴线垂直于哪一个投影面。
　注：为了便于看图，把圆锥分成 4 个区域，分别为左前、右前、左后和右后

续表

辅助素线法：

辅助圆法：

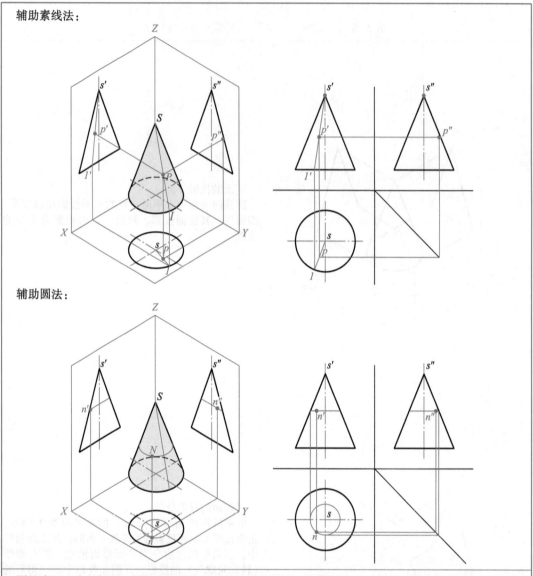

圆锥表面上点的投影：圆锥底面具有积聚性，其上的点可以直接求出；圆锥面没有积聚性，其上的点需要用辅助线法才能求出。按照辅助线的作用不同，辅助线法可分为辅助素线法和辅助圆法两种。其中，利用辅助素线法所作的辅助线是过顶点的素线，利用辅助圆法所作的辅助线是过该点且与底面平行的圆

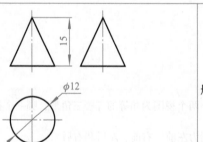

尺寸标注：底面直径 $\phi 12$，圆锥高度 15，直径一般标注在非圆视图上

【技能跟踪训练】识读回转体三视图

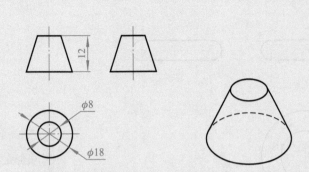

圆台三视图读图要领：其中一个视图为同心圆，另外两个视图为相等的等腰梯形；哪一个视图为圆，圆台的轴线垂直于哪一个投影面。

尺寸标注：上、下底面直径分别为 $\phi 8$ 和 $\phi 18$，圆台高度 12

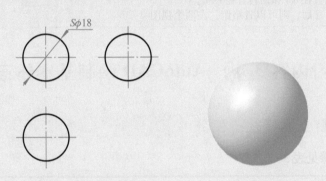

圆球三视图的读图要领：三个视图为相等的圆。

尺寸标注：直径 $S\phi 18$，符号 "S" 表示球面。

注：圆球标注尺寸后，则可以省略俯、左两个视图

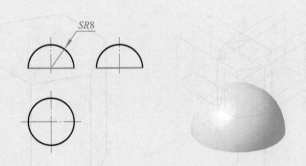

半球三视图的读图要领：其中一个视图为圆，另外两个视图为半圆。

尺寸标注：半径 $SR8$。

注：半球标注尺寸后，则可以省略俯、左两个视图

续表

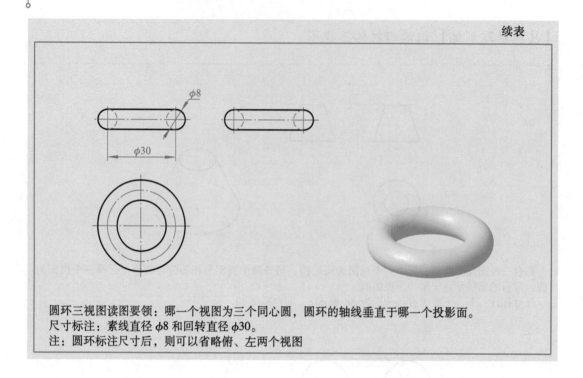

圆环三视图读图要领：哪一个视图为三个同心圆，圆环的轴线垂直于哪一个投影面。
尺寸标注：素线直径 $\phi 8$ 和回转直径 $\phi 30$。
注：圆环标注尺寸后，则可以省略俯、左两个视图

【学习内容 3.4】 AutoCAD 绘制基本体三视图

AutoCAD 绘制正六棱柱三视图

具体作图步骤见表 3-7。

表 3-7   AutoCAD 绘制正六棱柱三视图的作图步骤

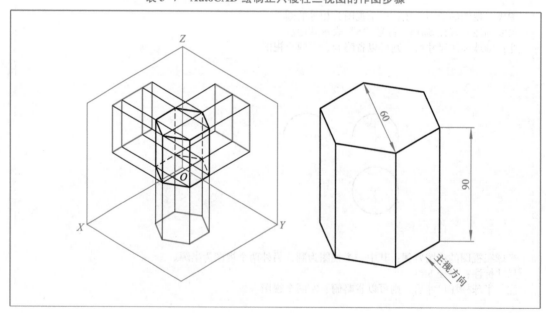

续表

步骤 1：利用"多边形" 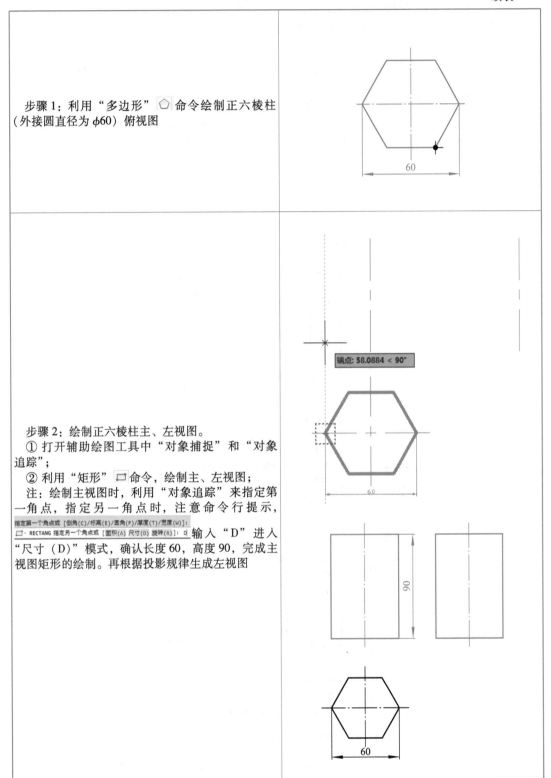 命令绘制正六棱柱（外接圆直径为 φ60）俯视图

步骤 2：绘制正六棱柱主、左视图。
① 打开辅助绘图工具中"对象捕捉"和"对象追踪"；
② 利用"矩形" 命令，绘制主、左视图；
注：绘制主视图时，利用"对象追踪"来指定第一角点，指定另一角点时，注意命令行提示，

指定第一个角点或 [倒角(C)/标高(E)/圆角(F)/厚度(T)/宽度(W)]：
□ - RECTANG 指定另一个角点或 [面积(A) 尺寸(D) 旋转(R)]：输入"D"进入"尺寸（D）"模式，确认长度 60，高度 90，完成主视图矩形的绘制。再根据投影规律生成左视图

【技能跟踪训练】AutoCAD 绘制基本体三视图

跟随演示实例完成基本体三视图的绘制。

演示实例 正三棱柱
三视图绘制

演示实例 正六棱柱
三视图绘制

演示实例 正三棱锥
三视图绘制

演示实例 圆柱
三视图绘制

【知 识 总 结】

请自行总结知识点，将下列总结完善。

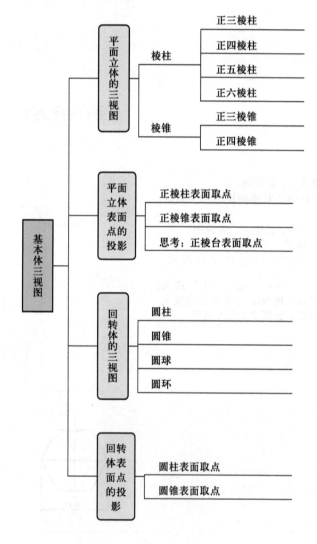

模块四

组合体三视图识读与绘制

【模块导读】

由一些基本体（棱柱、棱锥、圆柱、圆锥、圆球、圆环等）组成的较复杂的物体称为组合体。任何机械零件，从形体的角度看，都可以说是由若干基本体通过一定的组合形式构成的。组合体可看作是机械零件的主体模型。无论从设计零件来讲，还是从学习绘图与读图来讲，组合体都是由单纯的几何形体向机械零件过渡的一个环节，其地位十分重要。本模块将引导读者学习如何绘制组合体三视图，并通过三视图构建空间立体形状。

【学习目标】

❖ 学会用形体分析法分析组合体，认清形体特征，分析组合特点；
❖ 按照结构特征正确选择视图方案；
❖ 按《机械制图》等国家标准中有关尺寸注法的内容合理标注组合体尺寸；
❖ 在熟悉组合体三视图的基础上提高读图能力；
❖ 培养空间思维能力与辩证思维；
❖ 增强实践能力；
❖ 培养具有专业领域知识的自学能力。

【学习内容 4.1】 组合体三视图绘制方法

假设将一个复杂的组合体分解成若干个基本体，分析这些基本体的形状、组合形式及它们的相对位置关系，从而产生对整个组合体形状的完整概念，再进行绘图或读图，这种分析组合体的方法称为形体分析法。

4.1.1 组合体的组合形式

按组合体中各基本体组合时的相对位置关系及形状特征不同，组合体的组合形式可分为叠加型、切割型和综合型三种形式，如图 4-1 所示。

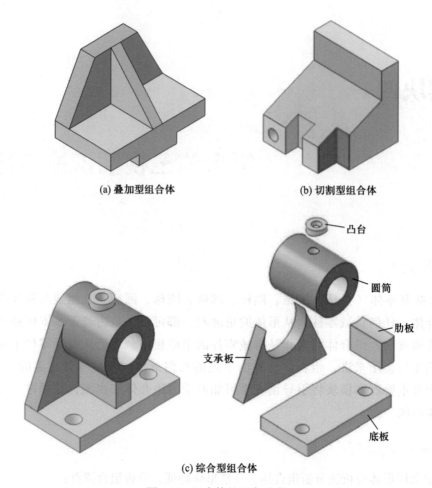

(a) 叠加型组合体   (b) 切割型组合体

凸台

圆筒

肋板

支承板

底板

(c) 综合型组合体

图 4-1   组合体的组合形式

4.1.2   叠加型组合体三视图的绘制

构成叠加型组合体的各基本体相互堆积、叠加，叠加形式包括：简单叠加和相贯叠加
（图 4-2）。两曲面立体相交形成的立体称为相贯体，其表面的交线称为相贯线。相贯线既
是两曲面立体的共有线，也是两曲面立体的分界线。

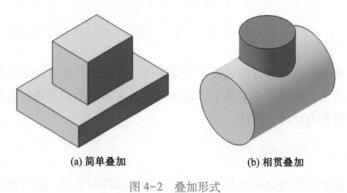

(a) 简单叠加   (b) 相贯叠加

图 4-2   叠加形式

　　叠加型组合体三视图的绘制方法：按组合体的特点，将其分解成几个基本体；弄清各基本体的形状、相对位置关系及表面连接关系，从而有分析、有步骤地进行绘图。

　　相对位置关系：是指分解出的各基本体之间所处的位置（即上、下、左、右、前、后）。

　　表面连接关系：是指分解出的各基本体在叠加过程中，面与面的接触关系。按各基本体相邻表面形状和相对位置不同，连接关系可分为平齐、不平齐、相切和相交 4 种情况。表面连接关系不同，连接处的投影画法也不相同，具体情况见表 4-1。

表 4-1　表面连接关系

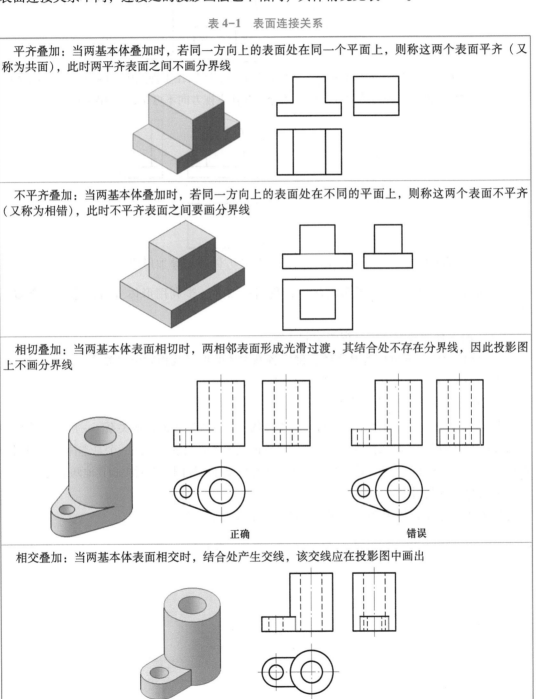

【技能跟踪训练】识读表面连接关系

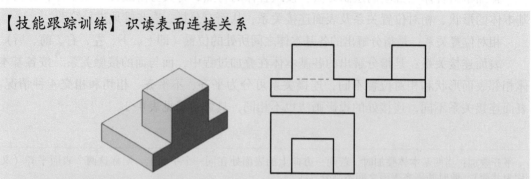

注：两基本体叠加，前表面平齐、后表面不平齐。所以在主视图中，两前表面平齐后无分界线，两后表面不平齐有分界线，而这条分界线在主视方向不可见，故用细虚线表示。

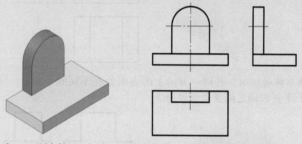

注：上部形体为 U 形结构，由半个圆柱与长方体相切叠加形成。

在掌握表面连接关系的投影画法后，我们可以进一步利用形体分析法绘制组合体三视图。

（1）简单叠加型组合体三视图绘制步骤

1）分析形体。分解出各基本体，确定各基本体的形状及相对位置关系。

2）选择主视图。依据形状特征原则选择主视图。

3）布置视图。绘制基准线。

4）绘制底稿。用细线逐个绘出每个基本体的投影，确定表面连接关系。一般按照叠加的形成过程先画基础形体的三视图，再逐个画出其他叠加体的三视图。同一个基本体三个视图的画图顺序：一般先画形状特征最明显的视图，或有积聚性的视图，然后再画其他两个视图。

5）修整并描深图线。

以表 4-2 中组合体为例，讲解其三视图绘制步骤。

表 4-2   简单叠加型组合体三视图绘制步骤

分析形体	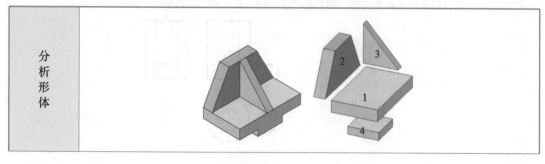

续表

分析形体	 基本体 2 位于基本体 1 上表面上侧，它们的后表面平齐	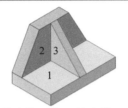 基本体 3 位于基本体 1 上表面上侧、基本体 2 前表面前侧，且左右居中	 基本体 4 位于基本体 1 下表面下侧，与基本体 1 前、后表面都平齐，且左右居中

选择主视图	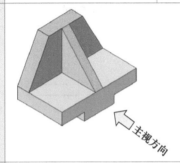 主视方向	主视图投射方向选择原则： ① 形状特征原则：主视图应能充分反映零件的结构形状。 ② 加工位置原则：主视图应尽量表示零件在加工时所处位置。 ③ 工作位置原则：主视图应尽量表示零件在机器上的工作位置或安装位置	

布置视图

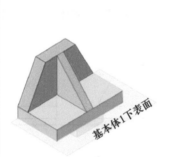

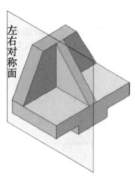

首先应确定组合体的基准面，即长、宽、高三类尺寸的起始位置。通常以形体的对称平面、底面、端面和主要轴线作为基准

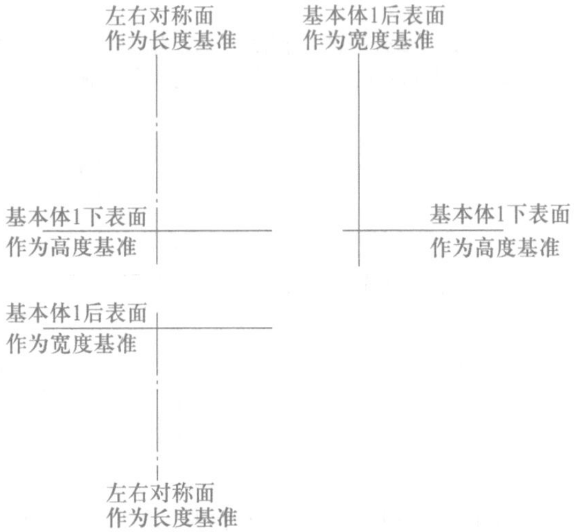

左右对称面
作为长度基准

基本体1后表面
作为宽度基准

基本体1下表面
作为高度基准

基本体1下表面
作为高度基准

基本体1后表面
作为宽度基准

左右对称面
作为长度基准

续表

绘
制
底
稿

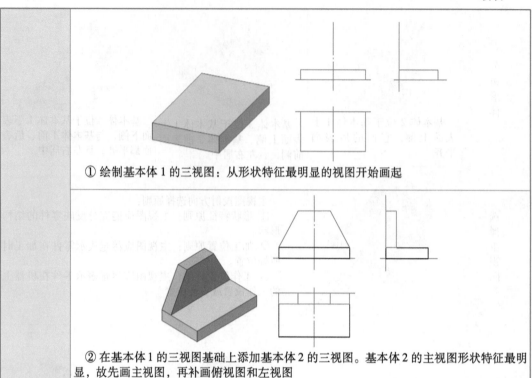

① 绘制基本体 1 的三视图：从形状特征最明显的视图开始画起

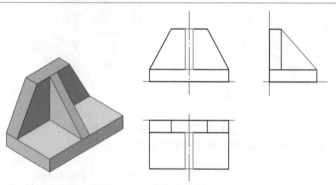

② 在基本体 1 的三视图基础上添加基本体 2 的三视图。基本体 2 的主视图形状特征最明显，故先画主视图，再补画俯视图和左视图

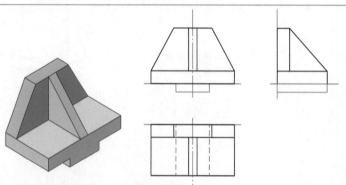

③ 在基本体 1 和 2 合成的三视图基础上添加基本体 3 的三视图。基本体 3 的左视图形状特征最明显，故先画左视图，再补画主视图和俯视图

④ 在基本体 1、2 和 3 合成的三视图基础上添加基本体 4 的三视图。基本体 4 的主视图和左视图位置特征较明显，可先画主视图，再画左视图，最后绘制俯视图

续表

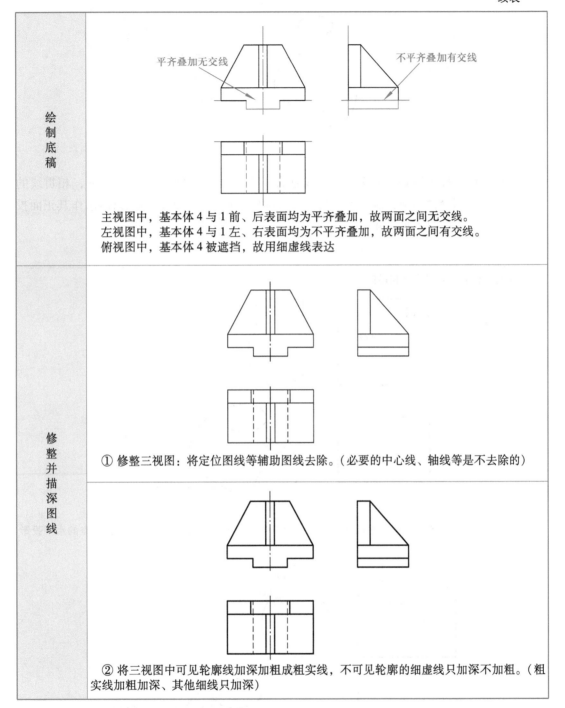

绘制底稿	主视图中，基本体 4 与 1 前、后表面均为平齐叠加，故两面之间无交线。 左视图中，基本体 4 与 1 左、右表面均为不平齐叠加，故两面之间有交线。 俯视图中，基本体 4 被遮挡，故用细虚线表达
修整并描深图线	① 修整三视图：将定位图线等辅助图线去除。（必要的中心线、轴线等是不去除的）
	② 将三视图中可见轮廓线加深加粗成粗实线，不可见轮廓的细虚线只加深不加粗。（粗实线加粗加深、其他细线只加深）

（2）相贯型叠加组合体画法

本书重点讲解两圆柱正交相贯时相贯线的画法。两圆柱正交相贯时，相贯线通常采用取点法绘制。

以图 4-3 所示两圆柱正交相贯为例，已知两圆柱正交相贯的三面投影（图 4-4），求作它们的相贯线。

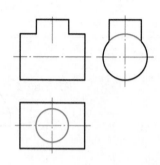

图 4-3　两圆柱正交相贯　　　　　　　　图 4-4　两圆柱正交相贯的三面投影

　　分析：两圆柱轴线垂直相交，一轴线垂直于 H 面，另一轴线垂直于 W 面，相贯线的水平投影为有积聚性的圆，侧面投影是一段与圆柱面重合的圆弧，因此只需求作其正面投影即可，具体作图过程见表 4-3。

表 4-3　两圆柱正交相贯线的正面投影

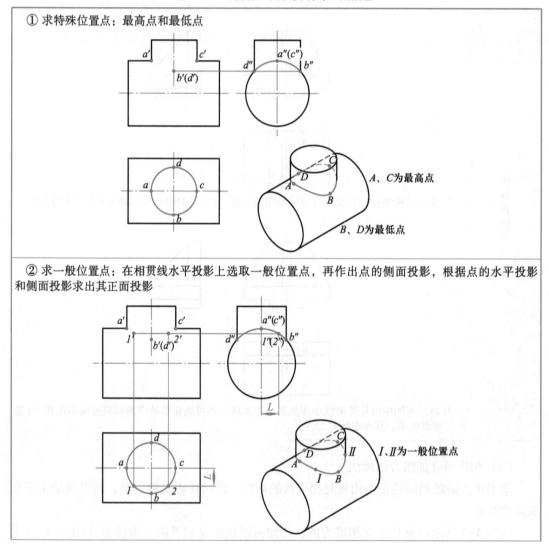

续表

③ 将各点的正面投影光滑地连接起来，即得相贯线的正面投影

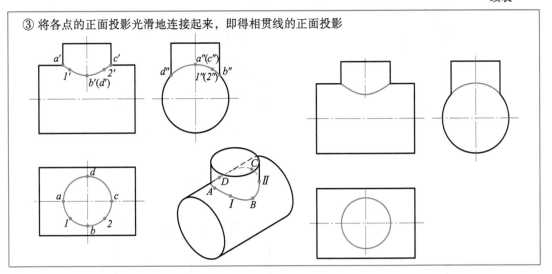

【知识拓展】 两圆柱正交相贯线的近似画法

两圆柱正交相贯的相贯线可用一条圆弧代替。该圆弧的画法：先以 $R=D/2$ 为半径（D 为大圆柱半径）找圆心，再以 R 为半径画弧，即得到近似的相贯线，具体作图步骤见表 4-4。

表 4-4　两圆柱正交相贯线的近似画法

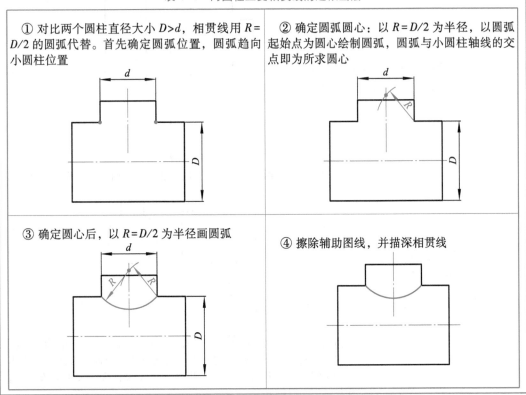

① 对比两个圆柱直径大小 $D>d$，相贯线用 $R=D/2$ 的圆弧代替。首先确定圆弧位置，圆弧趋向小圆柱位置	② 确定圆弧圆心：以 $R=D/2$ 为半径，以圆弧起始点为圆心绘制圆弧，圆弧与小圆柱轴线的交点即为所求圆心
③ 确定圆心后，以 $R=D/2$ 为半径画圆弧	④ 擦除辅助图线，并描深相贯线

【技能跟踪训练】识读相贯型组合体三视图

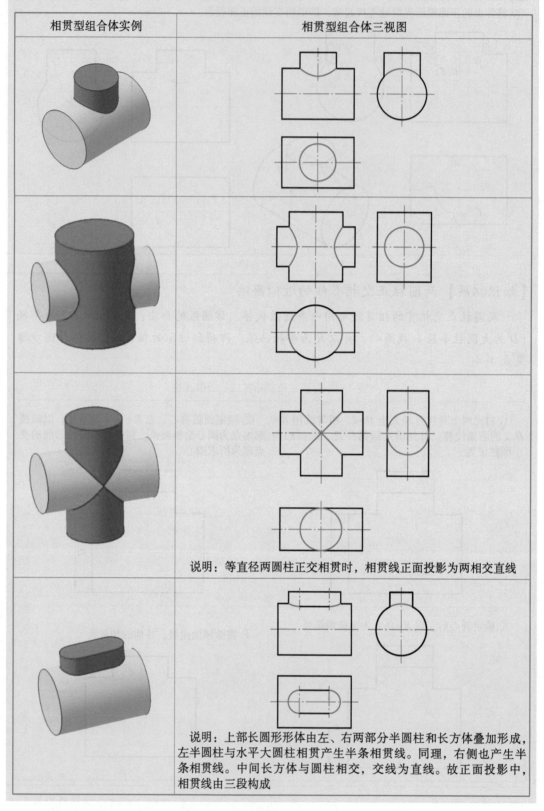

相贯型组合体实例	相贯型组合体三视图
	说明：等直径两圆柱正交相贯时，相贯线正面投影为两相交直线
	说明：上部长圆形形体由左、右两部分半圆柱和长方体叠加形成，左半圆柱与水平大圆柱相贯产生半条相贯线。同理，右侧也产生半条相贯线。中间长方体与圆柱相交，交线为直线。故正面投影中，相贯线由三段构成

4.1.3　切割型组合体三视图的绘制

切割型组合体：从较大基础形体中挖切出较小形体而形成的组合体。

（1）截切平面立体

平面与平面立体相交（平面立体被截切），所得交线是由直线组成的封闭多边形，称为截交线，如图4-5所示。该多边形的边就是平面立体表面与截平面的交线，其顶点是棱线与截平面的交点。

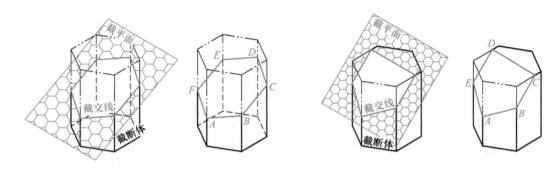

图4-5　平面体的截交线

求平面立体的截交线，关键是找到截平面与平面立体棱线的共有点（截平面与平面立体各棱线的交点），然后将各点连接即为所求。

1）以正六棱柱被完全截切为例，分析其三视图绘制方法，见表4-5。

表4-5　完全截切正六棱柱

已知正六棱柱被正垂面完全截切，补画其左视图。
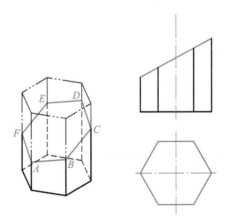
分析：正六棱柱被正垂面完全截切时，正垂面与正六棱柱的六个侧面相交，所以截交线是一个六边形，六边形的顶点为各棱边与正垂面的交点。截交线在 H 面上的投影与棱柱的水平投影重合，在 V 面上的投影积聚为一条直线，在 W 面上的投影是一个六边形

续表

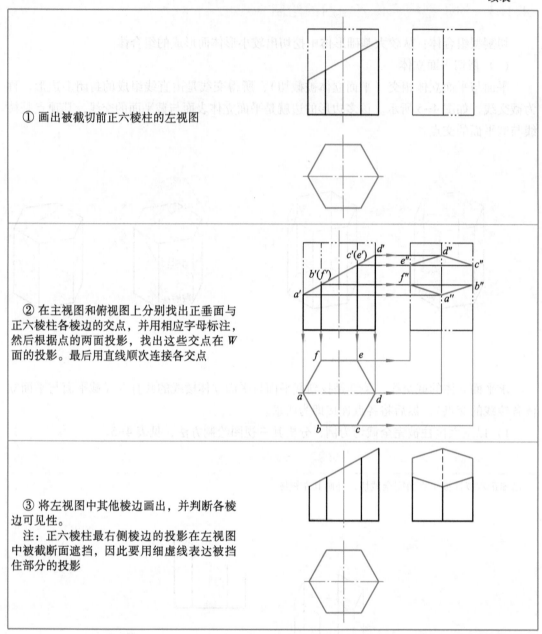

① 画出被截切前正六棱柱的左视图

② 在主视图和俯视图上分别找出正垂面与正六棱柱各棱边的交点，并用相应字母标注，然后根据点的两面投影，找出这些交点在 W 面的投影。最后用直线顺次连接各交点

③ 将左视图中其他棱边画出，并判断各棱边可见性。

注：正六棱柱最右侧棱边的投影在左视图中被截断面遮挡，因此要用细虚线表达被挡住部分的投影

2）当正六棱柱被不完全截切时，要先分析截切交线的情况，再进行绘制，见表4-6。

表4-6 不完全截切正六棱柱

已知正六棱柱被正垂面不完全截切，绘制其三视图。

分析：正六棱柱被正垂面不完全截切时，正垂面与正六棱柱的五个面相交，所以截交线是一个五边形

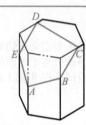

续表

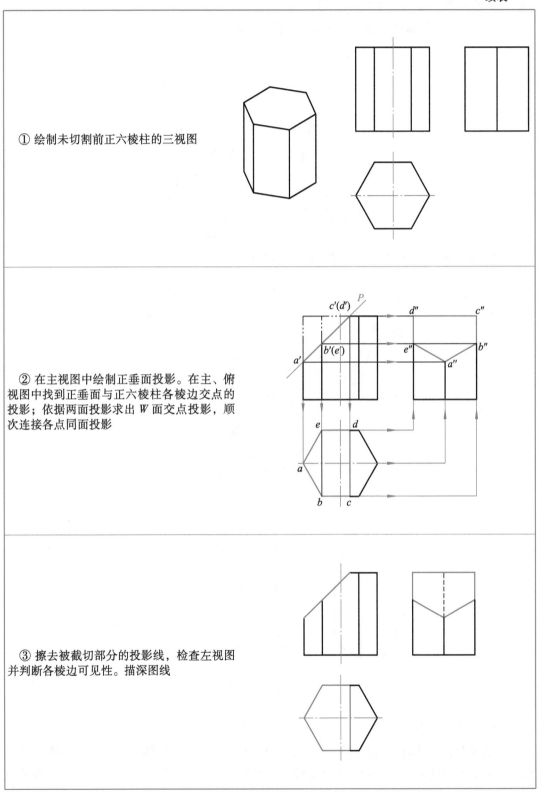

① 绘制未切割前正六棱柱的三视图

② 在主视图中绘制正垂面投影。在主、俯视图中找到正垂面与正六棱柱各棱边交点的投影；依据两面投影求出 W 面交点投影，顺次连接各点同面投影

③ 擦去被截切部分的投影线，检查左视图并判断各棱边可见性。描深图线

【技能跟踪训练】截切平面立体

请按上述所学知识，补全如下截切平面立体的三视图。

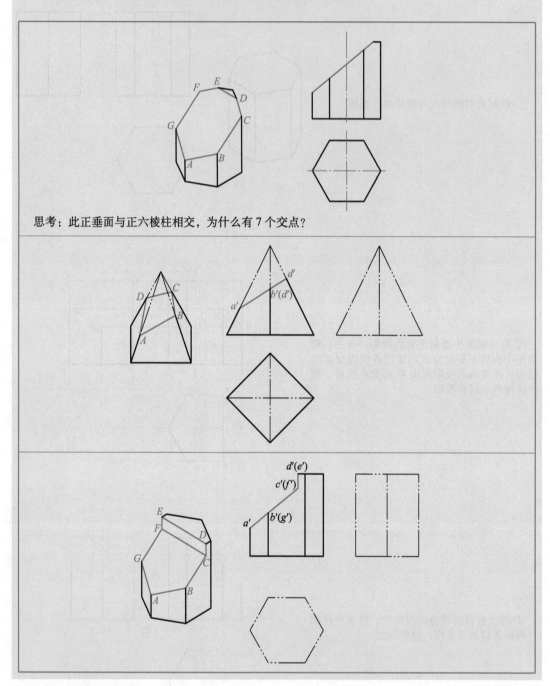

思考：此正垂面与正六棱柱相交，为什么有 7 个交点？

（2）截切回转体

平面截切回转体时，被截回转体的表面形状及截平面与回转体的相对位置都影响截交线的形状。截交线的形状一般是平面曲线，或平面曲线与直线相连的平面图形，特殊情况下也可能是平面多边形。

1）截切圆柱（表4-7）。

表 4-7 截 切 圆 柱

截平面平行于轴线	截平面垂直于轴线	截平面倾斜于轴线
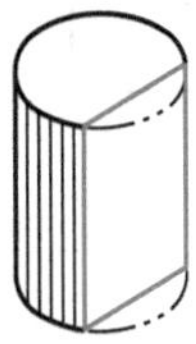	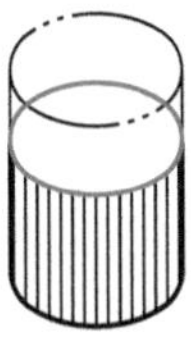	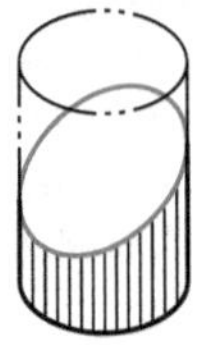
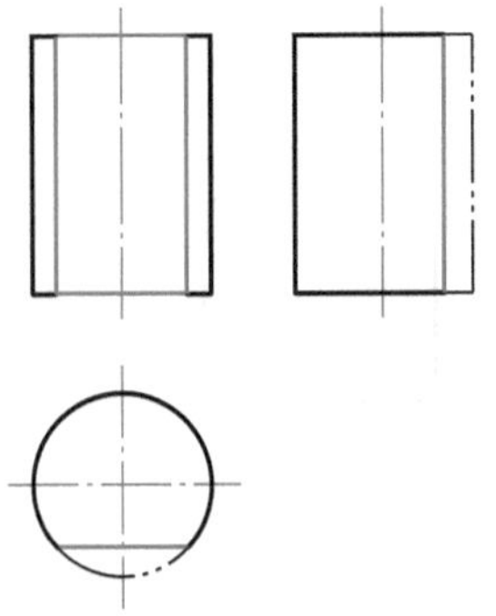	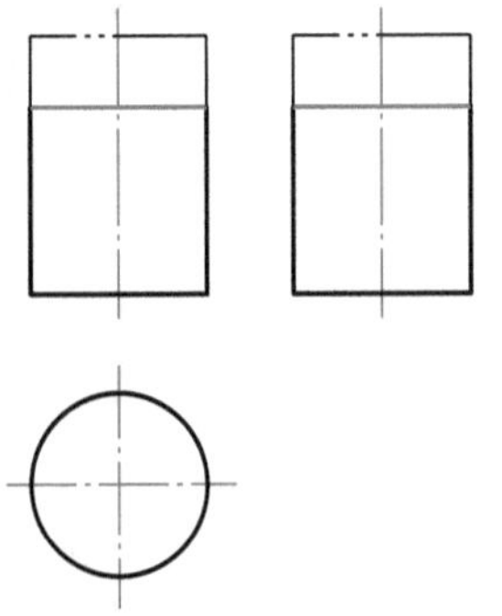	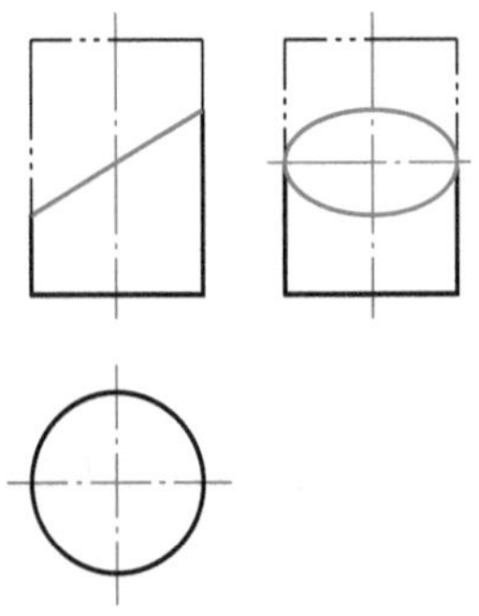
截交线形状：矩形	截交线形状：圆	截交线形状：椭圆或圆（45°）

绘制圆柱切割体的投影，主要是求截交线的投影。求截交线的投影时，应先根据截平面和圆柱轴线的位置关系，判断截交线的形状，然后利用圆柱表面取点的方法作图。

以圆柱被一正垂面截切为例，求作其截交线，见表4-8。

表 4-8 正垂面截切圆柱

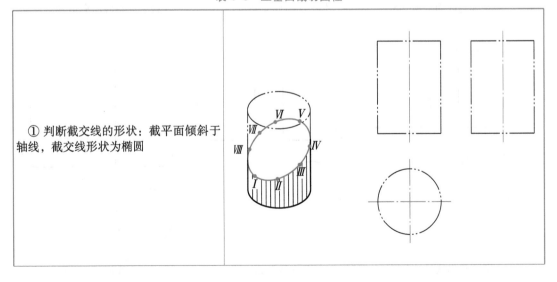

① 判断截交线的形状：截平面倾斜于轴线，截交线形状为椭圆

续表

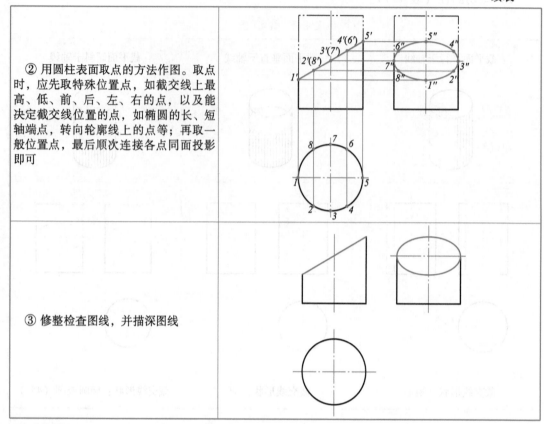

② 用圆柱表面取点的方法作图。取点时，应先取特殊位置点，如截交线上最高、低、前、后、左、右的点，以及能决定截交线位置的点，如椭圆的长、短轴端点，转向轮廓线上的点等；再取一般位置点，最后顺次连接各点同面投影即可

③ 修整检查图线，并描深图线

【知识拓展】

当截平面倾斜于轴线截切圆柱时，根据截平面的角度不同，截交线的形状可能是椭圆，也可能是圆，有三种情况出现，见表4-9。

表4-9   被不同角度截平面截切

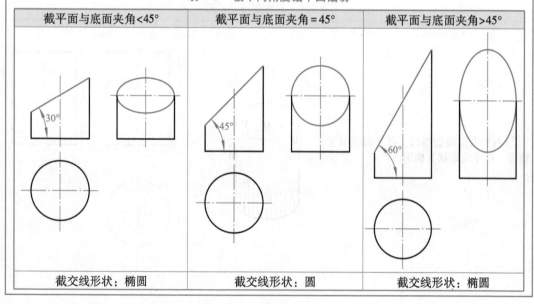

截平面与底面夹角<45°	截平面与底面夹角=45°	截平面与底面夹角>45°
30°	45°	60°
截交线形状：椭圆	截交线形状：圆	截交线形状：椭圆

2）截切圆锥（表 4-10）。

表 4-10 截 切 圆 锥

截平面垂直 于轴线	截平面与轴线倾斜 （不平行于任何素线）	截平面平行 于一条素线	截平面平行 于轴线	截平面 过锥顶
截交线形状：圆	截交线形状：椭圆	截交线形状：抛物线与直线	截交线形状：双曲线与直线	截交线形状：三角形

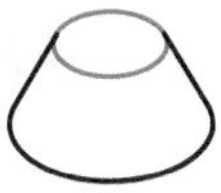

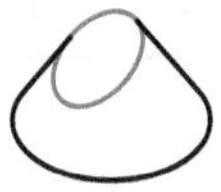

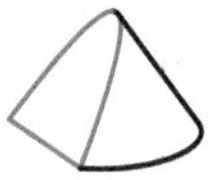

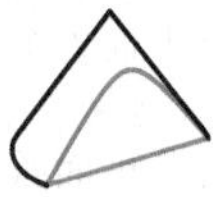

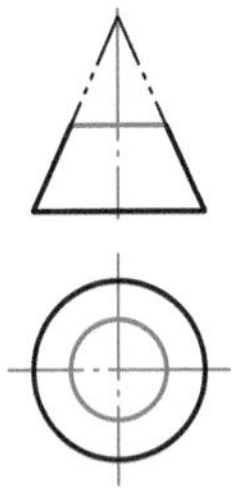

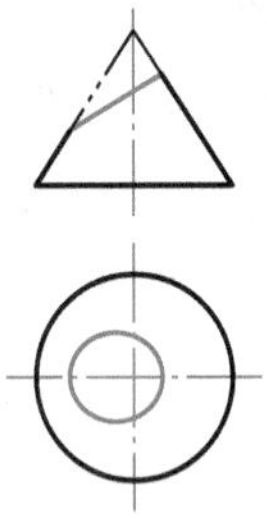

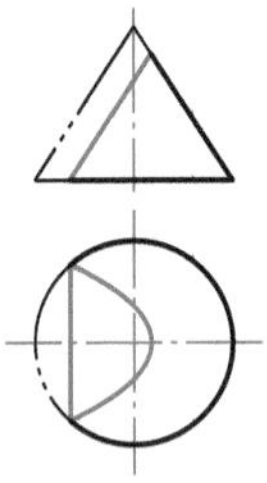

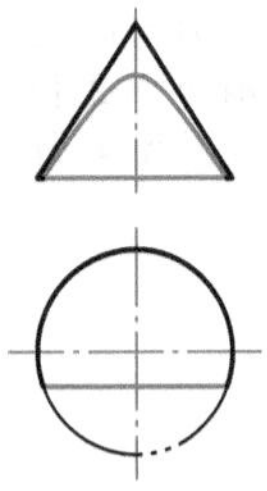

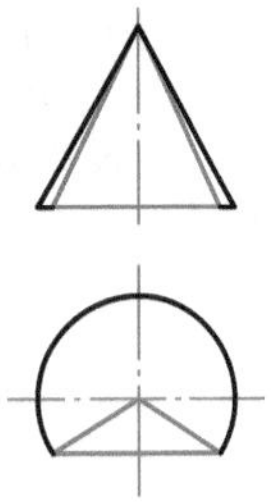

以圆锥被一正平面截切为例，求作其截交线，见表 4-11。

表 4-11 正平面截切圆锥

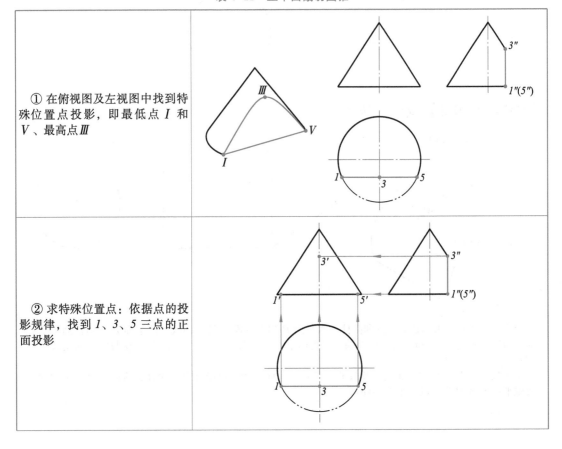

| ① 在俯视图及左视图中找到特殊位置点投影，即最低点 I 和 V、最高点 III |
| ② 求特殊位置点：依据点的投影规律，找到 1、3、5 三点的正面投影 |

续表

③ 求一般位置点：为了使双曲线更加精确，可利用辅助圆法求得一般位置点。在正面投影 1′ 和 3′ 之间画一条与圆锥轴线垂直的水平线，该水平线与圆锥最左、最右素线（转向轮廓线）正面投影的交点为 a′ 和 b′，a′b′ 连线在水平投影中为一圆，此圆与截交线的水平投影积聚线相交于 2 和 4 点，由投影规律可得 2′ 和 4′ 及 2″ 和 4″

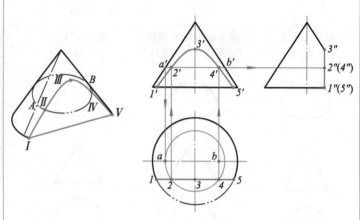

④ 用光滑曲线依次连接 1′、2′、3′、4′、5′ 点，然后擦除辅助图线，并描深图线

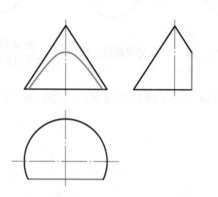

【技能跟踪训练】 截切回转体

补画顶尖零件俯视图。

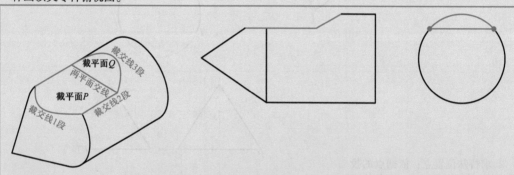

分析：顶尖头部由同轴的圆锥和圆柱被水平面 P 和正垂面 Q 切割而成。截平面 P 与圆锥面的交线为双曲线（截交线 1 段），与圆柱面的交线为两条直线（截交线 2 段）；截平面 Q 与圆柱面交线为椭圆弧（截交线 3 段）。

由于截面平 P 和 Q 的正面投影及截平面 P 和圆柱面的侧面投影都有积聚性，所以只要做出截交线及截平面 P 和 Q 交线的水平投影即可

续表

① 截交线 1 段的绘制：利用圆锥面取点的方法绘制截平面 *P* 与圆锥面的交线（双曲线）。可参考截切圆锥的截交线绘制方法

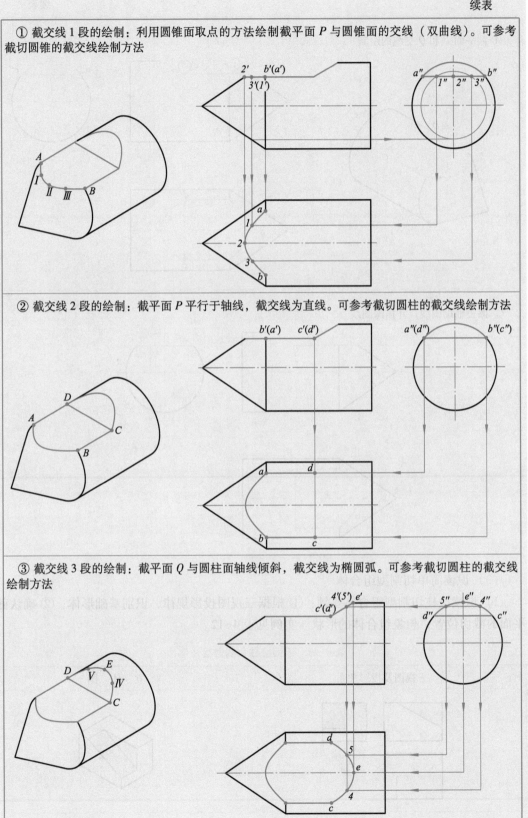

② 截交线 2 段的绘制：截平面 *P* 平行于轴线，截交线为直线。可参考截切圆柱的截交线绘制方法

③ 截交线 3 段的绘制：截平面 *Q* 与圆柱面轴线倾斜，截交线为椭圆弧。可参考截切圆柱的截交线绘制方法

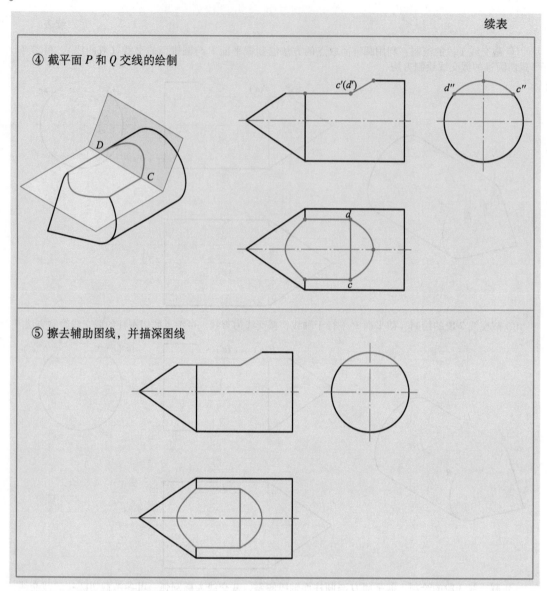

④ 截平面 P 和 Q 交线的绘制

⑤ 擦去辅助图线，并描深图线

（3）识读简单切割型组合体

1）识读棱柱切割型组合体要领：① 根据三视图投影规律，识别基础形体；② 确认截平面的截切位置，想象组合体的形状。实例见表 4-12。

表 4-12　识读棱柱切割型组合体

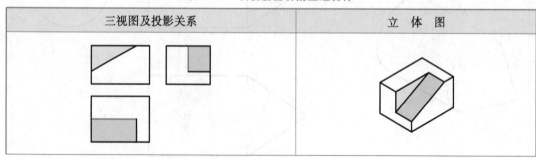

三视图及投影关系	立　体　图

续表

三视图及投影关系	立 体 图
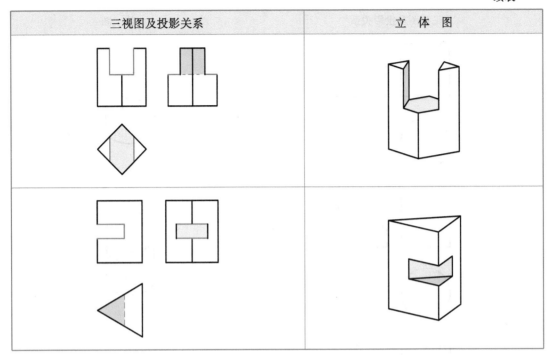	

2）识读圆柱切割型组合体要领：① 根据圆柱的投影特点，识别基础形体；② 在三视图中识别截平面的截切位置，根据截平面与圆柱轴线的相对位置分析截交线和截断面的形状，综合想象组合体的形状。实例见表 4-13。

表 4-13 识读圆柱切割型组合体

三视图及投影关系	立 体 图
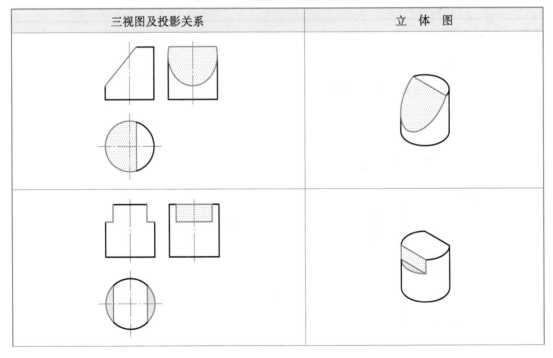	

续表

三视图及投影关系	立 体 图

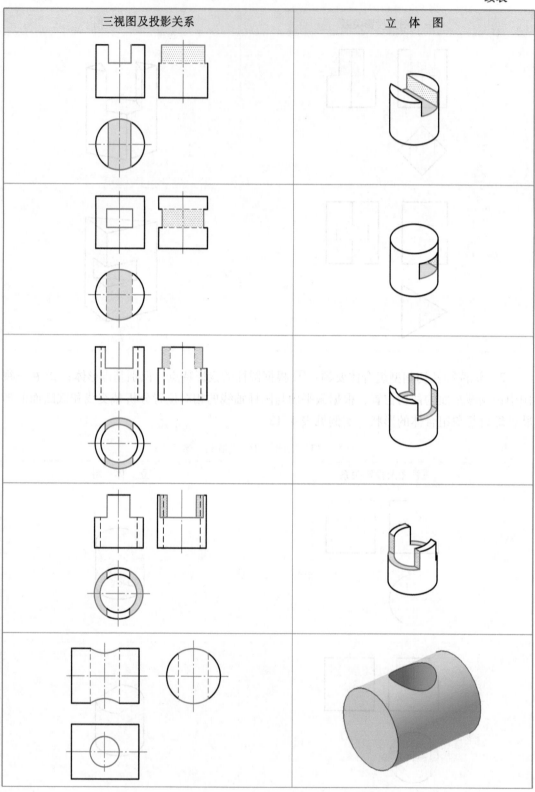

续表

三视图及投影关系	立 体 图

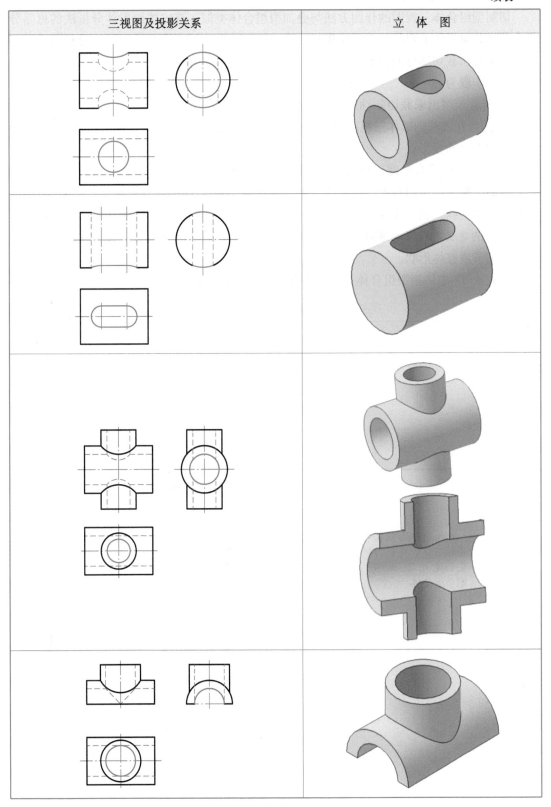

（4）三视图的绘制

切割型组合体三视图的作图方法与叠加型组合体类似，首先按照形体分析法的思路分析未截切基础形体的形状，并且应用线、面的投影特性（线面分析法）逐个分析各截切部分的情况及所截切部分的相对位置；然后再绘制切割型组合体的三视图。

具体步骤为：

① 首先绘制出未截切基础形体的三视图；

② 然后在该基础形体三视图的基础上，应用线、面投影特性（线面分析法），逐一画出各截切部分的投影；

③ 最后进行综合整理，得出切割型组合体的三视图。

线面分析法：运用各种位置直线、平面的投影特性（真实性、积聚性、类似性），以及曲面、截交线、相贯线的投影特点，对组合体投影图中的线条、线框（由线段围成的闭合图形）的含义进行深入细致地分析，了解各表面的形状和相互位置关系，从而想象出组合体的细节或整体形状。

以表 4-14 中切割型组合体为例，讲解其三视图绘制步骤。

表 4-14　切割型组合体三视图的绘制步骤

| 分析形体 | 该组合体未截切时的基础形体是长方体，在长方体的基础上切去切块1、2、3、4后形成了该切割型组合体 | 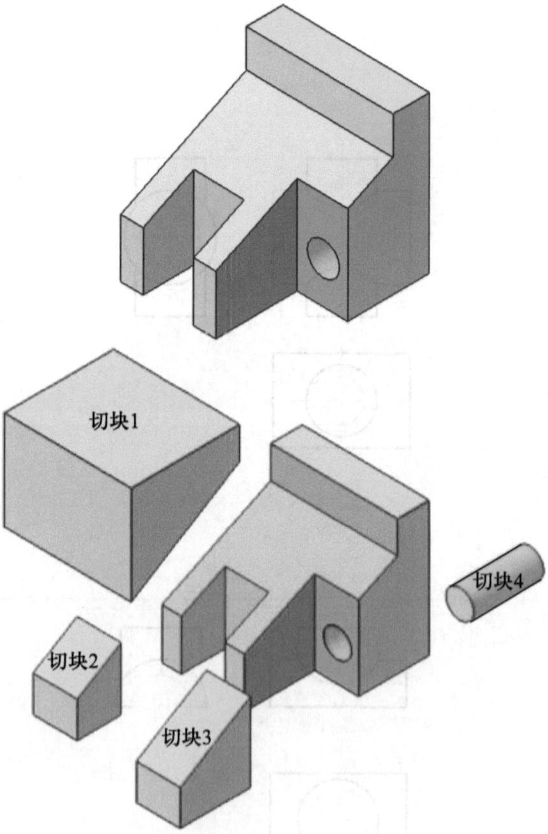 |

续表

选择主视图	选择最能反映形体结构形状特征及各组成形体之间相互关系的方向作为主视图投射方向	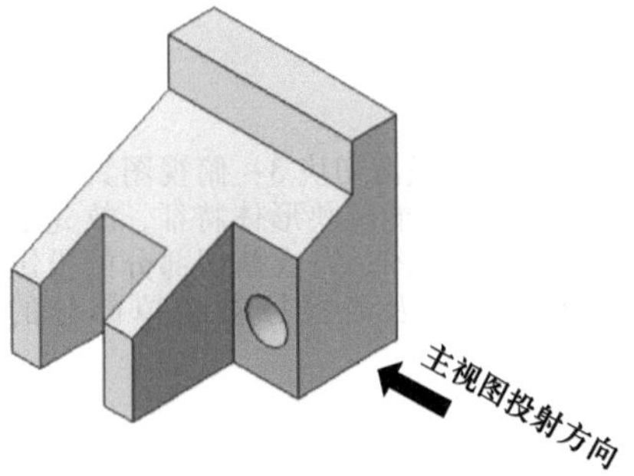 主视图投射方向
布置视图、绘制底稿	① 绘制基础形体长方体的三视图	
	② 截切切块 1：在长方体三视图基础之上进行截切。主视图具有积聚性且能反映形体特征，故先绘制主视图。在完成截切部分投影时，应充分应用线、面的投影特性，即应用线面分析法作出相应投影	
	③ 截切切块 2：俯视图具有积聚性且能反映形体特征，故先绘制俯视图。完成截切部分的投影后，应及时擦掉被切掉部分的图线	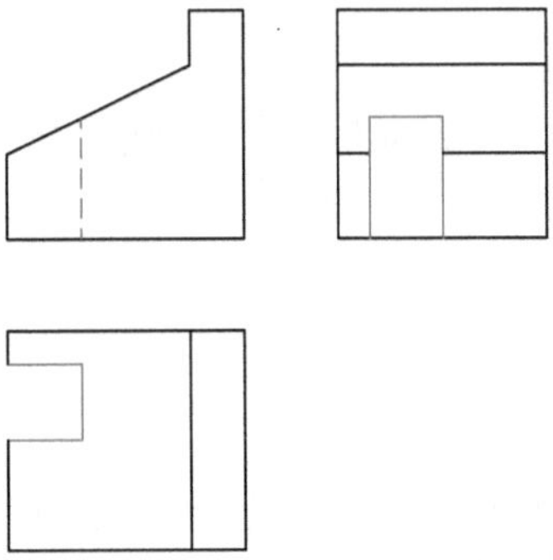

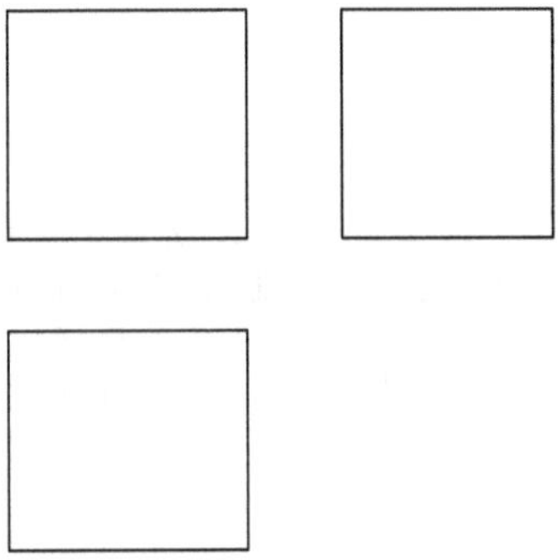

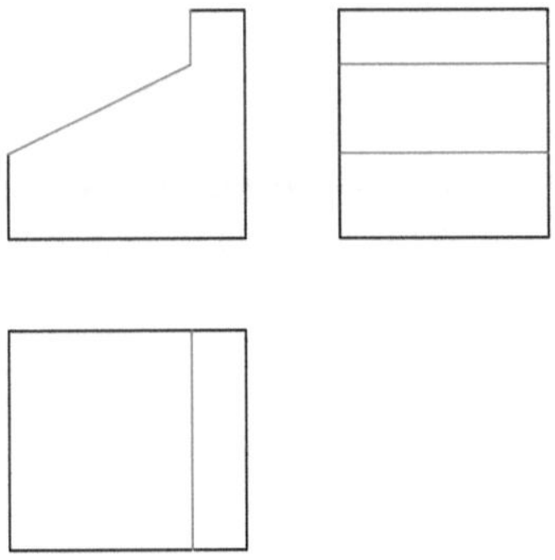

续表

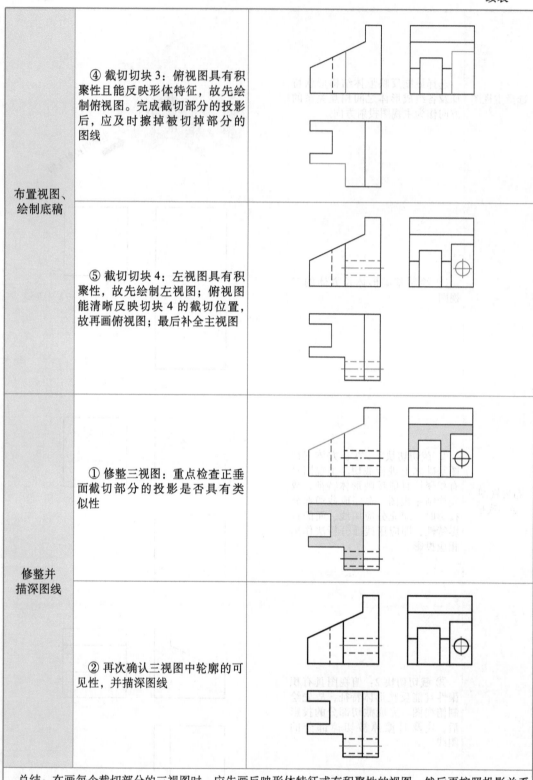

布置视图、绘制底稿	④ 截切切块 3：俯视图具有积聚性且能反映形体特征，故先绘制俯视图。完成截切部分的投影后，应及时擦掉被切掉部分的图线	
	⑤ 截切切块 4：左视图具有积聚性，故先绘制左视图；俯视图能清晰反映切块 4 的截切位置，故再画俯视图；最后补全主视图	
修整并描深图线	① 修整三视图：重点检查正垂面截切部分的投影是否具有类似性	
	② 再次确认三视图中轮廓的可见性，并描深图线	

总结：在画每个截切部分的三视图时，应先画反映形体特征或有积聚性的视图，然后再按照投影关系画出其他两个视图

【技能跟踪训练】分析切割型组合体三视图

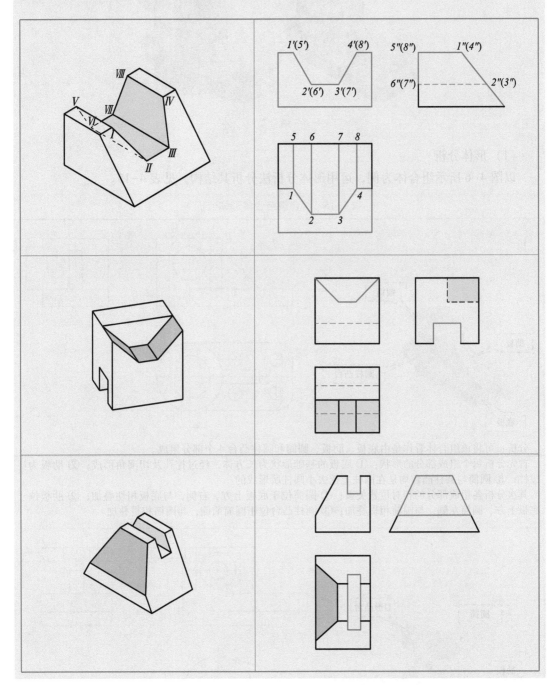

4.1.4 综合型组合体三视图的绘制

综合型组合体：该组合体为既有叠加，又有切割组合而成的综合型。一般组合体都属于综合型组合体（图 4-6）。综合型组合体三视图的绘制与识读，可看作是叠加型组合体及切割型组合体表达方法的综合运用，即形体分析法和线面分析法综合应用。

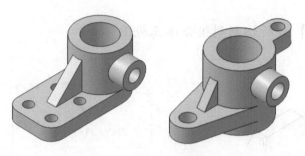

图 4-6 综合型组合体

（1）形体分析

以图 4-6 所示组合体为例，运用形体分析法分析其结构，见表 4-15。

表 4-15 综合型组合体形体分析

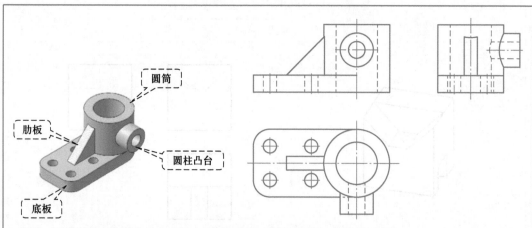

分析：可将该组合体看作是由底板、肋板、圆筒和圆柱凸台 4 个部分组成。

首先分析每个组成部分的形状：① 底板的基础形状为长方体，经过挖孔及切圆角形成；② 肋板为三棱柱；③ 圆筒与圆柱凸台均是在圆柱上挖去小圆柱所形成的。

其次分析各组成部分的相对位置关系：① 圆筒位于底板上方、右侧，与底板相切叠加；② 肋板位于底板上方、圆筒左侧，与圆筒相贯叠加；③ 圆柱凸台位于圆筒前侧，与圆筒相贯叠加

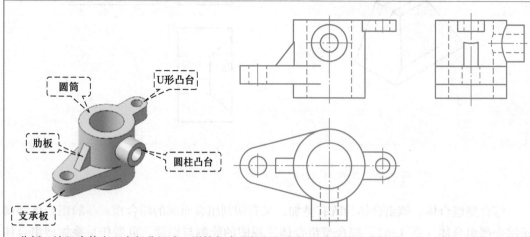

分析：该组合体由 5 个部分组成。圆筒与支承板相切叠加；肋板位于支承板上方、圆筒左侧，与圆筒相贯叠加；圆筒与 U 形凸台平齐相交叠加；圆柱凸台位于圆筒前侧，与圆筒相贯叠加

（2）三视图的绘制

以表4-16中综合型组合体为例，讲解其三视图绘制步骤。

表 4-16 综合型组合体三视图的绘制步骤

形体分析	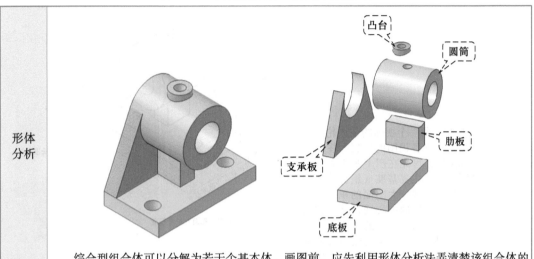
	综合型组合体可以分解为若干个基本体，画图前，应先利用形体分析法弄清楚该组合体的组合形式，以及各基本体间的相对位置关系、表面连接关系等
选择主视图	选择主视图时，应先将组合体放平、摆正，使其主要表面或主要轴线平行或垂直于投影面，然后选择能较好反映组合体形状特征和各组成部分相对位置关系的方向作为主视图投射方向，同时兼顾另外两个视图的可见性，使得视图整体上表达清晰且读图方便 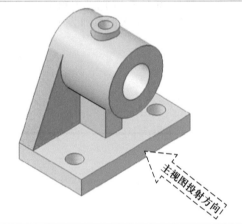
选择比例、确定图幅	视图确定后，应根据组合体的大小和复杂程度，选择国家标准规定的作图比例和图幅，一般情况下，尽可能选用1:1的作图比例。确定图幅大小时，除考虑绘图所需面积外，还要预留标注尺寸和画标题栏的位置和间距 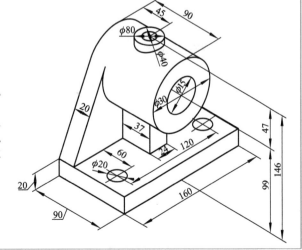

续表

| 布置视图、绘制底稿 | ① 根据每一个视图的最大轮廓尺寸均匀布置各视图的位置。视图位置确定后，可先在图上画出确定各视图位置的主要基准（组合体底面的积聚性直线、大端面的积聚性直线、对称图形的中心线及回转体的轴线等可作为三视图的主要基准）。再用 H 或 2H 铅笔绘制底稿（底稿图线一定要轻、细，各种线型暂且不分粗细）。
本例中，取轴承座的左右对称面、底板底面及支承板的后面为主要基准 |

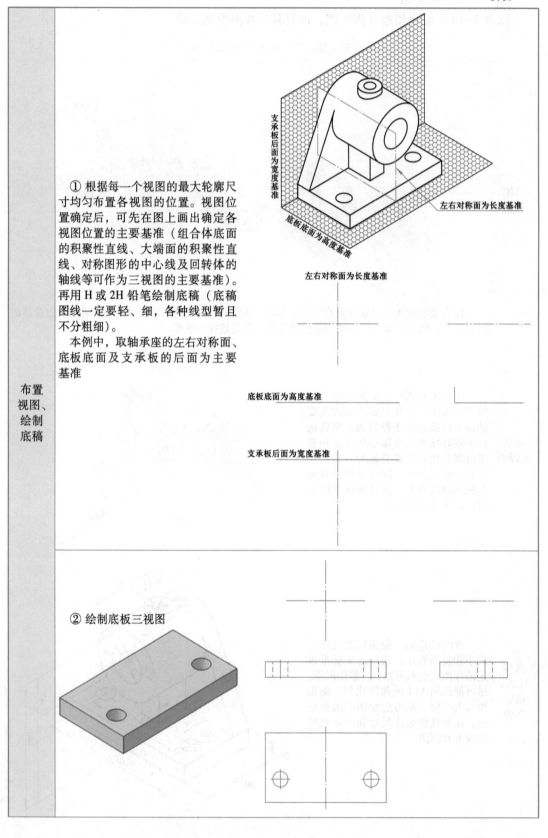

② 绘制底板三视图

续表

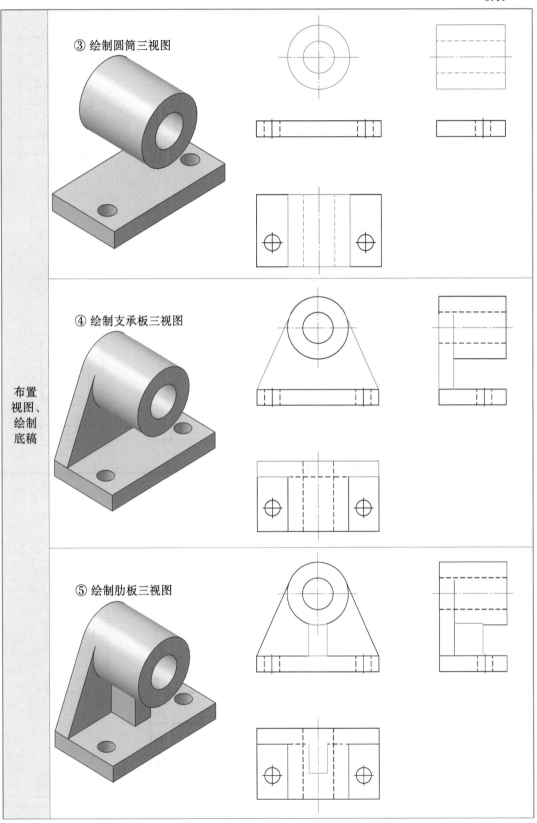

布置
视图、
绘制
底稿

③ 绘制圆筒三视图

④ 绘制支承板三视图

⑤ 绘制肋板三视图

续表

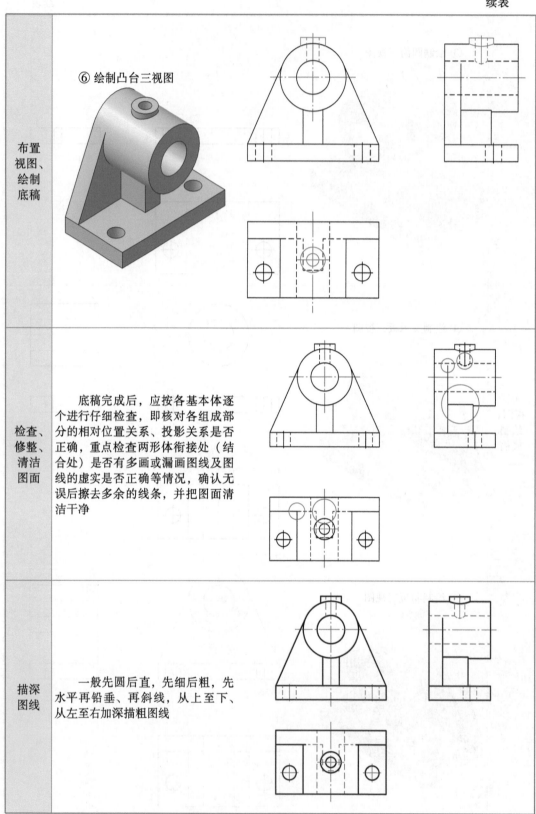

布置视图、绘制底稿	⑥ 绘制凸台三视图
检查、修整、清洁图面	底稿完成后，应按各基本体逐个进行仔细检查，即核对各组成部分的相对位置关系、投影关系是否正确，重点检查两形体衔接处（结合处）是否有多画或漏画图线及图线的虚实是否正确等情况，确认无误后擦去多余的线条，并把图面清洁干净
描深图线	一般先圆后直，先细后粗，先水平再铅垂、再斜线，从上至下、从左至右加深描粗图线

【学习内容 4.2】 标注组合体尺寸

4.2.1 尺寸标注原则

视图只能表达物体的形状，不能表达物体的真实大小。为了使图能够成为指导零件加工的依据，需要在视图上标注出尺寸。尺寸标注原则：正确、完整、清晰、合理。

正确：标注的尺寸数值正确，标注方法符合国家标准尺寸标注的规定。

完整：尺寸必须齐全，不允许遗漏或重复标注。（如果遗漏尺寸、重复标注且互相矛盾，都将无法确定物体大小。即便尺寸重复标注并不矛盾，也会导致标注混乱影响读图。）

清晰：尺寸的布置应整齐清晰，便于读图。

合理：标注的尺寸应既能保证设计要求，又利于加工、测量、装配方便。

4.2.2 组合体尺寸标注方法

以轴承座组合体为例，说明尺寸种类、尺寸基准的概念及标注方法、步骤，见表 4-17。

表 4-17 轴承座组合体尺寸标注

组合体的视图上一般应标出以下几种尺寸： ① 定形尺寸：用来确定组合体上各基本体形状大小的尺寸； ② 定位尺寸：用来确定组合体上各基本体间相对位置的尺寸； ③ 总体尺寸：用来确定组合体总长、总宽、总高的尺寸。总体尺寸有时就是基本体的定形尺寸。 一般组合体视图的尺寸应先标注定形尺寸、定位尺寸，再标注总体尺寸	
形体 分析	识别清楚各基本体的形状，初步明确要标注的尺寸 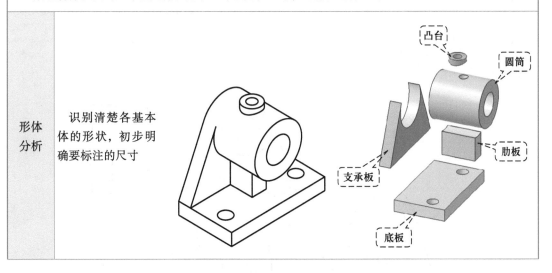

确定长、宽、高的尺寸基准	所谓尺寸基准，是指标注尺寸的起点。物体有长、宽、高三个方向的尺寸基准，每个方向上必须要有一个主要基准，有时还有一个或几个辅助基准。通常选择组合体的对称面、底面、重要端面及回转体的轴线等作为尺寸基准。选定尺寸基准后，各方向的主要尺寸就应从相应的尺寸基准处进行标注 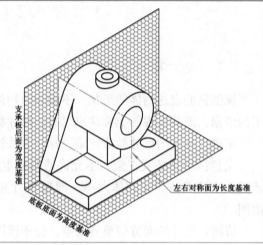
标注各基本体的定形尺寸和定位尺寸	① 标注底板尺寸。 定形尺寸：长 160、宽 90、高 20、孔 ϕ20； 定位尺寸：孔心定位 120、60 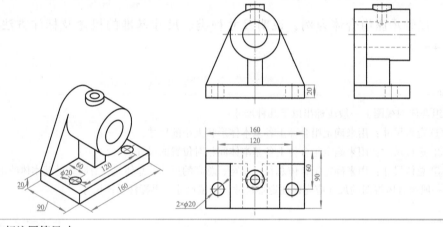 ② 标注圆筒尺寸。 定形尺寸：ϕ40、ϕ80、（90）； 定位尺寸：99 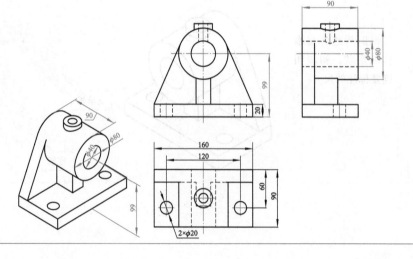

续表

标注各基本体的定形尺寸和定位尺寸	③ 标注支承板尺寸。 定形尺寸：20； 定位尺寸：后面与底板平齐、顶部与圆筒相切、两侧底边与底板平齐，故无须标注尺寸即可定位 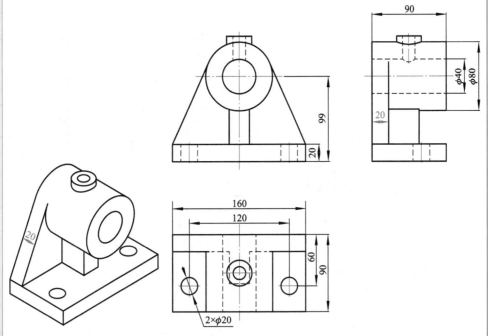
	④ 标注肋板尺寸。 定形尺寸：24、37； 定位尺寸：后面与支承板前面平齐、顶部与圆筒相切、左右居中，故无须标注尺寸即可定位 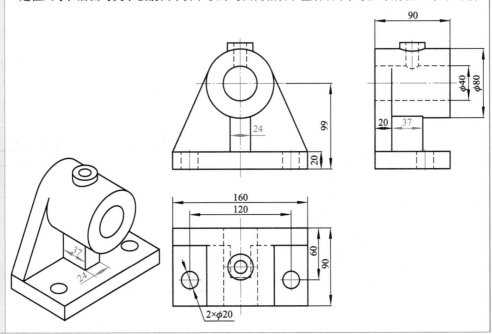

续表

标注各基本体的定形尺寸和定位尺寸	⑤ 标注凸台尺寸。 定形尺寸：$\phi15$、$\phi30$； 定位尺寸：47、45 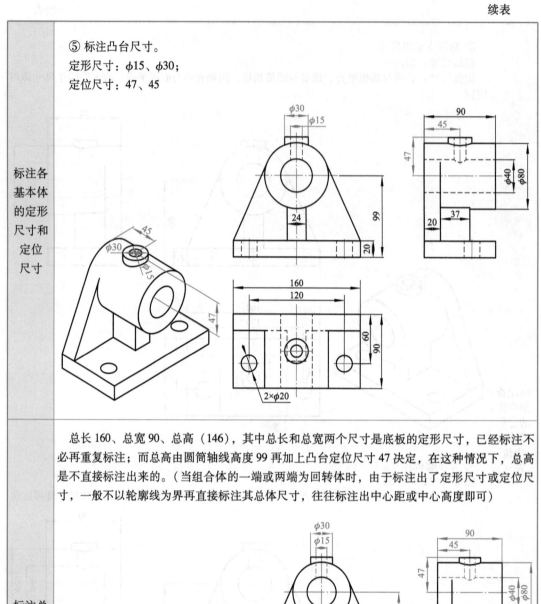
标注总体尺寸	总长 160、总宽 90、总高（146），其中总长和总宽两个尺寸是底板的定形尺寸，已经标注不必再重复标注；而总高由圆筒轴线高度 99 再加上凸台定位尺寸 47 决定，在这种情况下，总高是不直接标注出来的。（当组合体的一端或两端为回转体时，由于标注出了定形尺寸或定位尺寸，一般不以轮廓线为界再直接标注其总体尺寸，往往标注出中心距或中心高度即可） 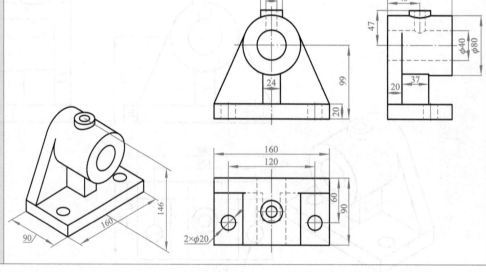

续表

尺寸标注布置的要求:

1) 尺寸应尽量标注在反映各形体形状特征明显、位置特征清楚的视图上。

2) 细虚线上尽量不标注尺寸。

3) 同轴回转体的各径向尺寸一般标注在非圆视图上。如圆筒定形尺寸 φ40 和 φ80 标注在左视图上。

4) 尺寸应尽量标注在视图的外部,与两个视图有关的尺寸应尽量标注在有关视图之间。高度方向尺寸尽量标注在主、左视图之间;长度方向尺寸尽量标注在主、俯视图之间;宽度方向尺寸尽量标注在俯、左视图之间。

5) 排列尺寸时,应使大尺寸在外、小尺寸在内,避免尺寸线和其他尺寸的尺寸界线相交,以保持图面清晰,并且不能出现封闭的尺寸链。

6) 自然形成的尺寸不能标注,比如相贯线、截交线的尺寸不能直接标注,只能标注产生交线的形体或截平面的定形、定位尺寸。如标注肋板定形尺寸:24、37,这里不用标注相贯线的高度和半径。

7) 同一要素的尺寸一般只标注一次,并应标注在最能清晰地反映该要素结构特征的视图上,不应重复标注,以免尺寸之间产生不一致或相互矛盾等错误。

8) 在标注尺寸时,除了要注意上述事项外,所标注的尺寸还要便于测量和加工

4.2.3　组合体尺寸标注示例(表 4-18)

表 4-18　组合体尺寸标注示例

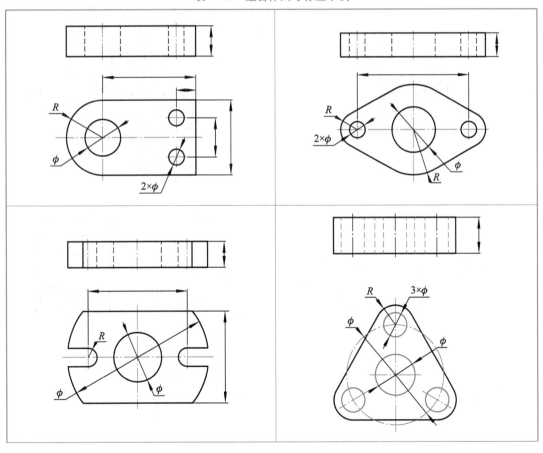

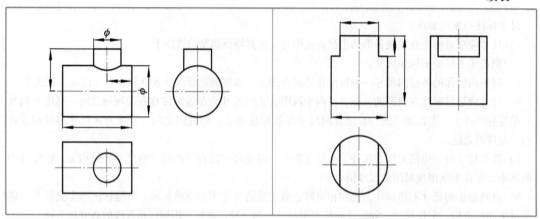

4.2.4　组合体尺寸标注实例（表4-19）

表4-19　组合体尺寸标注实例

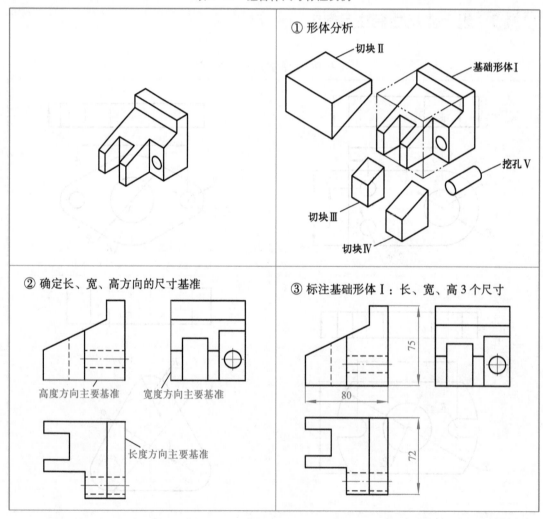

续表

④ 标注切块Ⅱ：截平面的 3 个定位尺寸 | ⑤ 标注切块Ⅲ：2 个定形、1 个定位尺寸

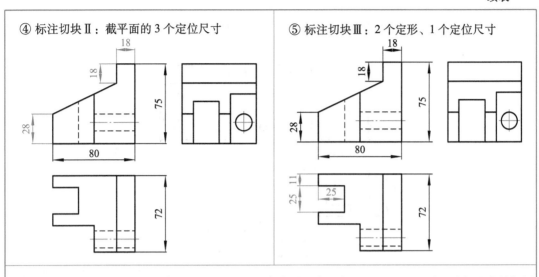

⑥ 标注切块Ⅳ：2 个定形尺寸。调整切块Ⅳ的 2 个定形尺寸，由于 25 和 40 这两个尺寸标注在被切割掉（无材料）部分的形体上，不便于尺寸测量

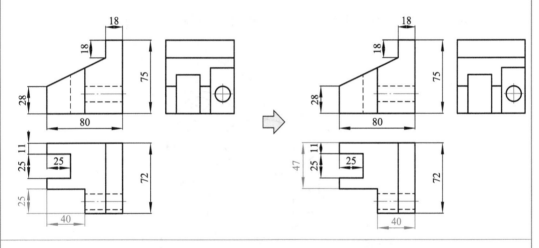

⑦ 标注挖孔Ⅴ：1 个定形尺寸、2 个定位尺寸。调整标注挖孔Ⅴ的 2 个定位尺寸，高度定位 20 标注在主视图中更易于读图和尺寸比较，宽度定位 12 标注在俯视图更易于读图和尺寸比较

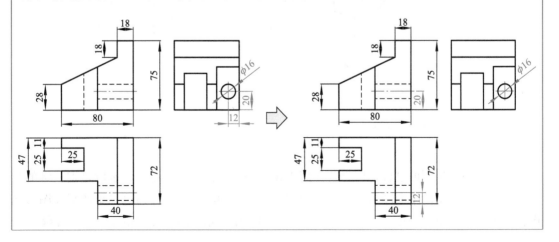

续表

⑧ 最后检查总体尺寸，及是否漏标或重复标注尺寸，完成尺寸标注

【技能跟踪训练】标注组合体尺寸

选择合适比例在 A4 图纸上绘制组合体三视图，并正确标注尺寸。

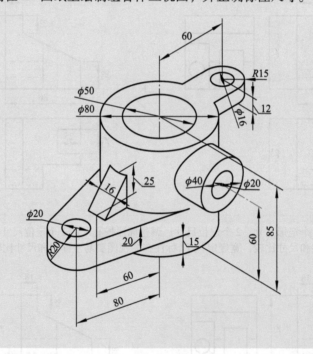

【学习内容4.3】 识读组合体三视图的方法

绘图是由物生图的过程，即将物体用正投影法表达在平面图纸上，也就是把三维的空间物体转换为二维的平面图形视图；读图则是由图生物的过程，即通过二维的平面图形视图构思出三维的空间物体结构形状。绘图与读图是相辅相成的，读图是绘图的逆过程。

组合体的读图和绘图一样,常用的仍是形体分析法,也应用线面分析法,但读图是根据物体的投影来想象物体的形状。这些方法有它自己的特点,下面举例说明读图的基本要领。

4.3.1 读图要领

(1) 将几个视图联系起来看

在没有标注的情况下,只看一个视图或者两个视图不能确定物体的形状。读图时,必须把所给视图全部关注,将它们联系起来进行分析才能确定物体的形状。三个视图之间是并列互补的关系,各有表达重点但又彼此相互联系,从而组成一个有机的整体,共同表达物体的形状,这正是运用唯物辩证法观察事物、分析问题和解决问题的一种重要思维方式。

(2) 从反映形状特征的视图读起

特征视图包括形状特征视图和位置特征视图。其中,形状特征视图就是把物体的形状特征反映得最为充分的那个视图。找到这个视图,再配合其他视图,就能较快地想象出物体的形状。如图 4-7 所示,其形状特征视图为俯视图。

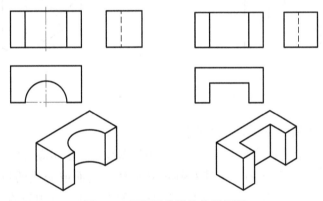

图 4-7 俯视图为形状特征视图

组成物体的各个形状特征并非总是集中在一个视图上,而是可能每个视图上都有一些。如图 4-8 所示,其主视图反映总体形状特征,俯视图反映底板形状特征,左视图反映竖板形状特征。

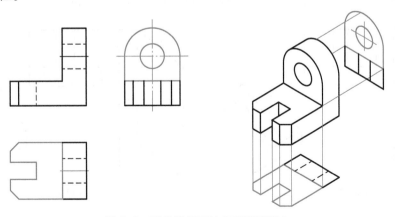

图 4-8 形状特征反映在不同视图上

　　位置特征视图是最能反映物体位置特征的视图。如图4-9所示，其左视图反映结构相对位置，从而确定出整体结构形状。

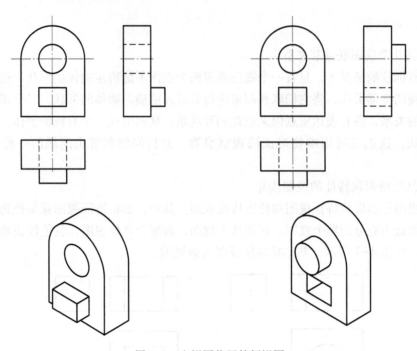

图4-9　左视图位置特征视图

　　（3）要注意利用细虚线分析组成部分的位置

　　形体之间表面连接关系的变化，会使视图中的图线也产生相应的变化。细虚线"不可见"的特点对读图有很大帮助，尤其对判定其形体、表面或交线的位置（处于物体的"中部"或"后部"）非常有用。如下图4-10所示的组合体，其中间的三棱柱是叠加上去的，还是切割下去的，从该结构在三视图中的线型表达上可以确定。如图4-10（a）所示，主视图中三棱柱为实线表达，说明从前往后看时三棱柱的轮廓线可见，所以该三棱柱是叠加在形体上的；如图4-10（b）所示，主视图中三棱柱为细虚线表达，说明从前往后看时三棱柱的轮廓线不可见，所以该三棱柱是在形体上切割下去的。

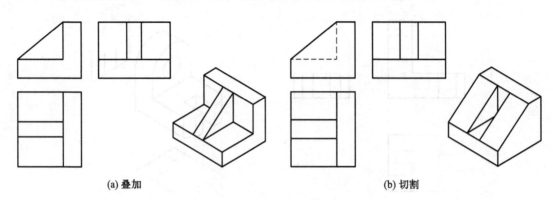

(a) 叠加　　　　　　　　　　　　　　　　(b) 切割

图4-10　利用细虚线分析组成部分的位置

（4）注意分析视图上线框、线条的含义

视图最基本的图素是线条，由线条组成了许多封闭线框。为了能迅速、正确地构思出物体的形状，还须注意分析视图上线框、线条的含义。

1）线框的含义。视图上的一个线框，可以代表一个形体，也可以代表物体上的一个连续表面，这个表面可以是平面、曲面或曲面和它的截平面，如图 4-11 所示。

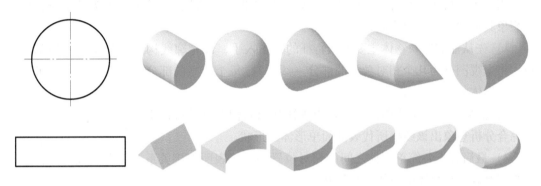

图 4-11　视图上线框的含义

2）线条的含义。由图 4-11 所示可知，构成视图上线框的线条，可以代表有积聚性的表面（平面、曲面或曲面和它的截平面）或线（棱线、交线、转向轮廓线等）。

3）相邻线框的含义。视图上相邻两个线框，代表物体上两个不同的表面。如果是主视图上的相邻线框，则两线框代表的表面可能是有前后位置关系，也可能是相交，见表 4-20。

表 4-20　相邻线框的含义

线框Ⅰ、Ⅱ的公共边	线框Ⅰ、Ⅱ的公共边	线框Ⅰ、Ⅱ的公共边
线框Ⅰ、Ⅱ分别代表物体上有前后位置关系的两个相互平行的表面	线框Ⅰ、Ⅱ分别代表物体上有前后位置关系但不互相平行的表面	线框Ⅰ、Ⅱ分别代表物体上两个相交的平面
线框Ⅰ、Ⅱ的公共边代表物体的一个表面		线框Ⅰ、Ⅱ的公共边代表物体上两表面的交线

4.3.2　读图方法

读组合体三视图除了要掌握以上技巧外，还要熟练应用形体分析法和线面分析法读图。

（1）形体分析法读图

用形体分析法读组合体视图的基本思路是"先分后合"：先分解视图为几部分，再逐一想象其形状，最后综合起来想象整体。

1）先从能够反映物体主要形状特征的视图入手，以轮廓线构成的封闭线框为基本单位，将主视图分为几个相对独立的部分（线框），每个独立的部分（线框）基本上可对应某简单形体的一个投影。

2）然后针对每个线框，按照投影规律找出它们在其他视图上对应的投影范围，并通过综合分析想象出该线框所代表的简单形体的形状。

3）最后分析各简单形体之间的相对位置关系、表面连接关系及组合方式，综合想象出视图所表达组合体的整体结构形状。

以表4-21中组合体的三视图为例，想象该组合体的整体结构形状。

表4-21　形体分析法读图

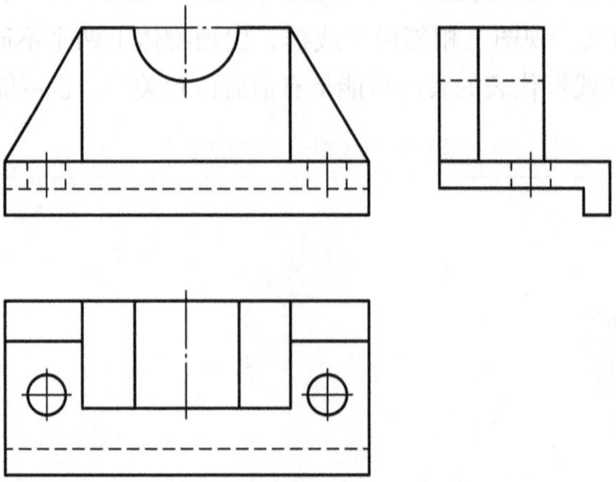

① 划分线框，分析形体：划分线框时，通常从主视图入手，主视图能较多地反映该组合体各部分的形状特征。本例组合体主视图的形状特征明显，可将其划分为4个线框	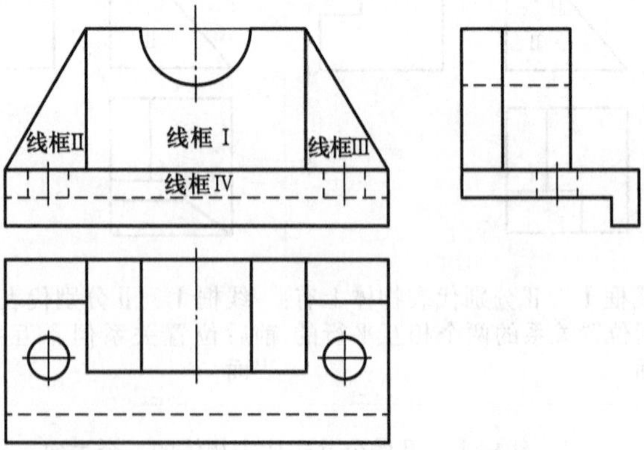

续表

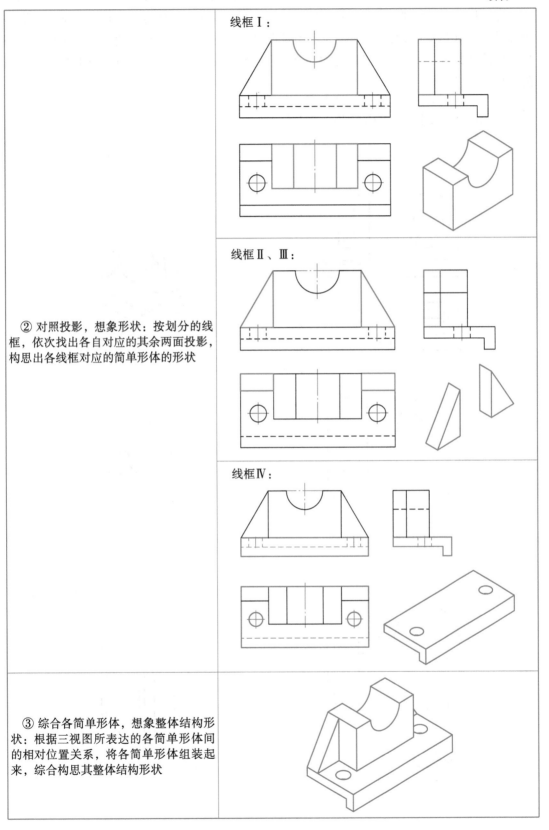

② 对照投影，想象形状：按划分的线框，依次找出各自对应的其余两面投影，构思出各线框对应的简单形体的形状

③ 综合各简单形体，想象整体结构形状：根据三视图所表达的各简单形体间的相对位置关系，将各简单形体组装起来，综合构思其整体结构形状

线框Ⅰ：

线框Ⅱ、Ⅲ：

线框Ⅳ：

　　应用形体分析法读图时，划分线框通常从主视图入手，但是由于物体上每一个组成部分的特征并非总是全部集中在主视图中，所以读图时要抓住形状特征明显的视图，无论哪个视图或视图中哪个部分，只要其形状特征明显就从它入手。另外，读图时应先看主要部分，后看次要部分；先看容易确定的部分，后看难以确定的部分；先看大体形状，后看细部形状。

【技能跟踪训练】识读组合体三视图

三　视　图	立　体　图

续表

三 视 图	立 体 图

识读要领：① 以叠加组合为主的组合体采用形体分析法读图；

         ② 以主视图为主，分析俯、左视图，找出各组成简单形体的三个视图；

         ③ 在三个视图中抓住反映形体特征的视图，想象各组成简单形体的形状；

         ④ 根据各组成简单形体的相对位置关系，想象出整体结构形状

（2）线面分析法读图

线面分析法多用于以切割为主的组合体视图读图，因为这类组合体视图不易被分解为几个形体，所以读图时需用形体分析法和线面分析法结合起来识读。线面分析法常用于分析视图中较难读懂的线框，它是形体分析法的补充。具体步骤如下：

1）首先根据给定视图想象出未截切时组合体的基础形状。

2）再将视图分解为几个线框，并以线框为基础，应用线面分析法逐个分析各线框的投影——根据线、面的投影特性去判断线、面的空间位置，从而想象出物体每一部分的切割情况。

3）最后再根据各部分的切割情况及相对位置关系，综合归纳、整理想象出切割型组合体的整体结构形状。

以表4-22中组合体的三视图为例，想象出该组合体的整体结构形状。

表4-22　线面分析法读图

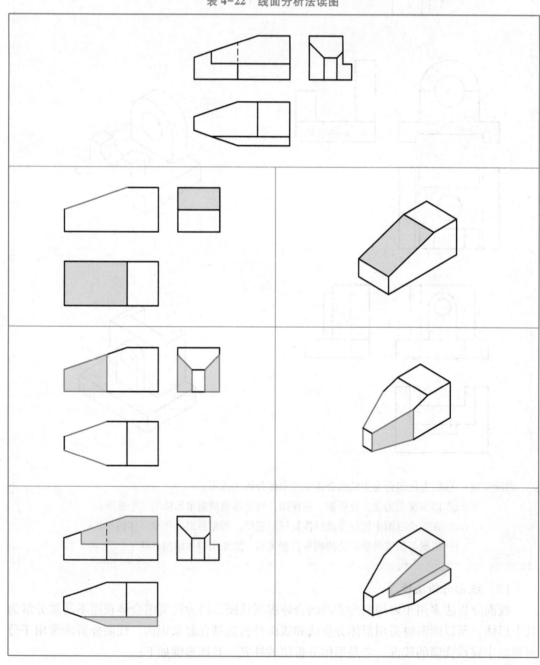

【技能跟踪训练】识读组合体三视图

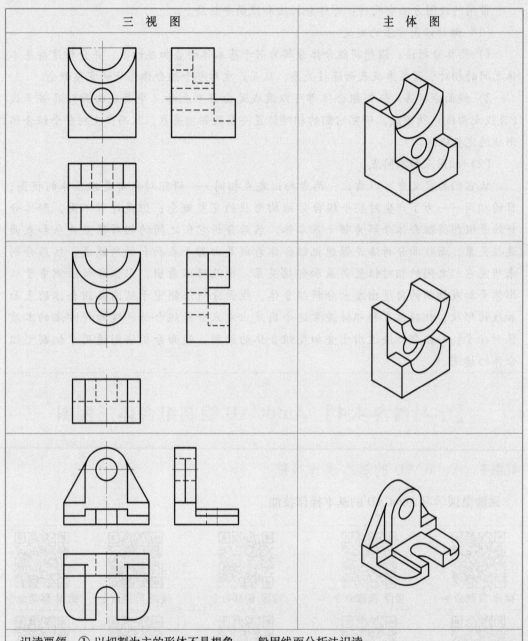

识读要领：① 以切割为主的形体不易想象，一般用线面分析法识读；

② 首先根据三视图的外形分析出未截切时的基础形体，然后在三视图中判断切割位置和切割情况；

③ 视图中某一倾斜线对应的另外两个视图为类似线框，则线框的形状就是空间平面的类似形状；

④ 形体中与投影面平行的平面，其三视图中有两个视图是直线，另一个视图是平面的真实形状；

⑤ 按各空间表面的形状和相对位置关系，想象出组合体的整体结构形状

【知识拓展】

常用的读图方法有两种：形体分析法和线面分析法。

（1）两种读图方法的定义

1）形体分析法：假想将组合体分解为若干基本体的叠加或切割，并分析这些基本体之间的相对位置关系及表面连接关系，从而产生对整个组合体形状的完整概念。

2）线面分析法：任何组合体都可以看成是由若干表面（平面或曲面）及若干线（直线或曲线）所围成，研究它们的相对位置关系及邻接关系，从而产生对整个组合体形状的完整概念。

（2）相同点和不同点

从它们的定义中可以看出：两者的出发点相同——研究对象都是组合体的视图，目的相同——为了产生对整个组合体结构形状的完整概念；但是过程不同，形体分析法是假想将组合体分解为若干基本体，然后分析它们之间的相对位置关系和表面连接关系，而线面分析法是假想把组合体看成是由若干表面和线所围成，然后分别来研究它们之间的相对位置关系和邻接关系。由此可以看出，形体分析法侧重于从形体叠加或切割的角度出发来分析组合体，线面分析法侧重于从围成组合体的表面和线的形状、相对位置和邻接关系这个角度出发来分析组合体。这两种方法的本质区别在于：形体分析法适用于叠加型组合体的读图，线面分析法则适用于切割型组合体的读图。

【学习内容 4.4】 AutoCAD 绘制组合体三视图

4.4.1　AutoCAD 的基本操作技能

跟随微课学习 AutoCAD 的基本操作技能。

微课 复制命令	微课 镜像命令	微课 偏移命令	微课 阵列命令	微课 移动命令
微课 旋转命令	微课 缩放命令	微课 延伸命令	微课 打断命令	微课 倒角命令
微课 圆角命令	微课 线性及对齐标注	微课 半径及直径标注	微课 角度标注	

4.4.2 AutoCAD 绘制支架三视图

具体作图步骤见表 4-23。

表 4-23 AutoCAD 绘制支架三视图的作图步骤

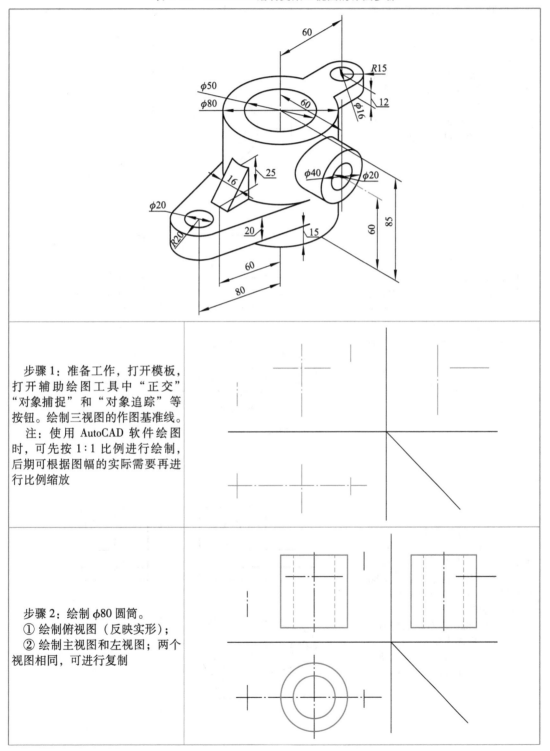

步骤1：准备工作，打开模板，打开辅助绘图工具中"正交""对象捕捉"和"对象追踪"等按钮。绘制三视图的作图基准线。 注：使用 AutoCAD 软件绘图时，可先按 1∶1 比例进行绘制，后期可根据图幅的实际需要再进行比例缩放	
步骤2：绘制 ϕ80 圆筒。 ① 绘制俯视图（反映实形）； ② 绘制主视图和左视图；两个视图相同，可进行复制	

续表

步骤3：绘制左侧板。

①绘制俯视图（反映实形）；

②绘制主视图，注意相切位置的处理，利用"长对正"原理及"极轴追踪" 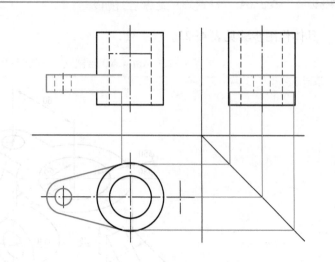 找到主视图投影位置；

③绘制左视图，利用"高平齐、宽相等"原理及"极轴追踪" 找到左视图投影位置（左视图中，注意左侧板宽度的绘制，需根据俯视图通过"宽相等"得到）

步骤4：绘制 $\phi40$ 小圆筒。

①绘制主视图（反映实形）；

②绘制俯视图，注意左侧板被 $\phi40$ 小圆筒遮挡了一部分，此处应用"打断" 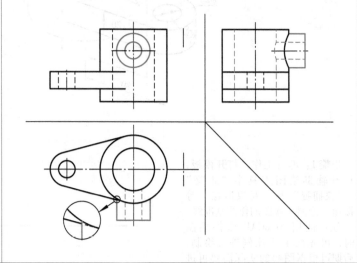 命令将线条分段，并将遮挡部分的线型改为细虚线

③绘制左视图，$\phi80$ 圆筒与 $\phi40$ 小圆筒相贯，相贯线用近似画法绘制

步骤5：绘制右耳板。

①绘制俯视图（反映实形），注意右耳板上表面与 $\phi80$ 圆筒上表面平齐，右耳板下表面与 $\phi80$ 圆筒相交，且在下方被遮挡，应为细虚线表达；

②绘制主视图，右耳板与 $\phi80$ 圆筒相交，应画出交线；

③绘制左视图，右耳板被 $\phi80$ 圆筒遮挡，应用细虚线绘制

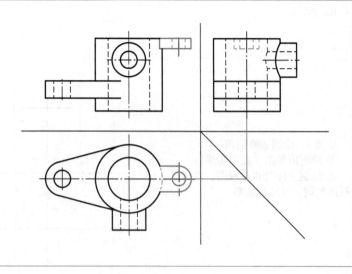

续表

步骤 6：绘制肋板。 ① 根据肋板宽度及长度，先绘制俯视图； ② 根据"宽相等"原理及高度尺寸 25，绘制主视图； ③ 绘制左视图时，相贯线用简化画法绘制即可	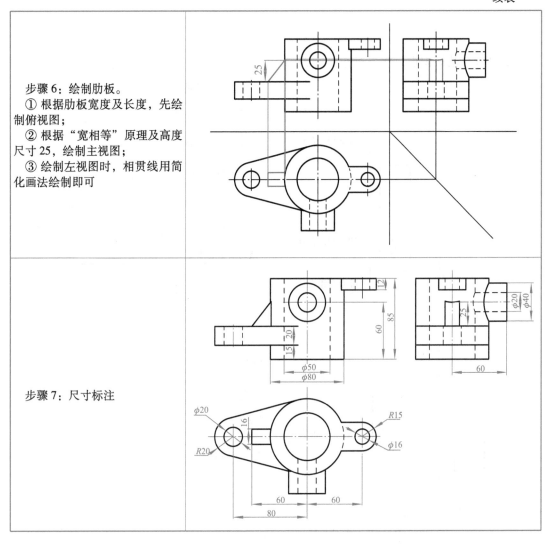
步骤 7：尺寸标注	

【技能跟踪训练】 AutoCAD 补画组合体三视图

跟随演示实例补画组合体三视图。

 演示实例 组合体支架 三视图的绘制	 演示实例 补画组合体 三视图 1	 演示实例 补画组合体 三视图 2

【知 识 总 结】

请自行总结知识点，将下列总结完善。

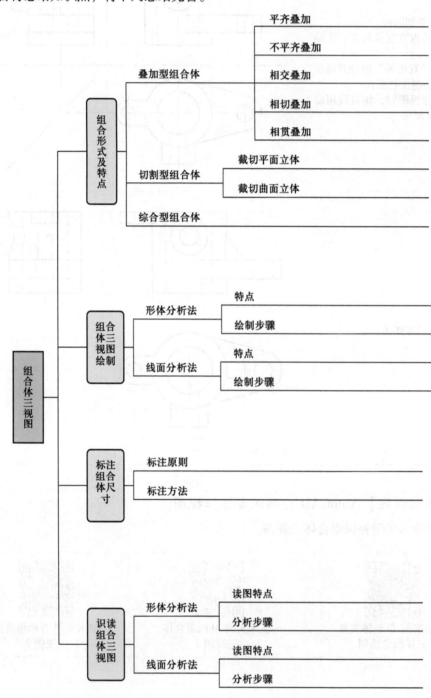

组合体三视图

- 组合形式及特点
  - 叠加型组合体
    - 平齐叠加
    - 不平齐叠加
    - 相交叠加
    - 相切叠加
    - 相贯叠加
  - 切割型组合体
    - 截切平面立体
    - 截切曲面立体
  - 综合型组合体
- 组合体三视图绘制
  - 形体分析法
    - 特点
    - 绘制步骤
  - 线面分析法
    - 特点
    - 绘制步骤
- 标注组合体尺寸
  - 标注原则
  - 标注方法
- 识读组合体三视图
  - 形体分析法
    - 读图特点
    - 分析步骤
  - 线面分析法
    - 读图特点
    - 分析步骤

模块五

机件的常用表达方法

（本页图，略去图5-1所示。）

【模块导读】

　　在生产实际中，当机件的形状和结构比较复杂时，仅用三视图是很难将机件的内外形状和结构准确、完整、清晰地表达的。为了满足这些要求，GB/T 4458.1—2002《机械制图 图样画法 视图》、GB/T 4458.6—2002《机械制图 图样画法 剖视图和断面图》、GB/T 16675.2—2012《技术制图 简化表示法　第2部分：尺寸注法》等国家标准对视图、剖视图、断面图、局部放大图的画法及简化画法和规定画法等做出了规定，以便简捷地表达机件。

　　绘制技术图样时，应首先考虑读图方便，并根据机件的结构特点，选用适当的基本表示法，在完整、清晰表达机件形状的前提下，力求绘图简便。国家标准规定，技术图样应采用正投影法绘制；在图样中用粗实线表达机件的可见轮廓，必要时，还可用细虚线表达机件的不可见轮廓。

【学习目标】

　❖ 掌握向视图、局部视图、斜视图的绘制；

　❖ 掌握各类剖视图的绘制；

　❖ 掌握移出断面图的绘制，理解剖视图与断面图的区别；

　❖ 掌握基本体尺寸标注方法；

　❖ 培养对机件表达方案的制订和优化能力；

　❖ 增强实践能力；

　❖ 培养具有专业领域知识的自学能力。

【学习内容 5.1】　视图

　　在机械制图中，用正投影法将机件向投影面投射所得到的图形称为视图。视图主要是用来表达机件的外部形状，通常有4种类型：基本视图、向视图、局部视图和斜视图。

5.1.1　基本视图

为清晰地表达机件的形状，在原有 3 个基本投影面的基础上，再增加 3 个基本投影面；将机件置于这个由 6 个基本投影面围成的空间中，向各投影面作正投影，就得到了 6 个基本视图，如图 5-1 所示。

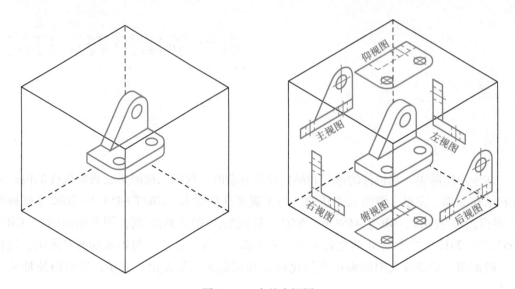

图 5-1　6 个基本视图

6 个基本视图分别是：

主视图——由前向后投射所得视图；后视图——由后向前投射所得视图；

俯视图——由上向下投射所得视图；仰视图——由下向上投射所得视图；

左视图——由左向右投射所得视图；右视图——由右向左投射所得视图。

在前面所学习的三视图（主视图、俯视图、左视图）是 6 个基本视图中的 3 个。

为了将 6 个基本视图展示在同一平面图纸中，需将 6 个基本投影面如图 5-2 所示展开。展开后，6 个基本视图按图 5-3 所示配置。按图 5-3 所示的位置绘制基本视图时，不需要标注视图的名称。

6 个基本视图仍然保持"长对正、高平齐、宽相等"的投影规律（图 5-3）。

基本视图主要表达机件的外部形状，实际绘图时，应根据机件的结构形状特点、复杂程度，选择必要的视图数量。虽然国家标准中规定了 6 个基本视图，但是不等于每个机件都必需要用 6 个基本视图表达。在机件被完整、清楚地表达情况下，视图的数量越少越好，若无特殊情况，一般优先选用主视图、俯视图和左视图。

视图中的细虚线一般用来表达机件不可见的内、外结构形状，如果该结构形状在其他视图中已经表达清楚了，则在该视图中的细虚线可省略不画，否则这些细虚线必需画出。

以表 5-1 中的过渡体机件为例，选择合适的基本视图表达该机件。

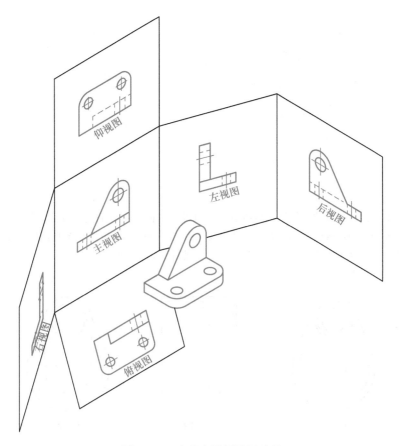

图 5-2   6 个基本视图展开过程

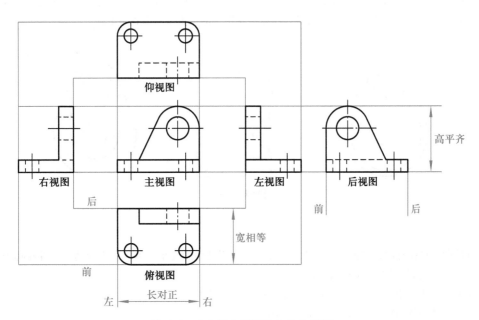

图 5-3   6 个基本视图的名称与配置

表 5–1 机件的表达方案

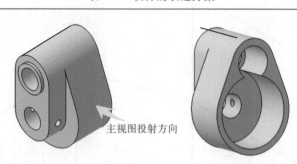

主视图投射方向

结构分析：从过渡体机件的形体结构可以看出，机件左侧面与右侧面均需要用视图来表达其外形结构，故可选用左视图与右视图表达。而机件结构及各组成部分的相对位置关系则需要用主视图来表达。所以过渡体机件的表达方案为：主视图、左视图、右视图 3 个基本视图

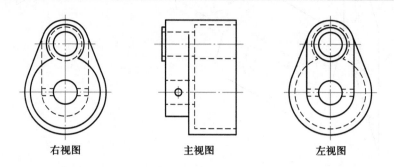

右视图   主视图   左视图

视图分析：左视图中的细虚线所表达的内部结构已经在右视图中表达清楚，且右视图中的细虚线所表达的内部结构也已经在左视图中表达清楚，所以两视图中的细虚线可以省略不画

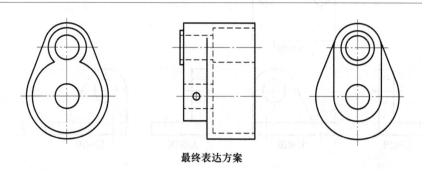

最终表达方案

小结：
① 在绘制机件图样时，应根据机件的复杂程度，选用其中的几个基本视图来表达。机件在哪个方向的外形复杂，即选用哪个基本视图来表达。
② 优先选用主、俯、左视图，再根据需要选用其他视图。
③ 已表达清楚的结构，细虚线可以省略不画。
④ 每个视图都应有表达的重点，力求绘图简便

【技能跟踪训练】基本视图表达方案

选择合适的基本视图表达阀体零件，并思考问题。

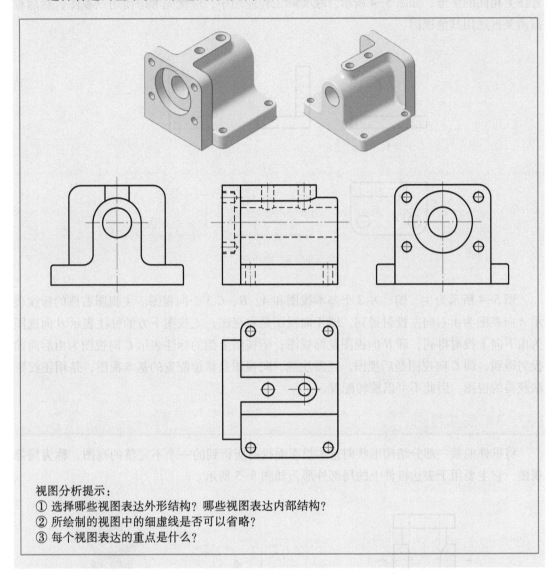

视图分析提示：
① 选择哪些视图表达外形结构？哪些视图表达内部结构？
② 所绘制的视图中的细虚线是否可以省略？
③ 每个视图表达的重点是什么？

5.1.2　向视图

在实际工程应用中，有时基本视图的配置方式会使图纸不能得到有效的利用，图形布局不能满足美观、清晰等要求。这时，需要将基本视图自由配置在图纸上。

向视图就是可以自由配置的基本视图（这就解决了基本视图使用的自由配置问题）。当一个机件的基本视图不按展开规则配置，或者不能画在同一张图纸上时，就可画成向视图。所谓的向视图其实就是基本视图的一种表达形式，其主要差别在于基本视图按规则配置，不需要标注视图名称；向视图为自由配置，如果不标注名称，则无法保证清楚读图，所以向视图必须标注名称。

为了便于读图，国家标准规定，应在向视图上方用大写字母"×"（×为大写拉丁字母，即 A、B、C、…）标注该向视图的名称，并在对应视图的附近用箭头指明投射方向，并注上相同的字母，如图 5-4 所示。在实际工程应用中，应优先考虑使用三视图，然后根据需要再选用其他视图。

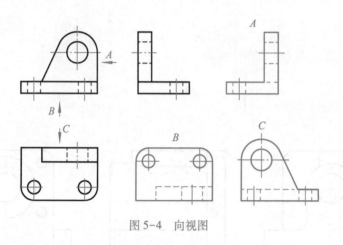

图 5-4   向视图

图 5-4 所示为主、俯、左 3 个基本视图和 A、B、C 3 个向视图。主视图右侧的标注表示 A 向视图为由右向左投射得到，即 A 向视图是右视图；主视图下方的标注表示 B 向视图为由下向上投射得到，即 B 向视图是仰视图；俯视图上侧的标注表示 C 向视图为由后向前投射得到，即 C 向视图是后视图。还需注意，向视图是移位配置的基本视图，是用正投影法获得的视图，因此不可以旋转配置。

5.1.3   局部视图

将机件的某一部分结构形状向基本投影面投射所得到的一个不完整的视图，称为局部视图。它主要用于表达机件上的局部外形，如图 5-5 所示。

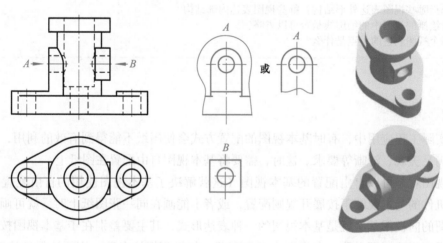

图 5-5   局部视图

在图 5-5 所示的机件中，主视图与俯视图已清楚地表达了绝大部分结构，只剩下左、右两个凸台的形状没有表达清楚。若只需表示左、右两个凸台的形状，则没有必要画出完整的左、右视图，采用局部视图，只需画出两个凸台部分的左视图与右视图即可。

局部视图的配置与标注规定如下：

1）画局部视图时，一般应在局部视图的上方用大写字母标注出视图的名称"×"，并在相应的视图附近用箭头指明投射方向，注上相同的字母，如图 5-5 中的 A 向局部视图所示。

2）当局部视图按投影关系配置，中间又无其他图形隔开时，可省略标注，如 A 向局部视图的名称"A"可省略不写。

3）局部视图用波浪线或双折线表示断裂边界的分界线（分界线只能画在实体上，不能画在界外或空洞处），如图 5-5 中的 A 向视图所示。

4）当所表示的局部结构是完整的，且外轮廓线又封闭时，波浪线可以省略不画，如图 5-5 中的 B 向视图所示。

【技能跟踪训练】

1. 识读并分析支座机件的表达方案。

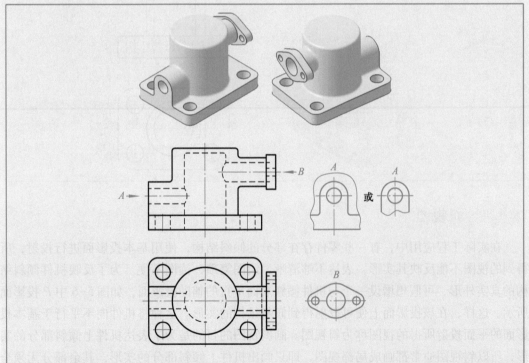

分析：支座采用主、俯两个基本视图，表达了底板和圆筒的结构形状、左侧 U 形柱和右侧腰形板的位置及板的厚度。左、右两侧的 U 形和腰形结构如果采用左、右视图表达，机件底板和圆筒的结构将与主视图表达重复，会增加绘图工作量。所以对左、右结构分别采用 A 向局部视图和 B 向局部视图表达较好。由此可见，用局部视图表达可以做到重点突出，清晰明了，作图方便

2. 请自行分析机件表达方案。

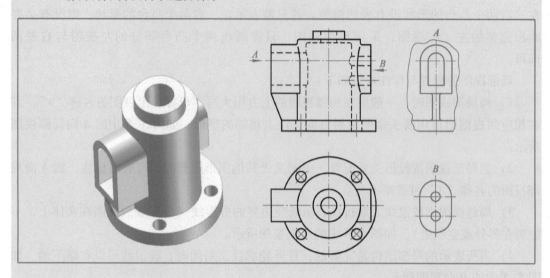

3. 根据已知主、俯视图，添加合适的局部视图来完善机件的表达方案。

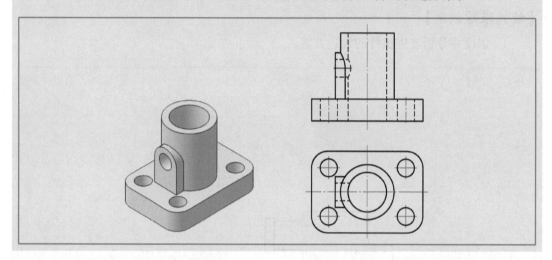

5.1.4 斜视图

在实际工程应用中，有一些零件存在部分的倾斜结构，使用基本投影面进行投射，所得到的视图不能反映其实形，表达不够清晰，绘图繁琐，读图不便。为了反映机件倾斜结构的真实外形，可假想增设一个与机件倾斜表面平行的辅助投影面，如图5-6中P投影面所示，这样，在该投影面上便可投射得到倾斜结构的实形。这种将机件向不平行于基本投影面的平面投射所得的视图称为斜视图。画斜视图的目的是为了表达机件上倾斜部分的实形，所以斜视图通常都画成局部视图，即只画出机件上倾斜部分的实形，其余部分无须全部画出，并在视图的合适位置用波浪线或双折线断开即可。

画斜视图的注意事项如下：

1）斜视图主要表达机件上的倾斜结构，机件的其余部分可用波浪线断开，如图5-6中斜视图A所示。若图形封闭时，波浪线可省略不画。

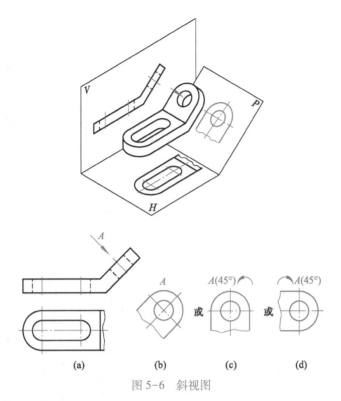

图 5-6　斜视图

2）画斜视图时，应在斜视图的上方用大写字母标注出视图的名称"×"，并在相应的视图附近用箭头指明投射方向（箭头应垂直于倾斜结构的表面），注上相同的字母（字母水平书写），如图 5-6（b）中的斜视图 A 所示。

3）斜视图一般按投影关系配置，也可配置在其他的适当位置。

4）在不致引起误解时，允许将图形旋至与基本视图相一致的位置画出。旋转箭头方向应与斜视图的旋转方向一致，旋转符号为半径等于字体高度的半圆形，表示斜视图名称的大写字母"×"应靠近旋转符号的箭头端，也允许将旋转角度标注在字母之后，如图 5-6（c）、（d）所示。

【技能跟踪训练】 识读视图

1. 分析各零件的视图表达方案。

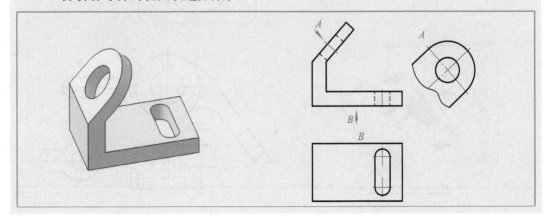

续表

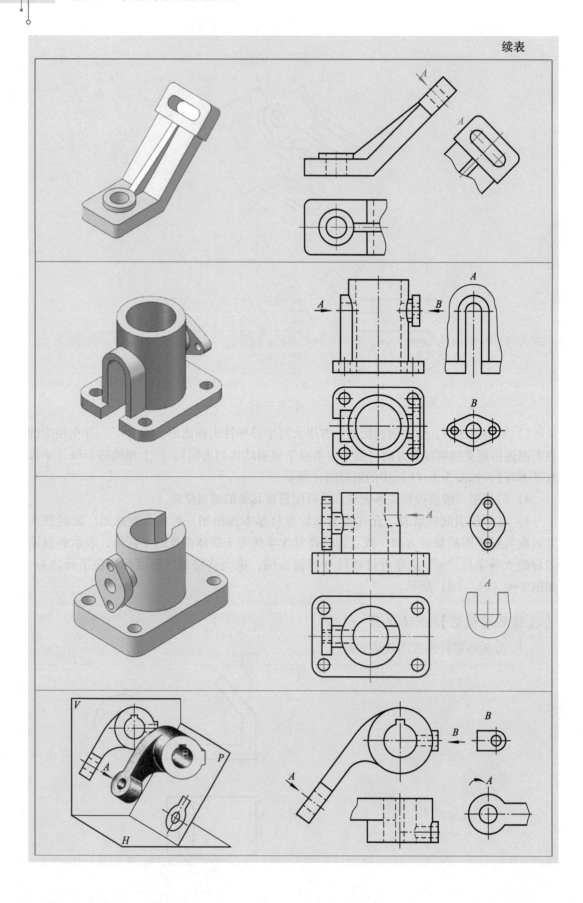

续表

分析要领：

① 按视图配置关系找到基本视图；

② 按投影特点读懂基本视图所表达的各组成形体的相对位置关系和结构形状；

③ 对于基本视图没有表达清楚的结构，找出对应的其他视图的表达（局部视图、斜视图），并读懂这些结构形状。

2. 判断表达方案中 A、B、C 三个视图的类型，分析图中的错误，并画出正确图形。

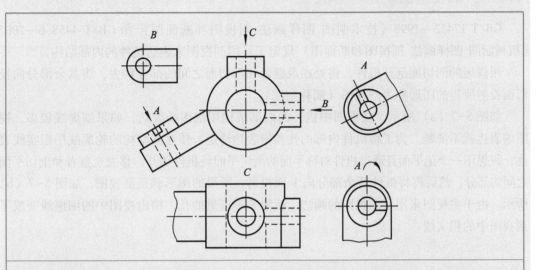

分析：A 是斜视图，有未旋转和旋转后两个视图；B 是局部视图，因为结构完整且轮廓封闭，故省略波浪线；C 也是局部视图。

先看未旋转的斜视图 A，其与主视图在同一平面上，主视图中箭头 A 所指处的槽可见，由此可知该槽在前方，故在斜视图 A 中槽应该画在下边；再看旋转后的斜视图 A，槽的前、后方向同样错了，且标注也错了（视图名称应靠近旋转符号的箭头端）；局部视图 B 所表示的半圆部分应在后方，故局部视图 B 的方向也反了；局部视图 C 中少画了不可见轮廓的细虚线，正确画法如下图所示

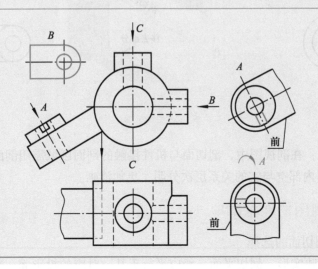

【学习内容5.2】 剖视图

用基本视图表达机件时，不可见部分需用细虚线来表示。当机件的内部结构较复杂时，视图中会出现很多细虚线，既影响了图形表达的清晰度，又不利于标注尺寸。如何解决这类问题，用较少的图线清晰地表达内部结构呢？下面学习一种新的表达方法——剖视图。

5.2.1 剖视图的概念与形成

GB/T 17452—1998《技术制图 图样画法 剖视图和断面图》和 GB/T 4458.6—2002《机械制图 图样画法 剖视图和断面图》规定了可用剖视图来表达机件的内部结构。

用假想的剖切面剖开机件，将处在观察者和剖切面之间的部分移去，将其余部分向投影面投射所得的图形称为剖视图（简称剖视）。

如图5-7（a）所示，在视图中机件的内部结构用细虚线表达，如果细虚线较多，视图的表达就不清楚。为了将机件内部的孔和槽表达清楚，使这些结构的轮廓线用粗实线表达，假想用一个正平面且通过机件对称平面的剖切平面将机件切开，移去观察者和剖切平面之间的部分，然后再将机件其余部分向 V 面投射，所得的图形就是剖视图，如图5-7（b）所示。由于主视图采用了剖视图的画法，使原来不可见的孔、槽由视图中的细虚线变成了剖视图中的粗实线。

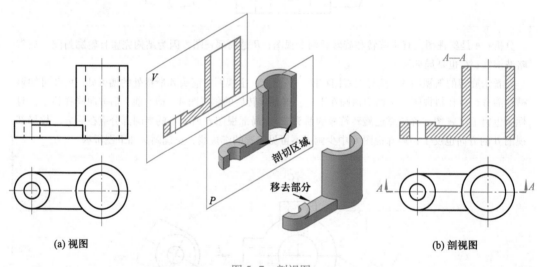

(a) 视图   (b) 剖视图

图 5-7 剖视图

国家标准规定，在剖视图中，剖切面与机件接触的剖面区域需用剖面符号（图中的斜线）表示，使机件内部空与实的关系层次分明，更加清晰。

5.2.2 画剖视图的注意事项

（1）剖视图剖切面的选择

为使剖视图反映实形，剖切平面一般应平行于某一对应的投影面；剖切时通过机件的对称面或内部孔、槽的轴线。如图 5-7（b）所示为以机件的前后对称平面为剖切平面。

（2）剖视图中剖面符号的画法

1）机件被假想地剖切后，为使具有材料实体的切断面部分（剖面区域）与其余部分（含剖切面后面的部分及空心部分）明显地加以区分，在剖视图中，凡是被剖切的部分应画上剖面符号。表 5-2 列出了常见材料的剖面符号。

表 5-2　常见材料的剖面符号

金属材料 （已有规定剖面符号除外）		木质胶合板	
线圈绕组元件		基础周围的泥土	
转子、电枢、变压器和 电抗器等迭钢片		混凝土	
非金属材料		钢筋混凝土	
型砂、填砂、粉末冶金砂轮、 陶瓷刀片、硬质合金刀片等		砖	
玻璃及供观察用的 其他透明材料		格网 （筛网过滤网等）	
木材	纵断面	液体	
	横断面		

2）不需要在剖面区域中表示材料的类别时，剖面符号可采用通用剖面线表示。

3）通常剖面线为细实线，一般与图形的主要轮廓线或剖面区域的对称线成45°角，如图 5-8（a）、（b）所示。

4）同一图样上，同一机件的各剖面区域，其剖面线画法应一致。

5）当画出的剖面线与图形的主要轮廓线或剖面区域的对称线平行时，该图形的剖面线应画成与水平成30°或60°角，但其倾斜方向应与其他图形的剖面线一致，如图 5-8（c）、（d）所示。

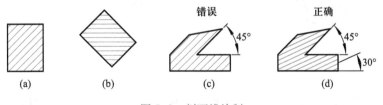

图 5-8　剖面线绘制

（3）剖视图的标注

1）一般应在剖视图的上方用大写字母标出剖视图的名称"×—×"。字母应水平书写，如图 5-7（b）中 *A—A* 所示。

2）在相应的视图上用剖切符号及剖切线表示剖切位置和投射方向，并在剖切符号旁标注和剖视图相同的大写字母"×"，如图 5-7（b）所示。

3）剖切符号是包含指示剖切面起、止和转折位置（用粗短画表示）及投射方向（用箭头表示）的符号，尽可能不要与图形的轮廓线相交；表示投射方向的箭头画在起、止位置粗短画的两外端，并与粗短画末端垂直，如图 5-7（b）所示。

4）剖切线是指示剖切面位置的图线（细点画线）。剖切线一般省略不画。

5）当剖视图按基本视图关系配置，且中间没有其他图形隔开时，可省略箭头。

6）当单一剖切平面通过机件的对称平面或基本对称平面，且剖视图按基本视图关系配置时，可以不加标注，如图 5-9 所示。

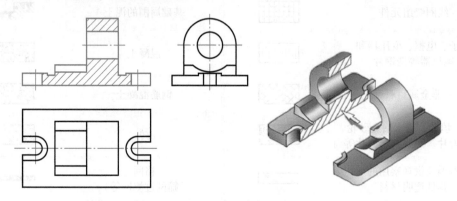

图 5-9　全剖视图

（4）其他注意事项

1）避免漏线。由于剖切是假设的，没有剖切的其他视图仍应按完整的机件画出。且不要漏画剖切后的可见轮廓线（剖切面后面的可见结构），如图 5-10 中的圆锥面与圆柱面的交线、圆柱面与圆柱面的交线，在剖切后属可见轮廓线，故必需画出。

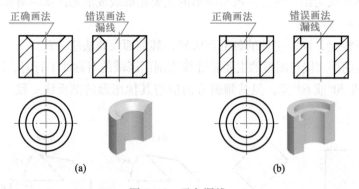

图 5-10　避免漏线

2）对于机件上的肋板、轮辐及薄壁等结构，当剖切平面平行于肋板、轮辐及薄壁（纵向剖切）进行剖切时，这些结构都不画剖面线，且用粗实线画出与其邻接形体的理论轮廓线；但横向剖切时，需画出剖面线，如图 5-11 所示。

3）在剖视图中一般不画细虚线。只有当机件的结构没有完全表达清楚，画出少量的细虚线可减少视图数量时，才画出必要的细虚线，如图 5-12 所示。

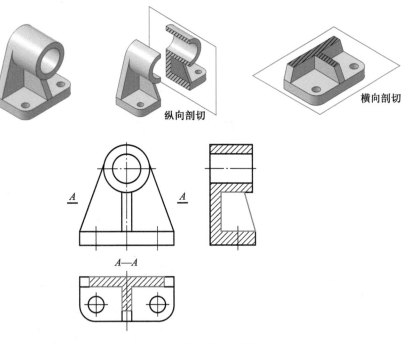

图 5-11　肋板的剖切画法

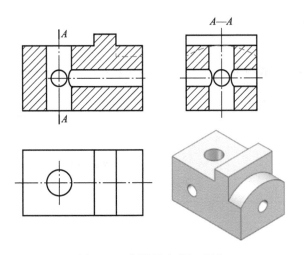

图 5-12　剖视图中的细虚线

5.2.3　剖视图的绘制步骤

以表 5-3 中底座机件为例，讲解剖视图的一般绘图步骤。

表 5-3   底座机件剖视图

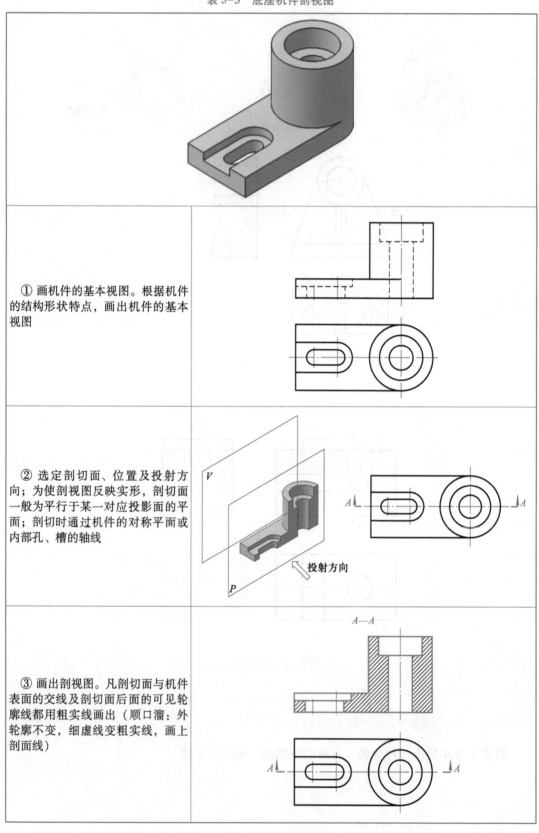

① 画机件的基本视图。根据机件的结构形状特点，画出机件的基本视图	
② 选定剖切面、位置及投射方向；为使剖视图反映实形，剖切面一般为平行于某一对应投影面的平面；剖切时通过机件的对称平面或内部孔、槽的轴线	
③ 画出剖视图。凡剖切面与机件表面的交线及剖切面后面的可见轮廓线都用粗实线画出（顺口溜：外轮廓不变，细虚线变粗实线，画上剖面线）	

5.2.4　单一剖视图的分类

由于机件的结构形状千差万别，在作剖切处理时，需要根据机件的结构特点选择不同形式的剖切面，以便使机件的结构形状得到充分地表达。因此，剖切机件的剖切面的数量和形状也不尽相同。常用的剖切面有单一剖切面、几个平行的剖切面和几个相交的剖切面。

仅用一个剖切面剖开机件称为单一剖切面剖切（简称单一剖）。当机件的内部结构位于一个剖切面上时，可选用单一剖切面剖开机件。单一剖切面包括单一剖切平面、单一斜剖切面和单一剖切柱面（图 5-13）。

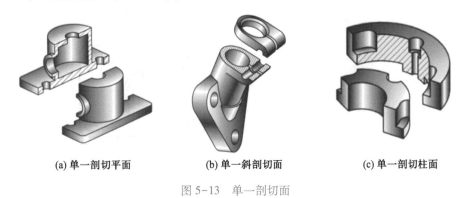

(a) 单一剖切平面　　　　(b) 单一斜剖切面　　　　(c) 单一剖切柱面

图 5-13　单一剖切面

按剖开机件的范围多少，可将单一剖切面剖开的剖视图分为全剖视图、半剖视图、局部剖视图和斜剖视图 4 种。

（1）全剖视图

用一个或多个剖切面完全地将机件剖开所得的剖视图称为全剖视图（简称全剖）。如图 5-7、图 5-9、图 5-11 所示均为全剖视图。全剖视图主要用于表达外形结构简单、内形结构复杂且不对称的机件，如图 5-14（a）所示。为了便于标注尺寸，对有些具有对称结构的机件，也常采用全剖视图表达，如图 5-14（b）所示。

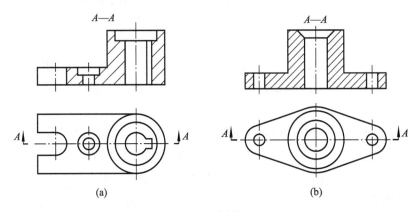

(a)　　　　　　　　　　　(b)

图 5-14　全剖视图

全剖视图的标注：当剖切平面通过机件的对称（或基本对称）平面，且全剖视图按投影关系配置，中间又无其他视图隔开时，可以省略标注，否则应按规定方法标注。

（2）半剖视图

当机件具有对称结构时，以对称中心线为界，在垂直于对称平面的投影面上投影得到的，由半个剖视图和半个视图合并组成的图形称为半剖视图（简称半剖），如图 5-15 所示。

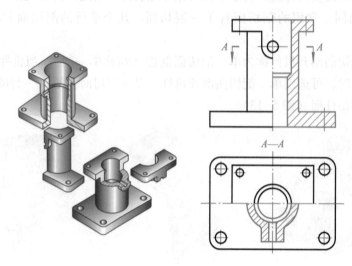

图 5-15   半剖视图

如图 5-15 所示，机件左右对称，对称面是侧平面，所以在主视图上可以一半画成剖视图，一半画成视图，剖视图与视图的分界线处应画出细点画线，可同时表达机件的内孔和外形结构；机件前后基本对称，俯视图也可以画成半剖视图，可同时表达机件顶板和顶板下面与之平齐的凸台结构。

半剖视图既可充分地表达机件的内部结构，又保留了机件的外部形状，但只适宜表达对称或基本对称的机件。

半剖视图的标注方法与全剖视图相同。如图 5-15 所示，主视图所采用的剖切平面通过机件的前后对称平面，所以不需要标注；而俯视图所采用的剖切平面并非通过机件的对称平面，所以必需标出剖切位置和名称，但按投影关系配置时，箭头可以省略。

画半剖视图的注意事项如下：

1）具有对称平面的机件，在垂直于对称平面的投影面上，才宜采用半剖视图。如机件的形状接近于对称，而不对称部分已另有视图表达清楚时，也可以采用半剖视图表达，如图 5-16 所示。

2）半剖视图中，半个剖视图和半个视图应以细点画线为界；内部结构在另半个视图中不必再用细虚线表达，但需要保留表示孔、槽中心位置的细点画线。

3）若半剖视图中作为分界线的细点画线刚好和内轮廓线重合时，则应避免使用半剖视图表达。如图 5-17 所示主视图，尽管机件的内、外结构都对称，似乎可以采用半剖视图表达，但画成半剖视图后，其分界线恰好和内轮廓线重合，不满足分界线是细点画线的要求，所以不应用半剖视图表达，如图 5-17（a）所示；宜采取局部剖视图表达，并且用波浪线将内、外结构分开，如图 5-17（b）所示。

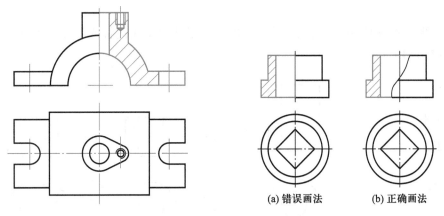

(a) 错误画法　　　(b) 正确画法

图 5-16　形体不完全对称的半剖表达　　　图 5-17　半剖视图分界线与内轮廓线重合的画法

（3）局部剖视图

将机件局部剖开后进行投射得到的视图称为局部剖视图（简称局部剖）。局部剖视图不受机件是否对称的限制，可以根据机件的结构形状特点灵活地选择剖切位置和范围，局部剖的范围可大可小，根据需要而定，应用很灵活，适用于内、外结构都需要表达的不对称机件。

局部剖视图用波浪线作为剖视图与视图的界线，如图 5-18 所示。

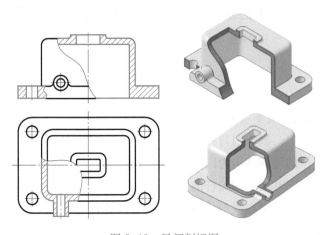

图 5-18　局部剖视图

局部剖视图的剖切范围可根据实际需要决定，可使图形表达简洁、清晰，但使用时要考虑到读图方便，在一个视图中局部剖视图不宜用得太多，否则会使图形过于破碎，不利于读图。局部剖视图常用于以下两种情况：

1）机件只有局部内形结构需要表达，而又不必或不宜采用全剖视图时；

2）不对称机件需要同时表达其内、外形状结构时。

表示视图与局部剖视图范围的波浪线，可看作机件断裂痕迹的投影，波浪线的画法应注意以下几点：

1）波浪线不能超出图形轮廓线，如图 5-19（a）所示。

2）波浪线不能穿空而过，如遇到孔、槽等结构时，波浪线必需断开，如图 5-19（a）

所示。

3）波浪线不能与图形中任何图线重合，也不能用其他图线代替或画在其他图线的延长线上，如图 5-19（b）、（c）所示。

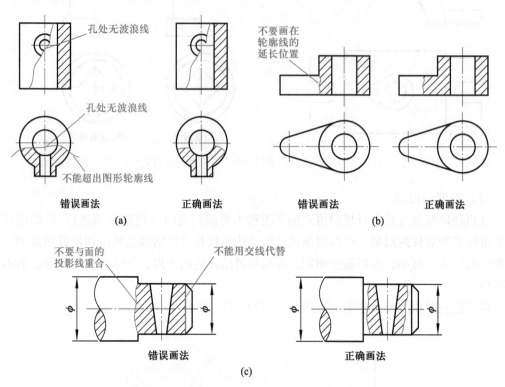

图 5-19　局部剖视图波浪线的绘制

画局部剖视图时的注意事项如下：

1）在局部剖视图中，剖视图与视图的分界线为波浪线。

2）当被剖切部位的局部结构为回转体时，允许将该结构的中心线作为局部剖视图与视图的分界线，如图 5-20 所示的拉杆的局部剖视图。

3）当对称机件的对称中心线与轮廓线重合，不宜采用半剖视图时，可采用局部剖视图，如图 5-21 所示。

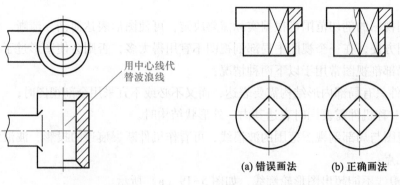

图 5-20　拉杆的局部剖视图　　　图 5-21　局部剖视图代替半剖视图

注：视图中相交的两细实线是表示平面的符号。

4）必要时，可以在全剖视图或半剖视图中再作局部剖视图，如图 5-22 所示，在半剖视图的基础上再作上、下两圆柱孔的局部剖视图。

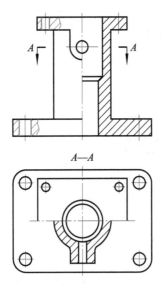

图 5-22   局部剖视图用于半剖视图中

5.2.5   几个平行的剖切平面（阶梯剖）

用两个或多个互相平行的剖切平面把机件剖开，所画出的剖视图称为阶梯剖视图（简称阶梯剖），如图 5-23 所示。它适用于表达机件内部结构的中心线排列在两个或多个互相平行的平面内的情况。

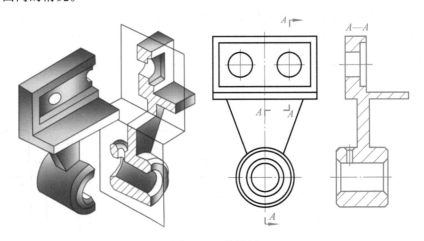

图 5-23   阶梯剖

画阶梯剖视图的注意事项如下：

1）在剖切平面的起、止和转折处应画出剖切符号，且需在起、止处用垂直箭头表示投射方向，但当剖视图按投影关系配置，且中间又无其他视图隔开时，可省略箭头，如图 5-24（a）所示。

　　2）剖切平面是假想的，因此剖视图中不应画出剖切平面转折处的投影，如图 5-24（b）、（c）所示。

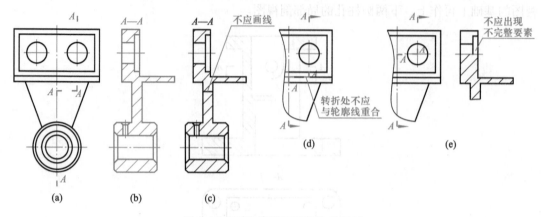

图 5-24　画阶梯剖视图的注意事项

　　3）在剖视图的上方需标注剖视图的名称"×—×"，且在剖切符号的外侧或上方标注相同的字母。

　　4）为避免把剖视图的轮廓线误认为是剖切平面的界线，注意剖切符号不能与视图中的粗实线相交或重合，如图 5-24（d）所示。当转折处位置有限又不致引起误解时，允许省略字母。

　　5）在剖视图内不允许出现孔或槽等结构的不完整要素，图 5-24（e）所示。

5.2.6　几个相交的剖切面（交线垂直于某一投影面）（旋转剖、复合剖）

（1）旋转剖

　　当用单一剖切面或几个平行的剖切平面不能完整表达机件的内部结构（如具有回转轴的机件）时，可利用几个相交的剖切面将其剖开，然后将剖面区域的倾斜部分旋转到与基本投影面平行后再进行投射，这可使剖视图既反映实形又便于绘图。这种"先剖切→后旋转→再投射"的投射方法称为旋转剖，如图 5-25 所示。

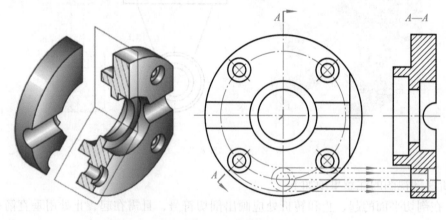

图 5-25　旋转剖

旋转剖视图通常用于表达具有明显回转轴线，分布在几个相交平面上的机件内形，如盘、轮、盖等机件上的孔、槽、轮辐等结构。

画旋转剖视图的注意事项如下：

1）在剖切面后的其他结构一般应按原位置画出其投影，如图 5-26 所示的小油孔。

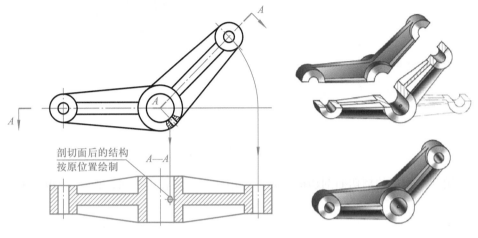

图 5-26　旋转剖视图

2）旋转剖视图必需标注，标注方法与阶梯剖视图相同，如图 5-26 所示。

3）当剖切后产生不完整要素时，应将这部分按不剖绘制，如图 5-27 所示。

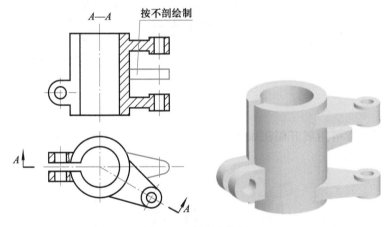

图 5-27　旋转剖视图

（2）复合剖

当机件的内部结构比较复杂，用阶梯剖或旋转剖仍不能完全表达清楚时，可以采用以上几种剖切方式的组合来剖开机件，用这种剖切方法画出的剖视图，称为复合剖视图（简称复合剖），如图 5-28 所示。

画复合剖视图的注意事项如下：

1）用几个相交的剖切面剖切机件得到的剖视图必需标注，并且在任何情况下不可省略。

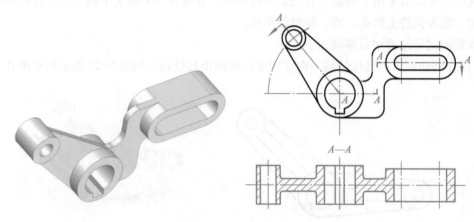

图 5-28　复合剖

2）用几个相交的剖切面剖切机件时，可用柱面方式转折剖切，如图 5-29 所示。

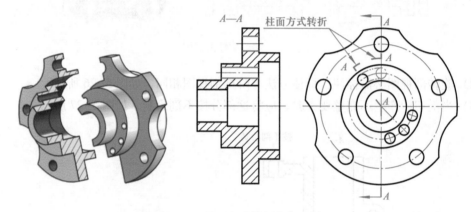

图 5-29　柱面方式转折的复合剖

3）旋转剖通常可用展开画法画出，当用展开画法时，图名应标注"×-×〇➞"，如图 5-30 所示。

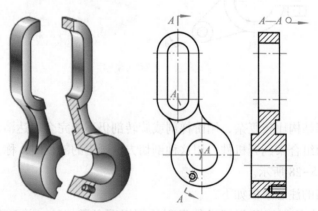

图 5-30　复合剖展开画法

【技能跟踪训练】 识读剖视图

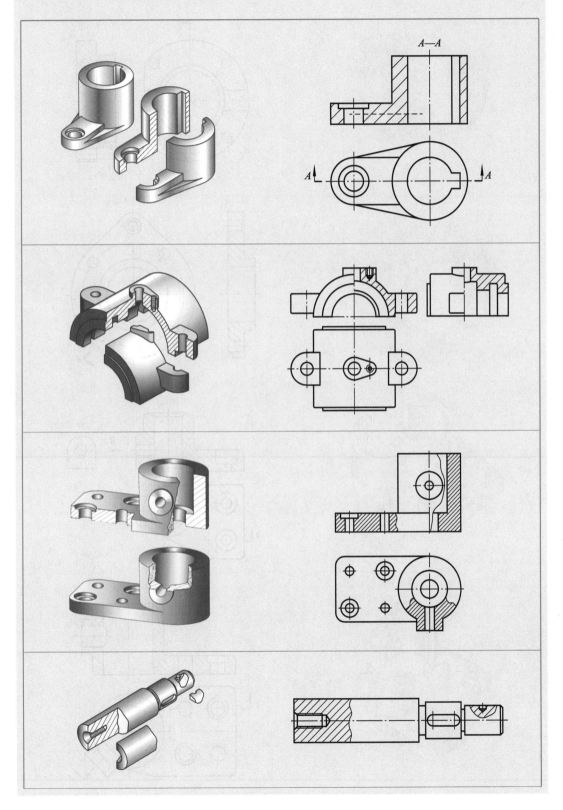

续表

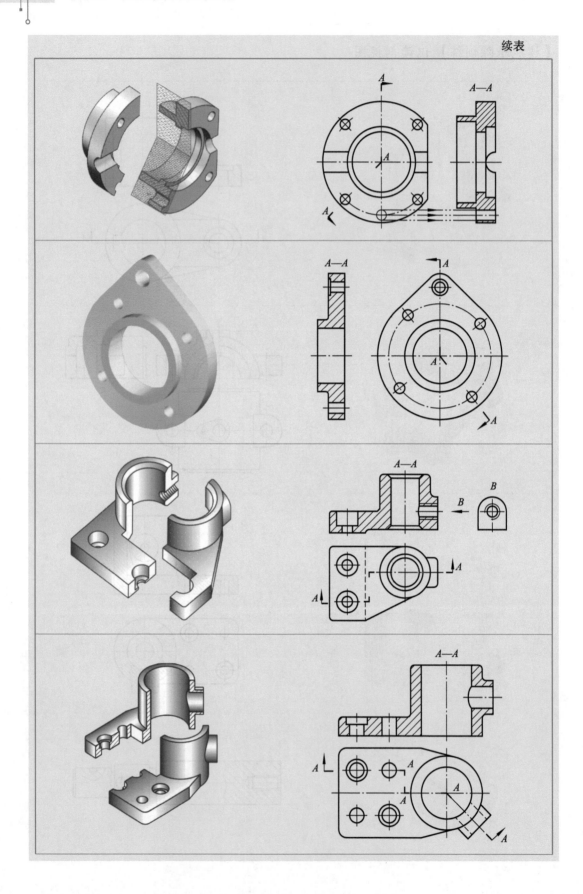

续表

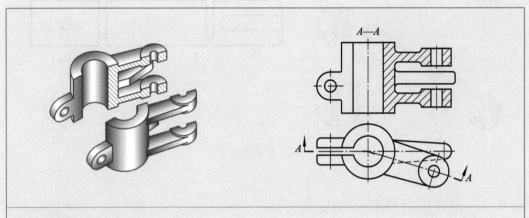

分析要领：

① 按视图配置关系找到基本视图（包括剖视图）；

② 根据视图的剖面线确定哪一个视图是剖视图；

③ 通过标注找到剖切位置。通常单一剖切平面通过对称平面时可以省略标注，局部剖视图剖切位置明显的可以省略标注，半剖与全剖视图相同；

④ 剖视图中画剖面线的线框是机件的实体部分，不画剖面线的部分是内部空腔部分；

⑤ 全剖视图通常适用于外形简单，需主要表达内部结构形状的机件；半剖视图通常适用于形体对称，内、外都需要表达的机件；局部剖视图通常适用于形体不对称，内、外都需要表达的机件

【学习内容 5.3】 断面图

5.3.1 断面图的概念

用视图表达阶梯轴、杆件、型材等零件结构时，其纵向投射的视图中会出现严重的图线重叠。如图 5-31 所示的阶梯轴，其左视图中细虚线圆重叠较多，这样的图形较乱。若只画出某一需要表达结构的断面图形，就不会出现那么多的重叠图线，可使图形表达清晰。

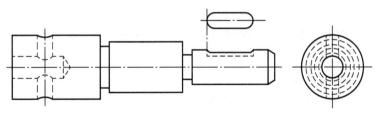

图 5-31　阶梯轴视图

假想用一个剖切平面将机件的某处切开，其断面的图形，称为断面图（简称断面），如图 5-32 所示。

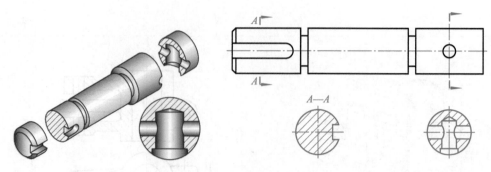

图 5-32　断面图的形成

5.3.2　断面图与剖视图的区别

1）断面图主要表达断面的形状，剖视图主要表达机件内部的结构形状。

2）断面图仅画出机件断面的图形，如图 5-33（a）所示；而剖视图则要画出剖切平面后的所有部分的投影，如图 5-33（b）所示。

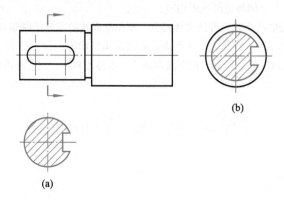

(b)

(a)

图 5-33　断面图与剖视图

5.3.3　断面图的种类

根据断面图配置位置的不同，可分为移出断面图和重合断面图两类。

（1）移出断面图

画在视图外的断面图称为移出断面图，如图 5-34 所示，其轮廓线用粗实线绘制，并画剖面线。

画移出断面图的注意事项如下：

1）移出断面图应尽量配置在剖切符号或剖切平面迹线的延长线上（剖切平面的迹线是剖切平面与投影面的交线，在图中用细点画线表示，如图 5-34（a）所示。

2）当剖切平面通过回转面形成的孔、坑等结构的轴线时，需按剖视图绘制，如图 5-35、图 5-36 所示。

3）当剖切平面通过非回转面结构，又导致出现完全分离的两个剖面区域时，这些结构也按剖视图绘制，如图 5-37 所示。

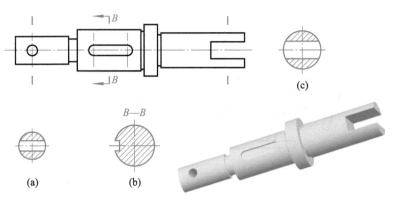

图 5-34　移出断面图

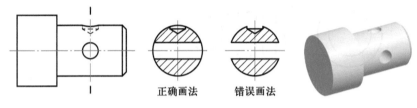

图 5-35　移出断面图上按剖视图绘制的回转面结构 1

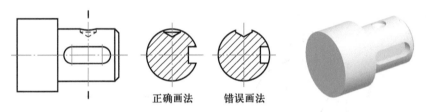

图 5-36　移出断面图上按剖视图绘制的回转面结构 2

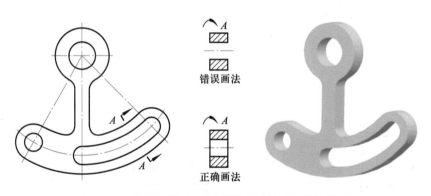

图 5-37　移出断面图上按剖视图绘制的非回转面结构

4）由两个或多个相交的剖切面剖切得出的移出断面图，其中间一般需断开处理，如图 5-38 所示。

5）当移出断面图的图形对称时，也可画在视图的中断处，如图 5-39 所示。

（2）重合断面图

画在视图内的断面图称为重合断面图（图 5-40）。如图 5-41~图 5-43 所示，其轮廓线用细实线绘制,并画剖面线。

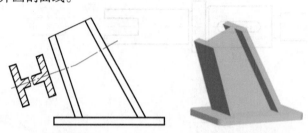

图 5-38　相交剖切面剖切的移出断面图

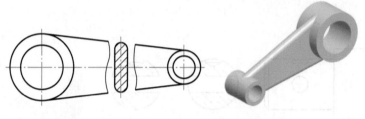

图 5-39　中断处的移出断面图

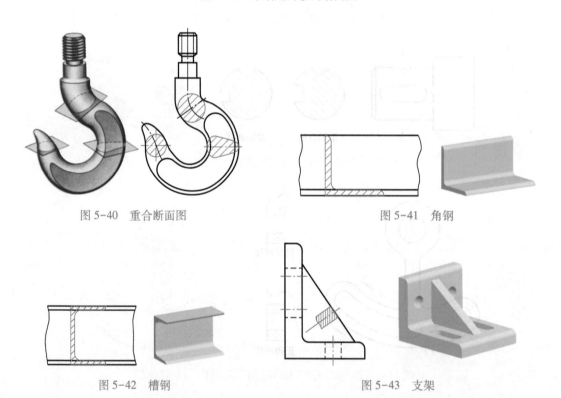

图 5-40　重合断面图　　　　　　　　　　　　图 5-41　角钢

图 5-42　槽钢　　　　　　　　　图 5-43　支架

画重合断面图的注意事项如下:

1) 当视图的轮廓线与重合断面图的图形轮廓线重合时,视图的轮廓线仍应连续画出,不可中断,如图 5-41、图 5-42 所示。

2) 对称结构,不标注;不对称结构,要标注端面投射方向。

【技能跟踪训练】 识读断面图

1. 分析各零件断面图的表达方案。

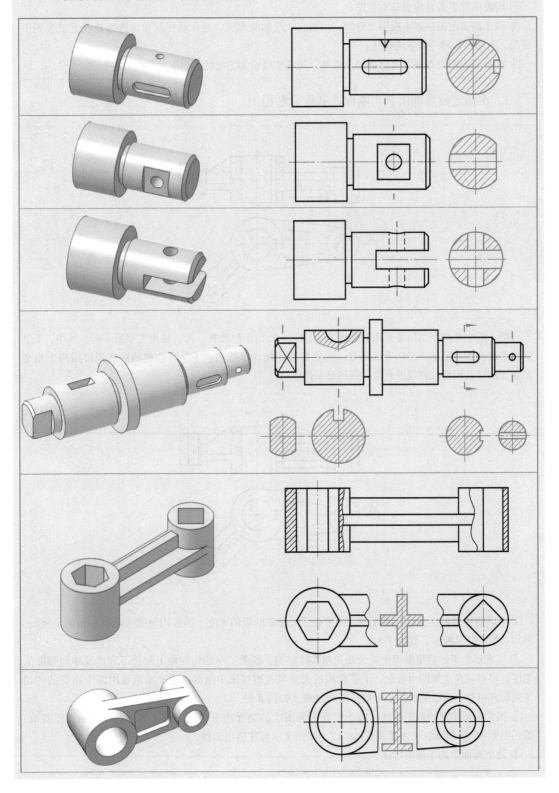

续表

分析要领：

① 按视图配置关系找到基本视图；

② 移出断面图画在基本视图之外时，用粗实线绘制轮廓线。通常画在剖切位置延长线上或视图中断处，图形对称时一般省略标注；

③ 重合断面图画在视图内部剖切位置处，用细实线绘制轮廓线，图形对称时省略标注

　　2. 在指定位置画出移出断面图和重合断面图。

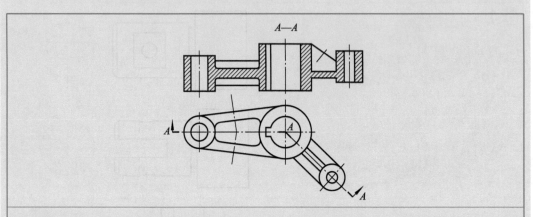

分析：图中有两个结构需要用断面图来表达，一处为 T 形肋板，另一处为工字形肋板。其中，T 形肋板的断面图可用单一剖切平面剖切，配置在视图的轮廓线内；工字形肋板的断面图可用两个相交剖切平面剖切，配置在俯视图外剖切线的延长线上

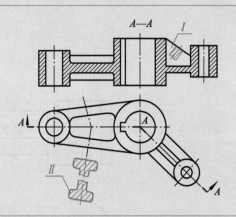

① T 形肋板的表达为重合断面图，在俯视图上量取肋板的宽度，然后用细实线绘制肋板的轮廓线，并用波浪线将其断开，如图 I 处。

② 工字形肋板的移出断面图轮廓线用粗实线绘制，断面工字结构的最上和最下宽度及中间腰部的宽度，可直接在主视图中量取，工字结构的高度可在俯视图中量取。由于本例是用两个相交的剖切平面切开机件，所以断面图的中间应断开处理，如图 II 处。

③ 因主视图中已绘制剖面线，因此重合断面图中的剖面线应与其一致。考虑到移出断面图斜放，若仍用原 45° 的剖面线表达效果不好，因而在角度上可作适当调整。

④ 两个断面图均不需要标注

【知识拓展】 移出断面图与重合断面图的区别

(1) 图形

移出断面图：视图位置图形复杂，局部位置结构需要体现。

重合断面图：视图位置图形简单，整体结构一致。

(2) 标注

移出断面图：一般均需要标注。

重合断面图：一般无须标注。

(3) 使用图线

移出断面图：粗实线绘轮廓线，并画剖面线。

重合断面图：细实线绘轮廓线，并画剖面线。

【学习内容 5.4】 其他表达方法与常用简化画法

5.4.1　局部放大图

(1) 局部放大图概念

机件上某些细小结构在视图中无法清楚地表达，或不便于标注尺寸时，可将这些部分用大于原图形所采用的比例画出，这种图称为局部放大图，如图 5-44 所示。

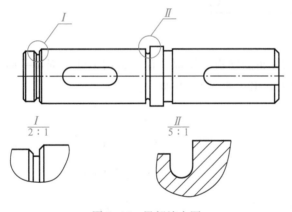

图 5-44　局部放大图

(2) 局部放大图标注

局部放大图必需标注。标注方法：画局部放大图时，一般在视图上用细实线圆圈出被放大部位，其放大图尽量配置在被放大部位附近。物体上有多处被放大部位时，应用罗马数字依次标明，并在相应局部放大图上方标出相同罗马数字和放大比例，如图 5-44 所示；仅有一个放大图时，只需标注比例即可。

画局部放大图的注意事项如下：

1) 局部放大图可画成视图、剖视图和断面图，它与被放大部位原来的表达方式无关。

2) 如需标注尺寸，应按实际尺寸标注。

5.4.2 简化画法

（1）剖视图中的简化画法

有关肋板、轮辐、孔等结构的简化画法规定如下：

1）当纵向剖切机件上的肋板、轮辐及薄壁等结构时，该结构按不剖绘制，不画剖面符号，且需用粗实线将它们与其相邻结构分开，如图 5-45 所示。

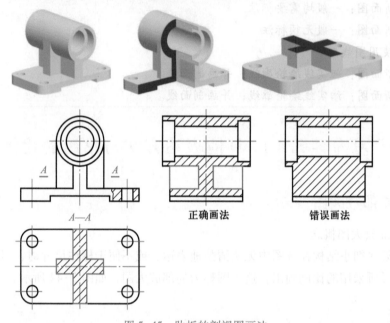

正确画法   错误画法

图 5-45 肋板的剖视图画法

2）回转体上均匀分布的肋板、轮辐、孔等结构不处于剖切平面上时，可将这些结构假想旋转到剖切平面上画出，如图 5-46 所示。

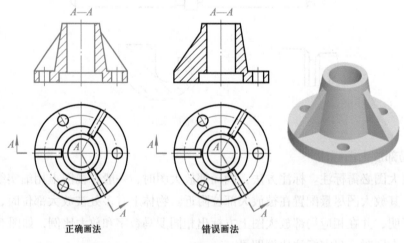

正确画法   错误画法

图 5-46 均匀分布的肋板、孔的剖视图画法

3）圆柱形法兰和类似机件上均匀分布的孔可按图 5-47 所示（由机件外向该法兰断面方向投射）绘制。

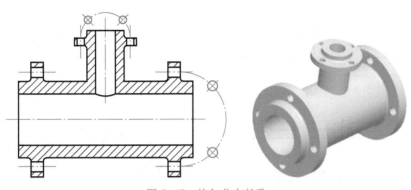

图 5-47 均匀分布的孔

（2）相同结构要素的简化画法

机件上具有若干相同结构（如孔、槽等），并按一定规律分布时，只需要画出一个或几个该结构，其余只需要表示其中心位置或用细实线连接，并在图中注出该结构的总数即可，如图 5-48 所示。

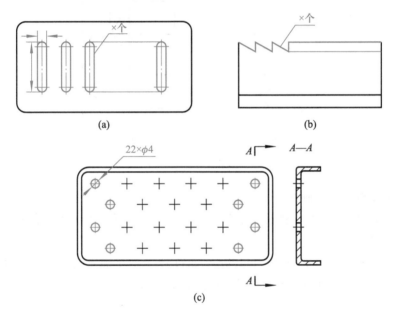

图 5-48 相同结构的简化画法

（3）较长机件的断开画法

较长机件（如轴、杆、型材等）沿长度方向的形状一致或按一定规律变化时，可断开有关线段缩短绘制，但需注意标注尺寸时仍需按实际尺寸标注，如图 5-49 所示。

机件断裂边缘常用波浪线或双折线表示。

（4）较小结构的简化画法

机件上较小的结构，如在一个图形中已表示清楚时，在其他图形中可以简化或省略，如图 5-50 所示。

在不致引起误解时，图形中的相贯线允许简化，如用圆弧或直线代替非圆曲线，如图 5-50（b）所示的主视图。

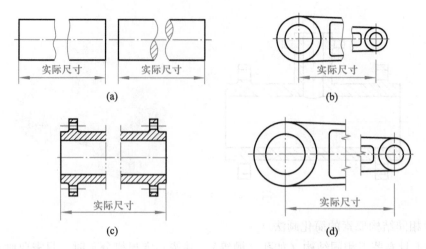

图 5-49   断开画法

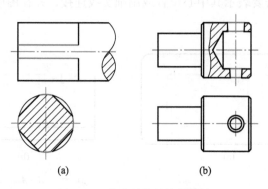

图 5-50   较小结构的简化画法

（5）某些结构的示意画法

网状物、编织物或机件上的滚花部分，可在轮廓线附近用粗实线示意画出，并标明其具体要求，如图 5-51 所示。

当图形不能充分表达平面时，可以用平面符号（相交细实线）表示，如图 5-52 所示，如已表达清楚，则可不画平面符号，如图 5-50（a）所示。

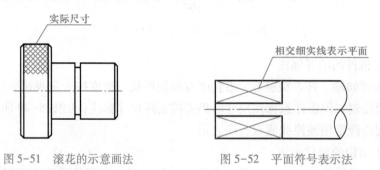

图 5-51   滚花的示意画法   图 5-52   平面符号表示法

（6）对称机件的简化画法

在不致引起误解时，对称机件的视图可以只画一半或四分之一，并在对称中心线的两端画出两条与其垂直的平行细实线表示，如图 5-53 所示。

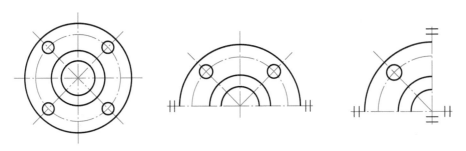

图 5-53　对称机件的简化画法

（7）允许省略剖面符号的移出断面图

在不致引起误解时，零件图中的移出断面图，允许省略剖面符号，但剖切位置和断面图的标注应按规定的方法标出，如图 5-54 所示。

（8）某些圆和圆弧的简化画法

与投影面倾斜角度等于或小于 30°的圆或圆弧，其投影可用圆或圆弧代替，如图 5-55 所示。

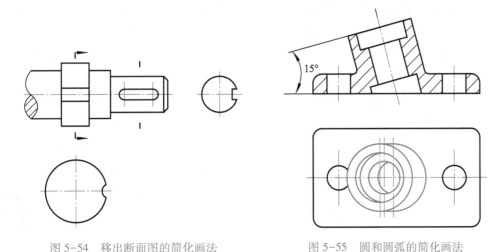

图 5-54　移出断面图的简化画法　　　　　　图 5-55　圆和圆弧的简化画法

5.4.3　图样画法综合举例

机件的结构形状千差万别，学习机件表达方法的目的就是用一组图形将机件恰当、完整、清晰和简便地表达出来。所以，在画机件图形时需要选择一个好的表达方案，既要注意使每个视图、剖视图和断面图等具有明确的表达目的，又要注意它们之间的内在联系。在选择表达方案时，首先是主视图的选择；其次是视图数量和表达方法的选择。同一机件常常有多种表达方案，要通过分析、比较，选择适宜的一种。

下面以图 5-56 所示的四通管接头为例，讲解如何选择表达方案。

（1）分析形体结构

该机件左右、上下均不对称，内部结构形状均需一一表达。为了反映四通管接头的主要特征，将底部法兰水平放置；为反映内部结构，将主视图画为全剖视图。

图 5-56　四通管接头

（2）建立表达方案

方案一：如图 5-57 所示，主视图采用全剖，形体的内部结构及左、右两接管相通的关系均已表达清楚；俯视图采用了 C—C 阶梯剖视图，表达了两个接管的方向；主视图上用简化画法表达了顶部法兰孔的分布；为采用 A 向局部视图表达左侧接管上连接法兰的尺寸、形状及其连接孔的位置关系；采用 B 向局部视图表达右侧接管上连接法兰的尺寸、形状及其连接孔的位置关系；采用 D 向局部视图表达底部法兰的尺寸、形状及其连接孔的位置关系。

方案二：如图 5-58 所示，主视图的选择与方案一相同。在此方案中，用向视图和局部剖视图分别表达了左侧接管上连接法兰、右侧接管上连接法兰和底部法兰的形状及其孔的位置关系。

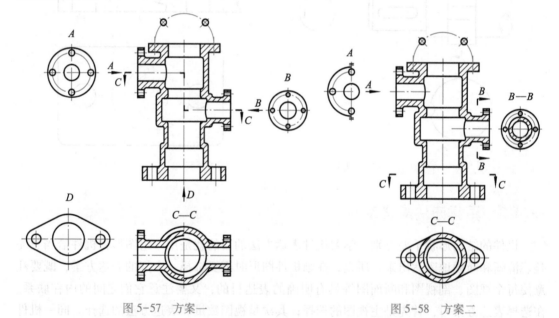

图 5-57　方案一　　　　　　　　　图 5-58　方案二

（3）确定表达方案

以上两种方案各有特点。但方案二没有明确表达两个接管的方向，在读图上会出现一定的不确定性。考虑到图样需要标注尺寸，而回转体的结构一般由一个非圆视图和有关尺寸即可表达清楚，所以机件各段的形状及各接管的形状，不必再用垂直于管道轴线的剖视图画法表达。故方案一更为准确、简捷。

【技能跟踪训练】 表达方案的综合运用

  1. 根据支架的结构形状确定表达方案。

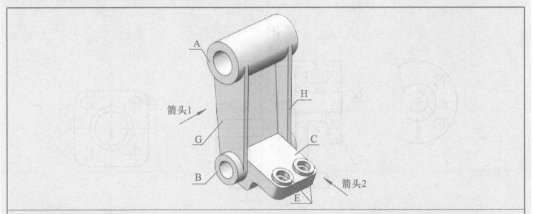

方案分析:

  ① 形体分析:该支架的主体为两轴座 A、B,中间由工字形肋板连接,轴座 B 上有倾斜凸耳 C,凸耳上有两个阶梯孔 E。

  ② 选择主视图:一般以支架的工作位置或加工位置作为主视图的位置,其投射方向要能尽量多地反映出支架各组成部分的结构特征及相互位置关系。

  当以箭头 1 所指方向作为主视图的投射方向时,两轴座 A、B 上的孔及凸耳 C 的位置关系可以真实在表达出来;当以箭头 2 所指方向作为主视图的投射方向时,两轴座 A、B 的平行轴线特征反映得比较清楚,但凸耳 C 的投影非实形。故暂以箭头 1 所指方向作为主视图的投射方向进行下述讨论。

  ③ 确定其他视图:主视图确定后,根据机件的复杂程度和内、外结构特点,综合考虑、灵活选择其他视图。选择其他视图时,应优先选用基本视图或在基本视图上作剖视图,并尽量按投影关系配置各视图。

  该支架中若将箭头 1 所指方向作为主视图的投射方向,将箭头 2 所指方向作为右视图的投射方向,为避免凸耳 C 在右视图中非实形,可在主视图中沿两轴座 A、B 的孔轴所在的平面剖开支架,得到 A—A 剖视图,而凸耳 C 的真实形状可作斜视图 C 予以反映。同时,该斜视图上也反映了两个阶梯孔 E 的孔间距。

  为了表达阶梯孔 E 的内部结构,可通过两个阶梯孔 E 的轴线所在的平面作剖视图,得到 D—D 剖视图。此外,再作一个移出断面图表达工字形肋板的截面形状即可

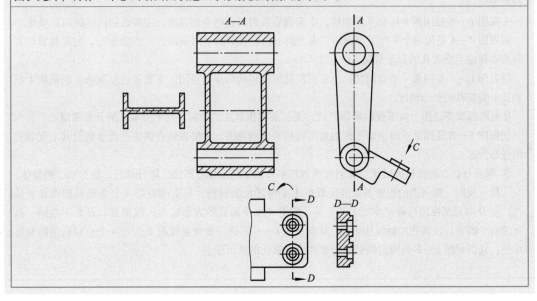

2. 分析四通管接头的表达方案，说明该机件各个视图所采用的表达方法并想象出该机件的空间结构。

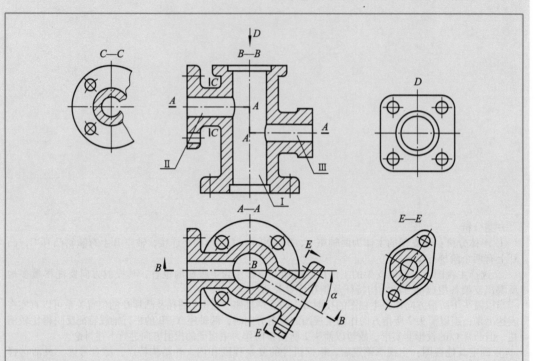

视图分析：

① 概括了解：首先浏览全图，查看视图、剖视图、断面图等的数量、投射方向及图形位置，以便对机件的复杂程度有一个初步了解。

本例的表达方案选用了全剖的主视图 $B—B$、俯视图 $A—A$、剖视图 $C—C$、剖视图 $E—E$ 和 D 向局部视图共 5 个视图。

② 分析各视图的特点及表达意图。根据各视图的名称，在相应视图上找出剖切符号、剖切位置和投射方向。

主视图 $B—B$ 是用两个相交平面剖切，由前向后投射得到的全剖视图，主要表达机件的内腔形状。

俯视图 $A—A$ 是用两个平行平面剖切，由上向下投射得到的全剖视图，主要表达左、右两接管的方向及底部法兰安装孔的分布情况。

剖视图 $C—C$ 是用单一平面剖切，由右向左投射得到的局部剖视图，主要表达左侧法兰的截面形状和其上安装孔的分布情况。

D 向局部视图是由上向下投射所得到的，主要表达顶部法兰结构及其上安装孔的分布情况。

剖视图 $E—E$ 是用单一斜剖切平面剖切所得到的全剖视图，主要表达右侧法兰的形状及其上安装孔的分布情况。

③ 深入分析，想象整体形状。读剖视图的基本方法也是形体分析法，即分部分、想形状、想整体。

从主视图、俯视图的投影关系确定线框 Ⅰ 是带凹坑的圆筒，其下端有带 4 个小圆孔的圆盘形法兰；从 D 向局部视图可确定线框 Ⅰ 的上端是带有 4 个小圆孔的方形法兰；线框 Ⅱ、Ⅲ 是不在同一高度的两个圆孔，且两孔的轴线倾斜 α；从剖视图 $C—C$ 可进一步确定线框 Ⅱ 为带 4 个小圆孔的圆盘形法兰；从剖视图 $E—E$ 可确定线框 Ⅲ 为带两个小圆孔的腰形法兰

续表

结果：通过上述分析，可综合想象出该机件的形状

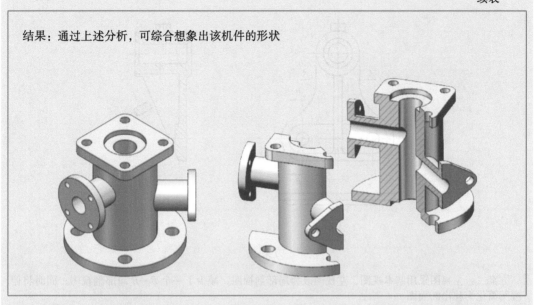

3. 确定支架的表达方案。

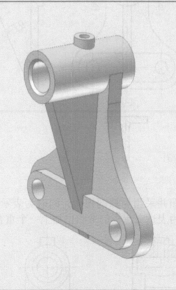

① 结构分析：该支架结构不规则，支承板上弧线较多，下部两个安装孔；在支承板上有一肋板支承圆筒；圆筒上有油孔，润滑圆筒内的转动轴

② 方案分析：若使用三视图作为表达方案，视图中图线较多，细虚线也较多，不便读图。故采用剖视图表达内部结构，断面图表达肋板

③ 方案比较：

方案一：用三视图表达支架，主视图采用外形视图，左视图采用全剖视图，俯视图也采用全剖视图，另加一个 *B*—*B* 局部剖视图和一个移出断面图

续表

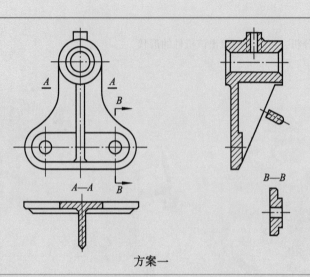

方案一

方案二：主视图采用基本视图，左视图改为局部剖视图，减少了一个 *B—B* 局部剖视图，同时将俯视图简化为移出断面图

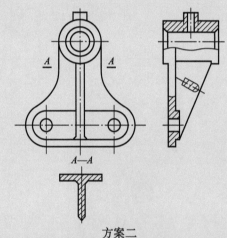

方案二

方案三：按工作位置绘制主视图并采用局部剖视图，同时为表示肋板厚度在主视图中增加一个重合断面图，左视图为基本视图，为表达支承板的形状也加上一个重合断面图

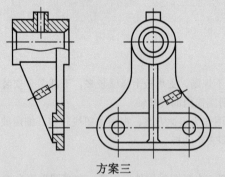

方案三

总结：方案三绘图简便，但表达方案不一定最好。表达零件应根据实际情况来选用表达方案，不能死板地套用三视图

【知识拓展】 第三角画法

（1）第三角画法及其有关规定

绘制物体的多面正投影图的正投影法有两种表示法。

第一种：第一角投影表示，即第一角画法，如图 5-59（a）所示。它是将物体置于 I 分角内，并使其处于观察者与投影面之间进行投射的。

第二种：第三角投影表示，即第三角画法，如图 5-59（b）所示。它是将物体置于 III 分角内，使投影面处于观察者和物体之间进行投射的。

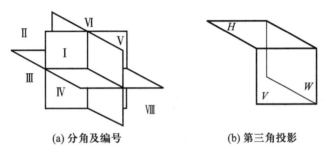

(a) 分角及编号　　　　　　(b) 第三角投影

图 5-59　投影角

GB/T 17451—1998《技术制图 图样画法 视图》规定，我国技术图样一般优先采用第一角画法。其他国家及地区也有采用第三角画法。

（2）第三角画法

采用第三角画法时，如图 5-60 所示，将物体置于正立投影面 V、水平投影面 H 侧立投影面 W 所组成的三投影面体系中进行投射，所得到的三视图，右视图在右边，俯视图在上边，如图 5-60（b）所示。为了区别第一角画法和第三角画法，采用第三角画法时，应在图样中画出投影识别符号，如图 5-61 所示。

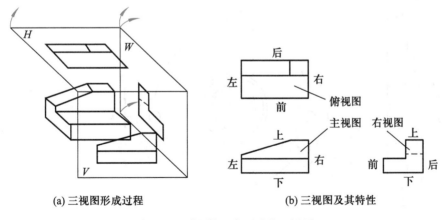

(a) 三视图形成过程　　　　　　(b) 三视图及其特性

图 5-60　采用第三角画法的三视图

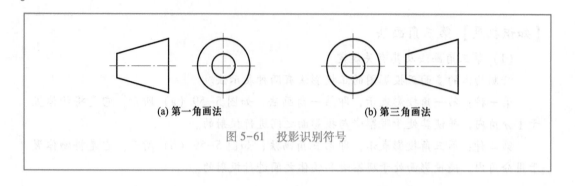

(a) 第一角画法　　　　　　　　　(b) 第三角画法

图 5-61　投影识别符号

【学习内容 5.5】 AutoCAD 绘制剖视图

5.5.1 AutoCAD 的基本操作技能

跟随微课学习 AutoCAD 的基本操作技能。

微课 多段线命令

微课 图案填充命令

微课 多行文字命令

5.5.2 AutoCAD 绘制泵盖表达方案

具体作图步骤见表 5-4。

表 5-4　AutoCAD 绘制泵盖表达方案的作图步骤

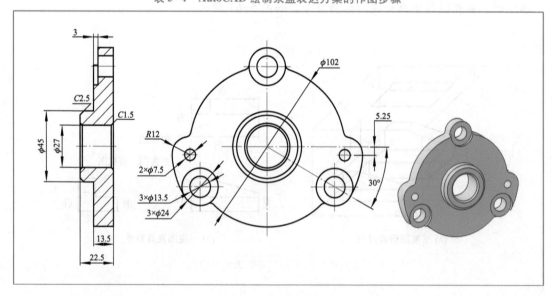

续表

步骤 1：绘制基准线。 ① 设定图层，打开"正交" ▱ 模式； ② 绘制主、左视图基准线	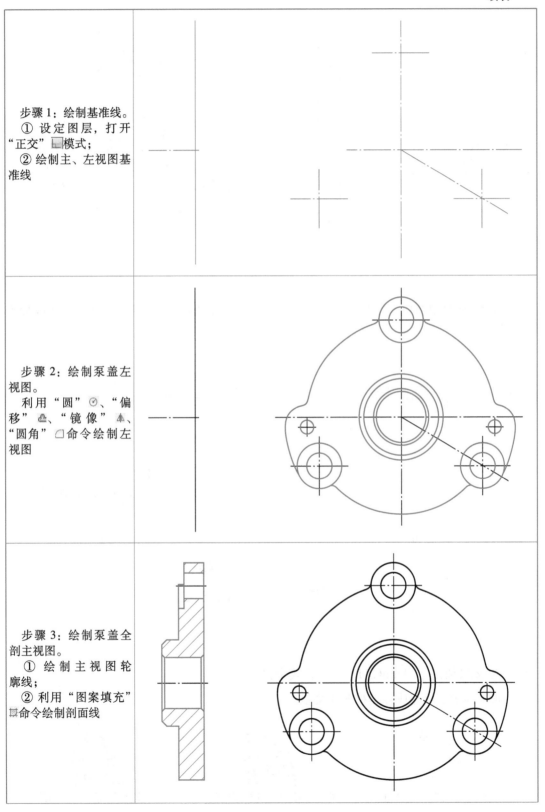
步骤 2：绘制泵盖左视图。 利用"圆" ⊘、"偏移" ⟘、"镜像" ⚠、"圆角" ▱ 命令绘制左视图	
步骤 3：绘制泵盖全剖主视图。 ① 绘制主视图轮廓线； ② 利用"图案填充" ▨ 命令绘制剖面线	

续表

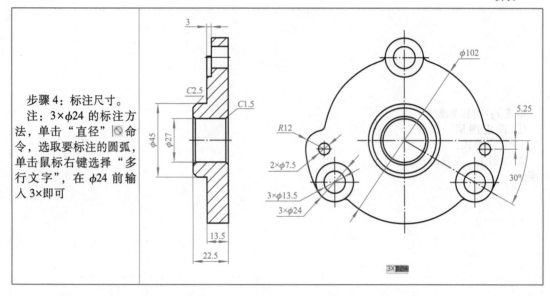

步骤 4：标注尺寸。

注：3×ϕ24 的标注方法，单击"直径" $\circledcirc$ 命令，选取要标注的圆弧，单击鼠标右键选择"多行文字"，在 ϕ24 前输入 3×即可

AutoCAD 绘制剖切符号的参考尺寸见表 5-5（A3 图幅范围内经验数据，图幅改变需做适当调整）。

表 5-5　剖切符号的参考尺寸　　　　　　　　　　　　　　　　　　　mm

绘制部位	起点宽度	端点宽度	长度	图　例
剖切位置 （粗短画线）	1	1	4	"多段线" $\smile$ 命令 （多段线起点宽度设置为1，端点宽度设置为0） 3 （多段线宽度设置为0） 4
箭头连接线 （细实线）	0	0	4	多段线宽度设置为1 4
箭头	1	0	3	

【技能跟踪训练】AutoCAD 绘制各类视图

跟随演示实例完成各类视图的绘制。

演示实例 剖视图的绘制	演示实例 局部剖视图的绘制	演示实例 局部放大图的绘制

【知识总结】

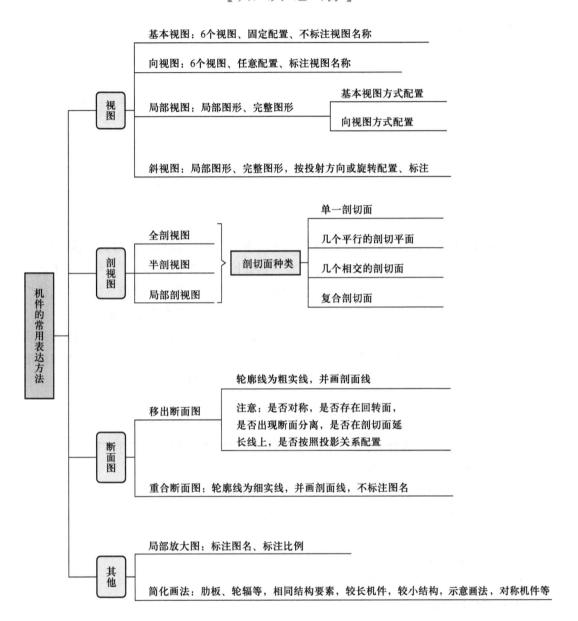

机件的常用表达方法

视图
- 基本视图：6个视图、固定配置、不标注视图名称
- 向视图：6个视图、任意配置、标注视图名称
- 局部视图：局部图形、完整图形
  - 基本视图方式配置
  - 向视图方式配置
- 斜视图：局部图形、完整图形，按投射方向或旋转配置、标注

剖视图
- 全剖视图
- 半剖视图
- 局部剖视图
  - 剖切面种类
    - 单一剖切面
    - 几个平行的剖切平面
    - 几个相交的剖切面
    - 复合剖切面

断面图
- 移出断面图
  - 轮廓线为粗实线，并画剖面线
  - 注意：是否对称，是否存在回转面，是否出现断面分离，是否在剖切面延长线上，是否按照投影关系配置
- 重合断面图：轮廓线为细实线，并画剖面线，不标注图名

其他
- 局部放大图：标注图名、标注比例
- 简化画法：肋板、轮辐等，相同结构要素，较长机件，较小结构，示意画法，对称机件等

模块六

标准件与常用件的特殊表示法

【模块导读】

在机械装配中会用到较多的螺栓、螺母、键、销等零件，这些零件起到连接、紧固、传递运动等重要作用。由于这些零件应用广泛，因此国家标准对其结构、尺寸、技术要求等均进行了标准化，这类零件称为标准件。因标准件具有成本低、质量稳等优点，已被广泛应用于各机械产品中，同时对企业产品降低成本和提高质量具有重要意义。

此外，国家标准还对一些零件的部分尺寸和参数进行了标准化，这类零件称为常用件。标准件、常用件用量大，绘图时若按其正投影绘制会比较麻烦。因此国家标准对标准件、常用件给出了规定画法，以减少作图工作，同时也为读图带来方便。

【学习目标】

❖ 了解螺纹的形成和种类，掌握内、外螺纹的基本画法、标记、标注方法；
❖ 掌握常用螺纹紧固件的种类、标记及连接画法；
❖ 掌握键、销的标记及规定画法；
❖ 掌握齿轮的标记及规定画法；
❖ 熟悉轴承的类型、代号及其画法；
❖ 熟悉弹簧的各部分名称、尺寸及规定画法；
❖ 培养参数计算及查阅相关手册的能力；
❖ 培养质量意识。

【学习内容 6.1】 螺纹

螺纹是螺栓、螺钉、螺母等零件上的主要结构，是机械设备中零件之间连接的重要方式之一，它既起连接作用，也起传递动力的作用，用于功耗要求不严格的传动场合。

螺纹是在圆柱或圆锥表面上，沿着螺旋线形成的具有相同剖面形状（如三角形、梯形、锯齿形等）的连续凸起和沟槽。

螺纹有外螺纹和内螺纹两种，成对使用。在圆柱或圆锥外表面上形成的螺纹称为外螺纹，如图6-1（a）所示；在其内表面上形成的螺纹称为内螺纹，如图6-1（b）所示。

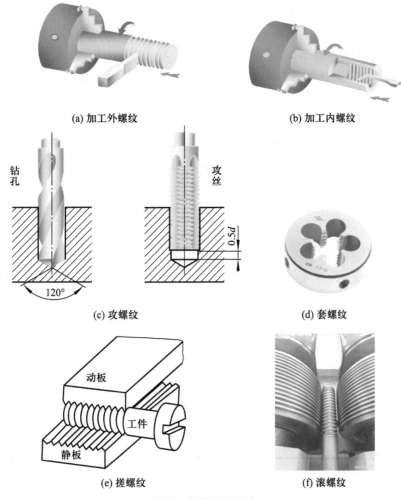

(a) 加工外螺纹　　　　　　　　　(b) 加工内螺纹

(c) 攻螺纹　　　　　　　　　(d) 套螺纹

(e) 搓螺纹　　　　　　　　　(f) 滚螺纹

图6-1　螺纹的加工方法

【知识拓展】螺纹的加工方法

（1）车螺纹

其特点是通过车床机构的调整，能方便地车出不同螺距、不同直径、不同线数和不同牙型的螺纹，适合于单件小批量生产，如图6-1（a）、（b）所示。

（2）攻螺纹和套螺纹

攻螺纹是用丝锥在工件的光孔内加工出内螺纹的方法（攻螺纹也称攻丝），如图6-1（c）所示。套螺纹是用板牙在工件光轴上加工出螺纹的方法（套螺纹也称套丝），如图6-1（d）所示。

攻螺纹和套螺纹的特点是适用于小尺寸的螺纹加工，对于特别小的螺纹，攻螺纹和套螺纹几乎是其他方法不能代替的。攻螺纹和套螺纹的另一特点是操作十分灵活，特别适用于成批大量箱体类零件上小螺纹的加工。攻丝和套丝可用手工操作，也可用车床、钻床、攻丝机和套丝机操作完成。

（3）铣螺纹和滚压螺纹

1）铣螺纹：是在专用的螺纹铣床上加工的，也可在万能卧式铣床上加工。铣螺纹比车螺纹的加工精度略低、表面粗糙度略大，但铣螺纹的生产率高，适用于成批大量螺纹生产的粗加工和半精加工。

2）滚压螺纹：是使坯料在滚压工具的压力下产生塑性变形，强制压制出相应螺纹的方法，滚压方式主要有两种：

① 搓螺纹：是在搓丝机上加工的。目前市场上购买的螺钉、螺栓等螺纹零件大多是由搓丝机生产出来的，如图 6-1（e）所示。

② 滚螺纹：是在专用的滚压螺纹机上加工的。其优点是大大提高了螺纹的抗拉强度、抗剪强度和疲劳强度，且生产率很高，缺点是专用设备成本较高，对坯料精度要求较高，而且只能滚压外螺纹，如图 6-1（f）所示。

6.1.1　螺纹的基本要素

螺纹有 5 个基本要素，包括牙型、直径（大径、小径、中径）、线数、螺距和导程、旋向。

（1）牙型

在通过螺纹轴线的剖面上，螺纹的轮廓形状称为牙型。常见的牙型有三角形、梯形、锯齿形和矩形（矩形螺纹无国家标准）。常见的标准螺纹牙型如图 6-2 所示。

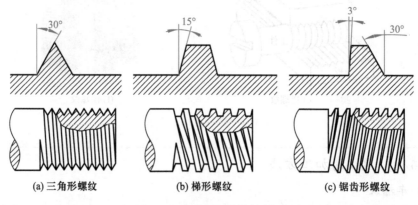

(a) 三角形螺纹　　　(b) 梯形螺纹　　　(c) 锯齿形螺纹

图 6-2　常见的标准螺纹牙型

（2）直径（图 6-3）

大径 d、D 是指与外螺纹的牙顶或内螺纹的牙底相切的假想圆柱或圆锥的直径。内螺纹的直径用大写字母 D 表示，外螺纹的直径用小写字母 d 表示。

小径 d_1、D_1 是指与外螺纹的牙底或内螺纹的牙顶相切的假想圆柱或圆锥的直径。

中径 d_2、D_2 是指一个假想的圆柱或圆锥直径，该圆柱或圆锥的母线通过牙型上凸起和沟槽宽度相等的地方。

公称直径为表示螺纹尺寸的直径，除管螺纹外，通常所说的公称直径均指螺纹大径。

（3）线数

形成螺纹的螺旋线条数称为线数（也称头数），用字母 n 表示。沿一条螺旋线形成的螺纹称为单线螺纹，沿两条或两条以上螺旋线形成的螺纹称为多线螺纹，如图6-4所示。

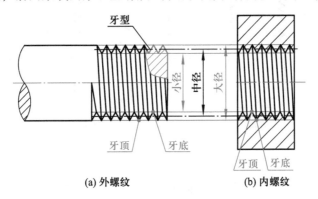

(a) 外螺纹   (b) 内螺纹

图6-3 螺纹各部分名称

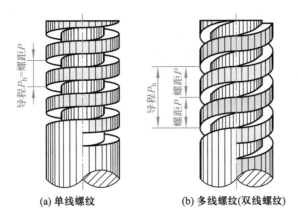

(a) 单线螺纹   (b) 多线螺纹(双线螺纹)

图6-4 螺纹线数

单线螺纹用于螺纹的锁紧，如固定电视机的螺钉、螺母，以及法兰接头和机械设备零件间的固定连接等；多线螺纹多用于传递动力和运动，如用于抬高车辆便于维修的千斤顶、用于夹紧工件进行钳工加工的台虎钳和用于加工螺纹的车床螺杆等。单线螺纹多用于慢速机构中；多线螺纹每旋转一周，可移动 n 倍的螺距，多用于快速机构中。

（4）螺距和导程

相邻两牙在中径线上对应两点间的轴向距离称为螺距，用字母 P 表示。同一螺旋线上的相邻两牙在中径线上对应两点间的轴向距离称为导程，用字母 P_h 表示，如图6-4所示。

线数 n、螺距 P 和导程 P_h 之间的关系为：$P_h = P \times n$。

（5）旋向

螺纹分为左旋螺纹和右旋螺纹两种，顺时针旋转时旋入的螺纹为右旋螺纹；逆时针旋转时旋入的螺纹为左旋螺纹，如图6-5所示，工程上常用右旋螺纹。

旋向可按以下方法判断：

1）手拧法：逆时针旋转时旋入的螺纹判断为左旋螺纹；反之，顺时针旋转时旋入的螺纹判断为右旋螺纹。

2）观察法：将外螺纹轴线垂直放置，沿轴线方向看螺旋线，哪侧高，就是相应的旋向，如图6-5所示，沿轴线方向，左面高，就是左旋；右面高，就是右旋。

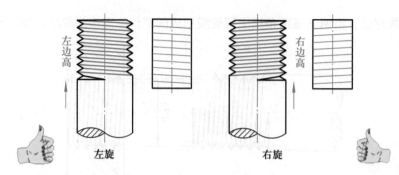

图 6-5 螺纹的旋向

3）左右手定则法：因大部分螺纹都是右旋，故先介绍右手定则方法。右旋螺纹：符合右手定则，右手握拳，将右手的大拇指指向螺旋件的运动方向，其余四指方向指向螺旋件的旋转方向。左旋螺纹：符合左手定则，方法和右手定则相似，左手握拳，将左手的大拇指指向螺旋件的运动方向，其余四指指向螺旋件的旋转方向，如图 6-5 所示。

如果只用于紧固工件，那么螺纹是左旋还是右旋都可以，在日常生活中，常用右旋螺纹；如果工件是旋转运动的，沿轴向方向锁紧，就需要辨别左旋或右旋的旋向了。如果工件是顺时针旋转，就使用左旋螺纹；如果工件是逆时针旋转，就使用右旋螺纹，这主要是因为在转动件上的紧固螺纹，从防松动的需要考虑，若螺纹方向与工件转动方向相反，则螺纹会越来越紧。

注：对于螺纹来说，只有牙型、大径、线数、螺距和旋向 5 个要素都相同的内、外螺纹才能旋合在一起。

6.1.2 螺纹的规定画法

螺纹一般不按真实投影作图，而是采用国家标准 GB/T 4459.1—1995《机械制图 螺纹及螺纹紧固件表示法》规定的画法以简化作图过程。

（1）外螺纹的画法

外螺纹的规定画法如图 6-6 所示。

1）在投影为矩形的视图中，外螺纹的牙顶线（大径）用粗实线表示，牙底线（小径）用细实线表示，并画至倒角或圆角部分。

2）在投影为圆的视图中，表示牙底圆的细实线只画 3/4 圈（通常按公称直径的 0.85 倍绘制），倒角圆省略不画。

3）螺纹终止线用粗实线表示，剖面线应画到粗实线处。

（2）内螺纹的画法

内螺纹通常采用剖视图表达，如图 6-7 所示。

1）在投影为矩形的视图中，大径用细实线表示，小径和螺纹终止线用粗实线表示，且小径取大径的 0.85 倍，注意剖面线应画到粗实线处。

2）当螺孔为盲孔（不通孔）时，应将钻孔深度和螺纹深度分别画出，且终止线到孔末端的距离按 0.5 倍大径绘制，钻孔时在末端形成的锥角按 120° 绘制，如图 6-7（b）所示。

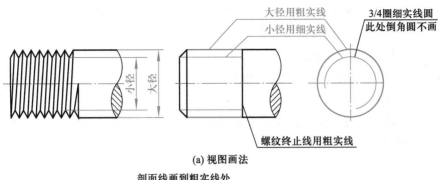

(a) 视图画法

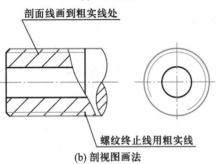

(b) 剖视图画法

图 6-6　外螺纹的规定画法

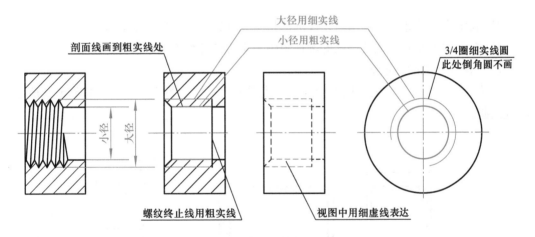

(a) 通孔内螺纹

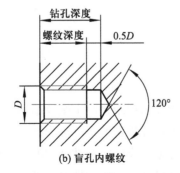

(b) 盲孔内螺纹

图 6-7　内螺纹的规定画法

3）在投影为圆的视图中，大径用约 3/4 圈的细实线圆弧绘制，孔口倒角圆不画。当螺纹的投影不可见时，图线用细虚线表达。

（3）内、外螺纹旋合的画法

只有当内、外螺纹的 5 项基本要素均相同时，内、外螺纹才能进行连接。内、外螺纹旋合时，一般采用剖视图表达。

1）内、外螺纹的旋合部分按外螺纹的规定画法绘制，其余不重合部分按各自的规定画法绘制，如图 6-8 所示。

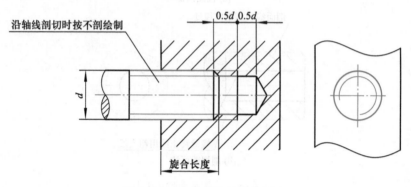

图 6-8 内、外螺纹的旋合画法

2）表示内、外螺纹牙顶圆与牙底圆的粗实线和细实线，应分别对齐。

3）在剖切平面通过螺纹轴线的剖视图中，实心螺杆按不剖绘制。

（4）螺纹牙型的表示法

螺纹的牙型一般不需要在图形中画出，当需要表示螺纹的牙型时，可按图 6-9 所示的形式绘制。

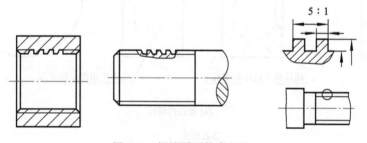

图 6-9 螺纹牙型的表示法

6.1.3 螺纹的种类及标注方法

在螺纹的要素中，牙型、大径和螺距是决定螺纹结构规格的最基本的要素，称为螺纹三要素。凡螺纹三要素符合国家标准规定的螺纹称为标准螺纹；牙型不符合国家标准规定的螺纹称为非标准螺纹；只有牙型符合国家标准规定的螺纹称为特殊螺纹。

螺纹按用途不同可以分为连接螺纹和传动螺纹，见表 6-1。

表 6-1　常用的螺纹类型及用途

螺纹种类		特征代号	外　形	用　途
连接螺纹	普通螺纹 粗牙	M	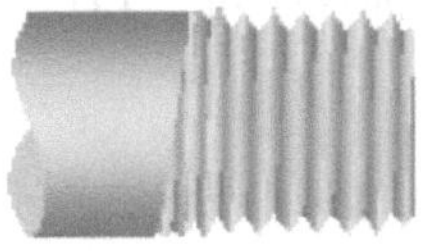	最常用的连接螺纹
	普通螺纹 细牙	M		用于细小的精密或薄壁零件
	管螺纹	G	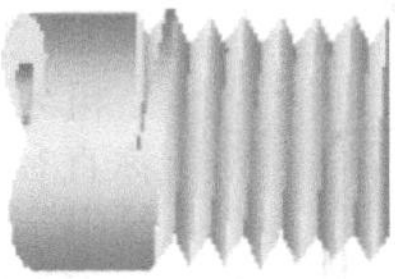	用于水管、油管、气管等薄壁管道,用于管路的连接
传动螺纹	梯形螺纹	Tr		用于各种机床的丝杠,做传动用
	锯齿形螺纹	B		只能传递单方向的动力,如千斤顶螺杆

无论是哪种螺纹,按图 6-6 和图 6-7 所示的规定画法画出后,视图上均不能反映牙型、线数、螺距和旋向等。为此,需按规定的格式在图中进行标注,以清楚地表达螺纹的种类及要素,下面分别介绍各种螺纹的标注方法。

（1）连接螺纹

连接螺纹是指起连接作用的螺纹。常用的连接螺纹有普通螺纹、管螺纹、锥螺纹。其中普通螺纹分为粗牙和细牙两种,管螺纹分为非密封管螺纹和密封管螺纹两种。

1）普通螺纹的标注。

普通螺纹用尺寸标注的形式标注在内、外螺纹的大径上,其标记的具体项目和格式如下:

$$\boxed{螺纹特征代号}\,\boxed{公称直径}\times\boxed{Ph\ 导程\ P\ 螺距}-\boxed{中径公差带代号}\,\boxed{顶径公差带代号}-$$

$$\boxed{旋合长度代号}-\boxed{旋向代号}$$

① 普通螺纹的螺纹特征代号用字母"M"表示。

② 多线螺纹标注导程和螺距,单线螺纹只标注螺距;普通粗牙螺纹不必标注螺距(每一对应直径只有一种螺距,详见附表 1),普通细牙螺纹必需标注螺距。公称直径、导程和螺距数值的单位为 mm。

③ 中径公差带代号和顶径公差带代号(公差带代号是用来说明螺纹加工精度的)由表示公差等级的数字和字母组成。大写字母表示内螺纹,小写字母表示外螺纹。顶径是指外螺纹的大径或内螺纹的小径,若两组公差带相同,则只写一组。表示内、外螺纹旋合时,内螺纹公差带在前,外螺纹公差带在后,中间用"/"分开。在特定情况下,中等公差精度螺纹不标注公差带代号。

④ 普通螺纹的旋合长度分为短、中、长三组，其代号分别是 S、N、L。若是中等旋合长度组，其旋合代号 N 可省略。

⑤ 右旋螺纹不必标注，左旋螺纹应标注字母"LH"。

普通螺纹标注示例见表 6-2。

表 6-2　普通螺纹标注示例

螺纹种类		特征代号	标注示例		说　明	用　途
连接螺纹	普通螺纹	M	粗牙	M20-6g	粗牙普通螺纹，公称直径为 20 mm，螺纹中、顶径公差带代号均为 6g，中等旋合长度组，右旋	主要用于紧固连接，其牙型角为 60°，螺距分为粗牙和细牙。粗牙螺纹的直径和螺距的比例适中、强度好；细牙螺纹用于薄壁零件和轴向尺寸受限制的场合或用于微调机构
			细牙	M16×1.5-6H-L	细牙普通螺纹，公称直径为 16 mm，螺距为 1.5 mm，螺纹中、顶径公差带代号均为 6H，长旋合长度组，右旋	

【技能跟踪训练】 普通螺纹标记

1. 解释螺纹标记 M20×1.5-5g6g-S-LH 中各符号表示的含义。

> 解释：M 为普通螺纹特征代号，公称直径为 20 mm，细牙，螺距为 1.5 mm，中径公差带代号为 5 g、顶径公差带代号为 6 g（外螺纹），短旋合长度组，左旋

2. 解释螺纹标记 M10-6G-L 中各符号表示的含义。

> 解释：M 为普通特征螺纹代号，公称直径为 10 mm，粗牙，中径公差带代号和顶径公差带代号均为 6 G（内螺纹），长旋合长度组，右旋

3. 解释螺纹标记 M16×Ph3P1.5-5g6g-L-LH 中各符号表示的含义。

> 解释：M 为普通螺纹特征代号，公称直径为 16 mm，导程为 3 mm，螺距为 1.5 mm，中径公差带代号为 5 g，顶径公差带代号为 6 g（外螺纹），长旋合长度组，左旋

2）管螺纹的标注。

管螺纹的标记需标注在大径的引出线上，其标记的具体项目和格式如下：

密封管螺纹：$\boxed{螺纹特征代号}$ $\boxed{尺寸代号}$ × $\boxed{旋向代号}$

非密封管螺纹：$\boxed{螺纹特征代号}$ $\boxed{尺寸代号}$ $\boxed{公差等级代号}$ - $\boxed{旋向代号}$

管螺纹的尺寸代号并不是指螺纹大径，也不是管螺纹本身任何一个直径，其表示管子

外径的英寸数，无单位，参数可从有关标准中查出。

① 密封管螺纹特征代号分为：

与圆柱内螺纹相配合的圆锥外螺纹，其特征代号为 R_1；

与圆锥内螺纹相配合的圆锥外螺纹，其特征代号为 R_2；

圆锥内螺纹，特征代号是 R_c；

圆柱内螺纹，特征代号是 R_p。

② 非密封管螺纹的特征代号为 G。

③ 公差等级代号分 A、B 两个精度等级。外螺纹需注明，内螺纹不标注此项代号。

④ 右旋螺纹不标注旋向代号，左旋螺纹标注"LH"。

管螺纹标注示例见表 6-3。

表 6-3　管螺纹标注示例

螺纹种类		特征代号	标注示例	说　明	用　途
连接螺纹	管螺纹	R_p R_c R_1 R_2 55°密封管螺纹	Rc 1/2	R_c 表示 55°密封圆锥内螺纹，尺寸代号为 1/2，右旋	管螺纹主要用来对管道进行连接，使其内、外螺纹的配合紧密，有直管螺纹和锥管螺纹两种，用于液压系统、气动系统、润滑附件和仪表等管道连接中
		G 55°非密封管螺纹	G 1/2 A	55°非密封管螺纹外螺纹，尺寸代号为 1/2，A 级，右旋	
			G 1/2	55°非密封管螺纹内螺纹只有一种公差等级，可省略不标注 A，如 G 1/2	

(2) 传动螺纹

传动螺纹是指用于传递动力和运动的螺纹。常见的传动螺纹有梯形螺纹和锯齿形螺纹。传动螺纹用尺寸标注的形式标注在内、外螺纹的大径上，其标记的具体项目和格式如下：

| 螺纹特征代号 | 公称直径 | × | 导程（P 螺距） | 旋向代号 | – | 中径公差带代号 | – | 旋合长度代号 |

1) 梯形螺纹的螺纹特征代号用字母"Tr"表示，锯齿形螺纹的螺纹特征代号用字母"B"表示。

2) 多线螺纹标注导程与螺距，单线螺纹只标注螺距。

3) 右旋螺纹不标注代号，左旋螺纹标注字母"LH"。

4) 传动螺纹只注中径公差带代号。

5）旋合长度只注"S"（短）、"L"（长），"N"（中等）省略标注。

传动螺纹标注示例见表 6-4。

表 6-4 传动螺纹标注示例

螺纹种类		特征代号	标注示例	说　明	用　途
传动螺纹	梯形螺纹	Tr	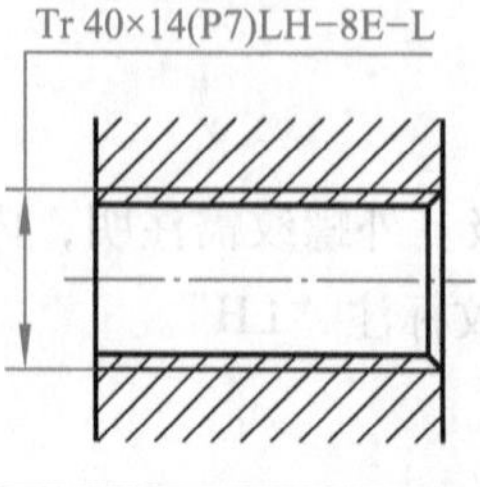 Tr 40×14(P7)LH-8E-L	梯形螺纹，公称直径为 40 mm，双线螺纹，导程为 14 mm，螺距为 7 mm，中径公差带代号为 8E，长旋合长度组，左旋	梯形螺纹是最常用的传动螺纹，用来传递双向动力，如机床的丝杠
	锯齿形螺纹	B	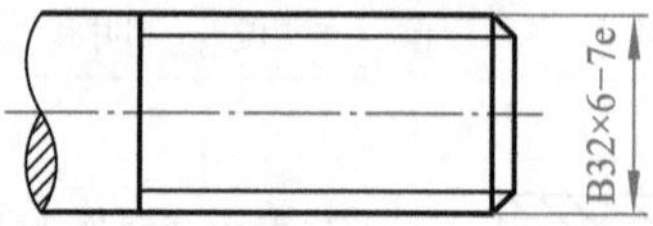 B32×6-7e	锯齿形螺纹，公称直径为 32 mm，单线螺纹，螺距为 6 mm，中径公差带代号为 7e，中等旋合长度组，右旋	锯齿形螺纹只适用于承受单方向的轴向载荷，如千斤顶中的螺杆

【技能跟踪训练】 传动螺纹标记

解释螺纹标记 Tr 40×14(P7)LH-7H-L 中各符号表示的含义。

解释：＿＿＿＿＿＿＿＿＿＿＿＿＿＿＿＿＿＿＿＿＿＿＿＿＿＿＿＿＿

＿＿＿＿＿＿＿＿＿＿＿＿＿＿＿＿＿＿＿＿＿＿＿＿＿＿＿＿＿＿＿＿＿

【知识拓展】 内、外螺纹的判断标准

对于普通螺纹查看公差带代号中的字母，大写字母表示内螺纹，小写字母表示外螺纹。

如螺纹标记为 M10-6H，字母 H 为大写，表示内螺纹；又如 M20-6g，字母 g 为小写，表示外螺纹。

对于管螺纹，管螺纹外螺纹的公差等级代号有 A、B 两种（注意这只是一个代号）；管螺纹内螺纹的公差等级代号只有一种，一般不标注。

如管螺纹标记为 G 1/2，没有标注公差等级代号，说明是内螺纹；又如 G 1/2 A-LH，标注了公差等级代号 A，所以是外螺纹。

6.1.4 常用螺纹紧固件的种类、标记和画法

常用螺纹紧固件有螺栓、双头螺柱、螺母、垫圈、螺钉，如图 6-10 所示。

它们的结构、尺寸都已分别标准化，均为标准件，应根据国家标准规定在图样上标记，在相应的标准中可查出有关的尺寸，不需要画其零件图，详见附表 2~附表 6。螺纹紧固件一般用比例画法绘制。所谓比例画法就是以螺纹的公称直径为主要参数，其余各部分

结构尺寸均按与公称直径成一定比例关系绘制。

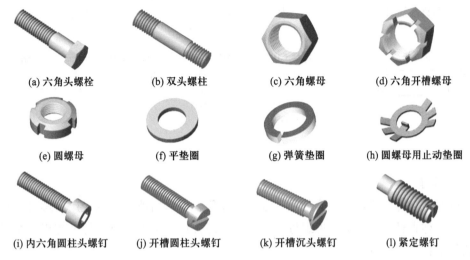

(a) 六角头螺栓　　(b) 双头螺柱　　(c) 六角螺母　　(d) 六角开槽螺母

(e) 圆螺母　　(f) 平垫圈　　(g) 弹簧垫圈　　(h) 圆螺母用止动垫圈

(i) 内六角圆柱头螺钉　(j) 开槽圆柱头螺钉　(k) 开槽沉头螺钉　(l) 紧定螺钉

图 6-10　常见螺纹紧固件

（1）螺栓

螺栓由头部及杆部两部分组成，头部形状以六角形的应用最广。螺栓的规格尺寸为螺纹公称直径 d 及螺栓长度 l，选定一种螺栓后，其他各部分尺寸可根据有关标准查得。螺栓的标记格式如下：

$$\boxed{名称}\ \boxed{标准代号}\ \boxed{特征代号}\ \boxed{公称直径}\times\boxed{公称长度}$$

螺栓的标记示例见表6-5。

表 6-5　螺栓的标记示例

名称及视图	标记示例	比例画法
六角头螺栓	螺栓 GB/T 5782 M12×40　指公称直径 d = 12 mm，公称长度 l = 40 mm（不包括头部）的六角头螺栓	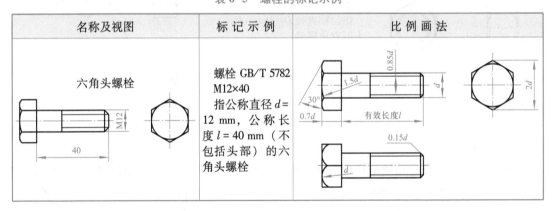

（2）双头螺柱

双头螺柱的两端均制有螺纹，一端旋入被连接件的预制螺孔中，称为旋入端；另一端与螺母旋合，紧固另一个被连接件，称为紧固端。双头螺柱的规格尺寸为螺纹公称直径 d 及紧固端长度 l，其他各部分尺寸可根据有关标准查得。双头螺柱的标记格式如下：

$$\boxed{名称}\ \boxed{标准代号}\ \boxed{特征代号}\ \boxed{公称直径}\times\boxed{公称长度}$$

双头螺柱的标记示例见表6-6。

表 6-6 双头螺柱的标记示例

名称及视图	标记示例	比例画法
双头螺柱	螺柱 GB/T 899 M12×40 指公称直径 $d=12\,mm$，公称长度（有效长度）$l=40\,mm$（不包括旋入端）的双头螺柱	

（3）螺母

螺母通常与螺栓或螺柱配合使用，起连接作用，以六角螺母应用最广。螺母的规格尺寸为螺纹公称直径 D，选定一种螺母后，其他各部分尺寸可根据有关标准查得。螺母的标记格式如下：

名称 标准代号 特征代号 公称直径

螺母的标记示例见表 6-7。

表 6-7 螺母的标记示例

名称及视图	标记示例	比例画法
I 型六角螺母	螺母 GB/T 6170 M16 指公称直径 $D=16\,mm$ 的 I 型六角螺母	

（4）垫圈

垫圈通常垫在螺母和被连接件之间，目的是增加螺母与被连接件之间的接触面，保护被连接件的表面不致因拧紧螺母而被刮伤。垫圈分为平垫圈和弹簧垫圈，弹簧垫圈还可以防止因振动而引起的螺母松动。垫圈的规格尺寸为螺栓的公称直径 d，垫圈选定后，其他各部分尺寸可根据有关标准查得。平垫圈的标记格式如下：

名称 标准代号 规格尺寸-性能等级

弹簧垫圈的标记方式如下：

名称 标准代号 规格尺寸

垫圈的标记示例见表 6-8。

表 6-8　垫圈的标记示例

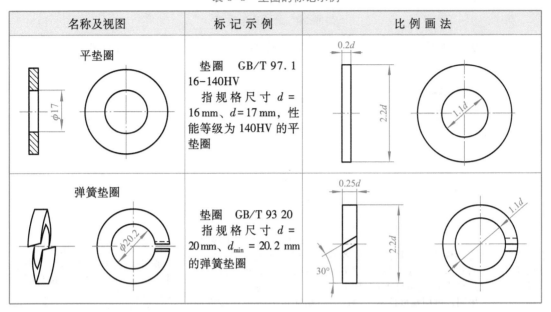

名称及视图	标记示例	比例画法
平垫圈	垫圈　GB/T 97.1 16-140HV 指规格尺寸 $d=16\,mm$、$d=17\,mm$，性能等级为 140HV 的平垫圈	0.2d / 2.2d / 1.1d
弹簧垫圈	垫圈　GB/T 93 20 指规格尺寸 $d=20\,mm$、$d_{min}=20.2\,mm$ 的弹簧垫圈	0.25d / 2.2d / 1.1d / 30°

（5）螺钉

螺钉按使用性质可分为连接螺钉和紧定螺钉两种，连接螺钉用于连接使用，其一端为螺纹，另一端为头部；紧定螺钉主要用于防止两相配零件之间发生相对运动。螺钉规格尺寸为螺纹公称直径 d 及公称长度 l，可根据需要从标准中选用。螺钉的标记方式如下：

| 名称 | 标准代号 | 特征代号 | 公称直径 | × | 公称长度 |

螺钉的标记示例见表 6-9。

表 6-9　螺钉的标记示例

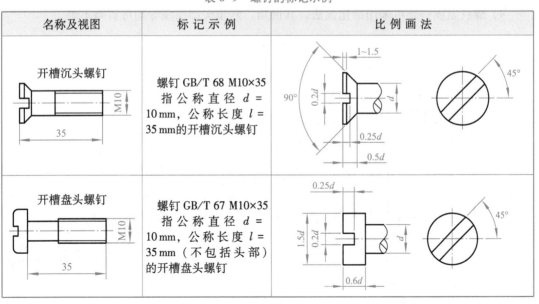

名称及视图	标记示例	比例画法
开槽沉头螺钉	螺钉 GB/T 68 M10×35 指公称直径 $d=10\,mm$，公称长度 $l=35\,mm$ 的开槽沉头螺钉	1~1.5 / 90° / 0.2d / 0.25d / 0.5d / 45°
开槽盘头螺钉	螺钉 GB/T 67 M10×35 指公称直径 $d=10\,mm$，公称长度 $l=35\,mm$（不包括头部）的开槽盘头螺钉	0.25d / 1.5d / 0.2d / 0.6d / 45°

（6）螺纹连接的画法

按所使用的螺纹紧固件的不同，螺纹紧固件的连接可分为螺栓连接、螺柱连接和螺钉连接等，见表 6-10。

表 6-10　螺纹连接方式

螺栓连接	螺柱连接	螺钉连接
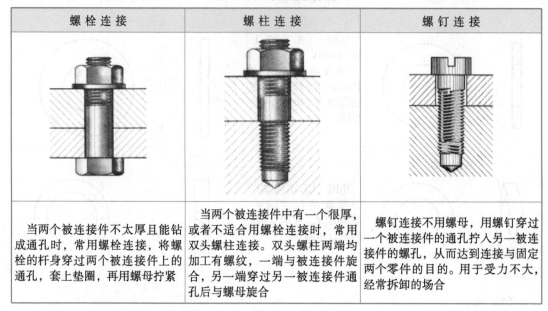		
当两个被连接件不太厚且能钻成通孔时，常用螺栓连接，将螺栓的杆身穿过两个被连接件上的通孔，套上垫圈，再用螺母拧紧	当两个被连接件中有一个很厚，或者不适合用螺栓连接时，常用双头螺柱连接。双头螺柱两端均加工有螺纹，一端与被连接件旋合，另一端穿过另一被连接件通孔后与螺母旋合	螺钉连接不用螺母，用螺钉穿过一个被连接件的通孔拧入另一被连接件的螺孔，从而达到连接与固定两个零件的目的。用于受力不大，经常拆卸的场合

螺纹连接图的基本规定如下，其画法见表 6-11。

1）两零件接触面处只画一条线；凡不接触的表面，不论间隙多小都应画两条线。

2）在剖视图中，两相邻零件的剖面线方向应相反或间隔不同。而同一个零件在各剖视图中，剖面线的方向和间隔应相同。

3）剖切面通过螺栓、螺柱、螺钉、螺母、垫圈等标准件的轴线时，这些零件均按不剖绘制，需要时，可采用局部剖视图表达。

4）螺纹紧固件还可采用简化画法，其倒角、六角头部曲线等均可省略不画。

表 6-11　螺纹连接的画法

类型	比例画法	说明
螺栓连接	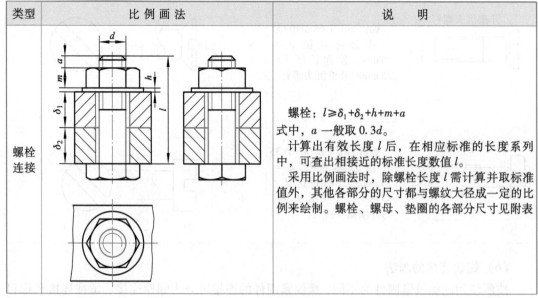	螺栓：$l \geqslant \delta_1 + \delta_2 + h + m + a$ 式中，a 一般取 $0.3d$。 　　计算出有效长度 l 后，在相应标准的长度系列中，可查出相接近的标准长度数值 l。 　　采用比例画法时，除螺栓长度 l 需计算并取标准值外，其他各部分的尺寸都与螺纹大径成一定的比例来绘制。螺栓、螺母、垫圈的各部分尺寸见附表。

续表

类型	比 例 画 法	说　明
螺柱连接	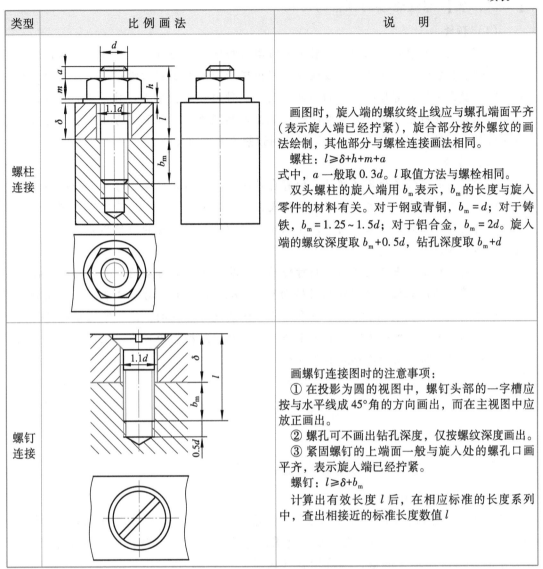	画图时，旋入端的螺纹终止线应与螺孔端面平齐（表示旋入端已经拧紧），旋合部分按外螺纹的画法绘制，其他部分与螺栓连接画法相同。 　　螺柱：$l \geq \delta + h + m + a$ 式中，a 一般取 $0.3d$。l 取值方法与螺栓相同。 　　双头螺柱的旋入端用 b_m 表示，b_m 的长度与旋入零件的材料有关。对于钢或青铜，$b_m = d$；对于铸铁，$b_m = 1.25 \sim 1.5d$；对于铝合金，$b_m = 2d$。旋入端的螺纹深度取 $b_m + 0.5d$，钻孔深度取 $b_m + d$
螺钉连接		画螺钉连接图时的注意事项： 　　① 在投影为圆的视图中，螺钉头部的一字槽应按与水平线成 45° 角的方向画出，而在主视图中应放正画出。 　　② 螺孔可不画出钻孔深度，仅按螺纹深度画出。 　　③ 紧固螺钉的上端面一般与旋入处的螺孔口画平齐，表示旋入端已经拧紧。 　　螺钉：$l \geq \delta + b_m$ 　　计算出有效长度 l 后，在相应标准的长度系列中，查出相接近的标准长度数值 l

【技能跟踪训练】螺纹连接

　　用比例画法作螺栓和螺钉连接的三视图。其中主视图为全剖视图，俯、左视图为外形视图。已知螺栓　GB/T 5782　M16，被连接件厚度 $\delta_1 = 20$ mm、$\delta_2 = 20$ mm。

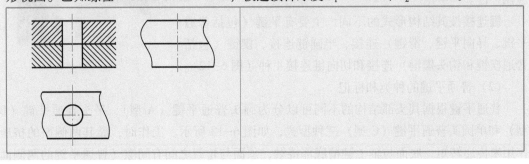

【知识拓展】螺纹连接的预紧与防松

（1）预紧

在螺纹连接的装配过程中，一般都要将螺母拧紧，称为预紧。其目的是保证连接的可靠性和紧密性，以防受载后被连接件间出现缝隙或发生相对滑移。螺栓在受工作载荷前已受到由拧紧螺母而产生的力的作用，这种力称为预紧力。对一般的连接，用扳手凭感觉直接拧紧即可。对重要的连接就要控制预紧力，可用测力矩扳手和定力矩扳手拧紧，通过控制预紧力矩，以达到控制预紧力大小的目的。

（2）防松

用于连接的螺纹多为普通螺纹，均有自锁的特性。因此拧紧螺母后，一般不会自行松退。但在受冲击、振动、变载荷作用或在工作温度变化较大的情况下，螺纹连接会出现自行逐渐松脱的现象。因此，在螺纹连接中要采取必要的防松措施，对重要的连接，防松显得更为重要。

防松的实质是阻止螺纹之间的相对转动。按其阻止相对转动的方式可分为摩擦力防松（用摩擦力阻止螺纹之间的相对转动）、机械防松（用止动零件来阻止其相对转动）和不可拆防松（利用粘、焊、铆和冲点等方法破坏螺旋副，使其不能相对转动）。在载荷变动较大时，摩擦力防松并不十分可靠；机械防松最为可靠，在重要场合应用较普遍；不可拆防松用于连接后不再拆卸的场合。

【学习内容 6.2】 键与销

6.2.1 键连接

（1）键连接的作用和种类

键主要用于轴和轴上的零件（如带轮、齿轮等）之间的连接，起着传递转矩的作用。如图 6-11 所示，在轮孔和轴上分别加工键槽，将键嵌入轴上的键槽中，然后将轮毂（齿轮）上的键槽对准轴上的键，再将轮毂（齿轮）装在轴上，当轴转动时，因为键的存在，轮毂（齿轮）会与轴同步转动，达到传递动力的目的，所以，键的作用是固定并传递转矩与运动。键连接结构简单、工作可靠、装拆方便，应用广泛。

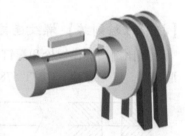

键连接按其结构形式的不同，主要有平键（包括普通平键、导向平键、滑键）连接、半圆键连接、楔键（包括普通楔键和钩头楔键）连接和切向键连接 4 种（图6-12）。

图 6-11　键的应用

（2）普通平键的种类和标记

普通平键根据其头部结构的不同可以分为圆头普通平键（A 型）、平头普通平键（B 型）和单圆头普通平键（C 型）三种型式，如图 6-13 所示。工作时，靠其两侧面的挤压作用来传递转矩，底面与轴上键槽底部接触，顶面与轮毂之间有间隙（普通平键的两侧面为工作面，底面和顶面为非工作面），这种连接只能做周向固定，不能承受轴向力。普通平键定心好，应用最广泛，为了方便加工键槽，需根据键槽在轴上的位置选择合适的型号。键槽在轴端时，使用单端圆弧、另一端直线的 C 型平键；键槽在轴的中间时，就要选择两端圆弧的 A 型平键；一般两端直线的 B 型平键不会用在轴和轮的连接，主要用在两平面间的连接、定位或导向。

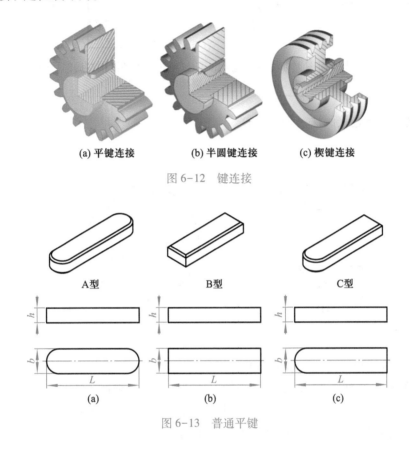

(a) 平键连接　　　　(b) 半圆键连接　　　　(c) 楔键连接

图 6-12　键连接

A型　　　　　　B型　　　　　　C型

(a)　　　　　　(b)　　　　　　(c)

图 6-13　普通平键

普通平键的标记格式如下：

$$\boxed{键}\ \boxed{型式代号}\ \boxed{宽度}×\boxed{长度}\ \boxed{标准代号}$$

其中 A 型可省略型式代号。

示例 1：宽度 $b=12\,mm$，高度 $h=8\,mm$，长度 $L=40\,mm$ 的圆头普通平键（A 型），其标记是：键　12×8×40　GB/T 1096。

示例 2：宽度 $b=12\,mm$，高度 $h=8\,mm$，长度 $L=40\,mm$ 的平头普通平键（B 型），其标记是：键　B　12×8×40　GB/T 1096。

（3）普通平键键槽的画法和标注

键是标准件，一般不必画出其零件图，但需画出零件上与键相配合的键槽。普通平键键槽的画法和标注见表 6-12。键槽的宽度 b 可根据轴的直径 d 查附表 7 得到，从该附表中还可知轴上键槽的深度 t_1 和轮毂上键槽的深度 t_2；键的长度 L 应小于轮毂长度 5～10 mm。

表 6-12   普通平键键槽的画法与标注

轴上键槽的画法与标注	轮毂上键槽的画法与标注
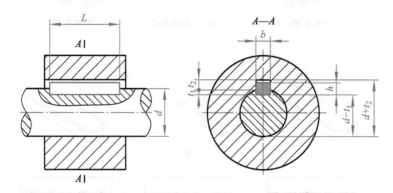	
一般轴上的键槽在移出断面图上标注键槽宽 b 和键槽深（$d-t_1$）	一般轮毂上的键槽在局部视图上标注键槽宽 b 和键槽深（$d+t_2$）

（4）普通平键连接画法（图 6-14）

图 6-14   普通平键连接画法

画普通平键连接时的注意事项如下：

1）键的两个侧面和键的底面分别与轴上的键槽接触，应画一条直线。

2）键的顶面与轮毂上键槽的底面之间是有间隙的，应画成两条直线。

3）在键连接装配图中，当剖切平面通过轴的轴线和键的对称平面时，轴和键按不剖绘制。

4）为了明确键与轴的装配关系，轴的非圆视图上应采用局部剖图来表达。

（5）半圆键连接

半圆键连接（图 6-15）也是靠键的侧面来传递转矩的，键呈半圆形，安装在轴上的半圆形键槽内，由于半圆键在槽中能绕其几何中心摆动，具有自动调位的优点，可适应轴上键槽的斜度，因而在锥形轴上应用较多。

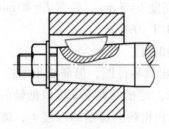

图 6-15   半圆键连接

半圆键连接画法见表6-13。

表6-13 半圆键连接画法

半圆键的结构与尺寸标注	半圆键装配
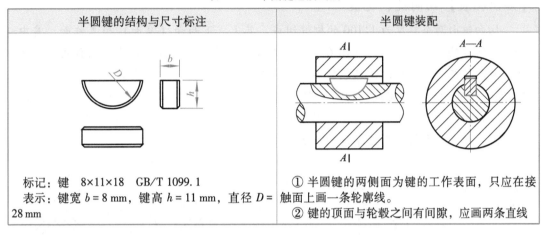 标记：键 8×11×18 GB/T 1099.1 表示：键宽 $b=8$ mm，键高 $h=11$ mm，直径 $D=28$ mm	① 半圆键的两侧面为键的工作表面，只应在接触面上画一条轮廓线。 ② 键的顶面与轮毂之间有间隙，应画两条直线

（6）楔键连接

根据楔键结构的不同，楔键连接有普通楔键连接（图 6-16）和钩头楔键连接（图6-17）两种。楔键的上、下表面是工作面，键的上表面与轮毂上键槽的底面均制成 1:100 的斜度。

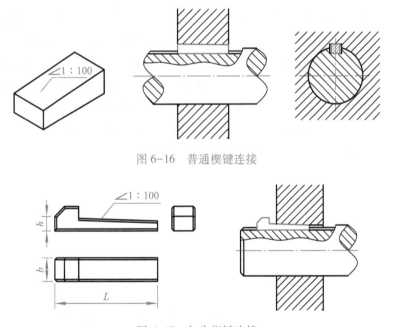

图 6-16 普通楔键连接

图 6-17 勾头楔键连接

装配时将键楔紧，使键的上、下两工作面分别与轮毂、轴的键槽工作面压紧，靠工作面的摩擦力传递转矩，键与键槽的侧面互不接触。

楔键连接既可实现轴上零件的周向固定，又可实现其轴向固定。由于楔紧时会使轴上零件与轴的中心产生偏心与偏斜，故对中性较差。一般用于转速较低，对中性要求不高的场合。钩头楔键的钩头供拆卸用，用于不能从另一端将键拆出的场合。在轴端使用楔键时，要注意加装防护罩，以防楔键随轴转动时因松动而甩出伤人。

【知识拓展】切向键、花键

切向键由两个斜度为 1:100 的楔键组成。其上、下两面（窄面）为工作面，其中一面在通过轴心线的平面内（图 6-18）。工作面上的压力沿轴的切线方向作用，能传递很大的转矩。一对切向键只能传递一个方向的转矩，需传递双向转矩时，要用互成 120°~130° 角的两对键完成。切向键都是成对使用的，用于载荷很大，对中要求不严的场合。由于键槽对轴削弱较大，常用于直径大于 100 mm 的轴上，如大型带轮及飞轮、矿用大型绞车的卷筒及齿轮等与轴的连接。

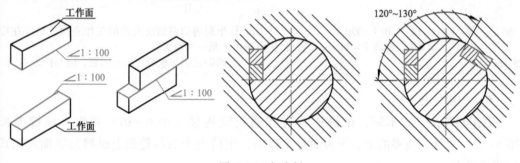

图 6-18　切向键

花键连接由内花键和外花键组成（图 6-19）。内、外花键均为多齿零件，在内圆柱表面上的花键为内花键，在外圆柱表面上的花键为外花键。显然，花键连接是平键连接在数目上的发展。花键为标准结构，适用于定心精度要求高、传递转矩大或经常滑移的连接。这主要是由于在轴上与毂孔上直接而均匀地制出了较多的齿与槽，所以花键连接受力较为均匀；又因槽较浅，齿根处应力集中较小，轴与毂的强度削弱较少；花键齿数较多，总接触面积较大，因而可承受较大的载荷；花键可以保证轴上零件与轴的对中性、导向性。

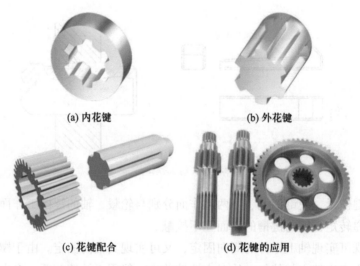

(a) 内花键　　　　　　　　　　(b) 外花键

(c) 花键配合　　　　　　　　　(d) 花键的应用

图 6-19　花键

【技能跟踪训练】 键连接

已知齿轮和轴，用 A 型普通平键连接，轴孔直径为 25 mm，键的长度为 20 mm。
① 写出键的规定标记；
② 查表确定键和键槽的尺寸，用 1:1 比例画全下列各视图和断面图，并标注键槽的尺寸
键的规定标记_____

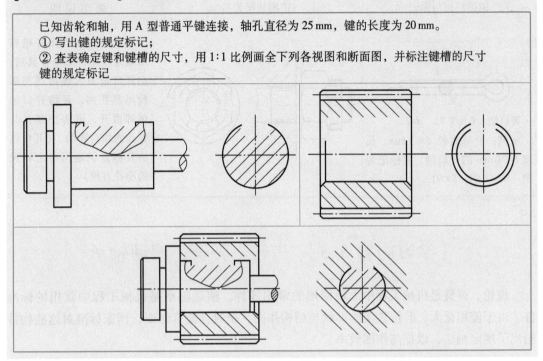

6.2.2 销连接

销是标准件，销主要用来固定零件之间的相对位置，起定位作用，也可用于轴与轮毂的连接，传递不大的载荷，还可作为安全装置中的过载剪断元件。销的基本类型有圆柱销、圆锥销和开口销，见表 6-14。

表 6-14 销 连 接

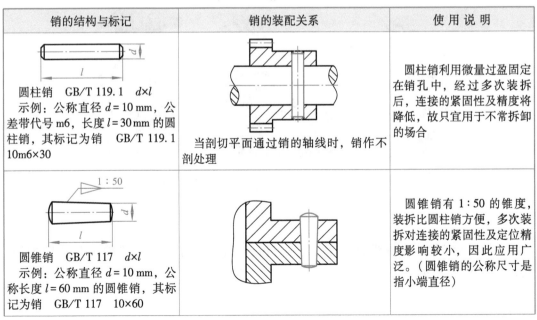

销的结构与标记	销的装配关系	使 用 说 明
圆柱销　GB/T 119.1　$d×l$ 示例：公称直径 $d=10$ mm，公差带代号 m6，长度 $l=30$ mm 的圆柱销，其标记为销　GB/T 119.1 10m6×30	当剖切平面通过销的轴线时，销作不剖处理	圆柱销利用微量过盈固定在销孔中，经过多次装拆后，连接的紧固性及精度将降低，故只宜用于不常拆卸的场合
圆锥销　GB/T 117　$d×l$ 示例：公称直径 $d=10$ mm，公称长度 $l=60$ mm 的圆锥销，其标记为销　GB/T 117　10×60		圆锥销有 1:50 的锥度，装拆比圆柱销方便，多次装拆对连接的紧固性及定位精度影响较小，因此应用广泛。（圆锥销的公称尺寸是指小端直径）

续表

销的结构与标记	销的装配关系	使 用 说 明
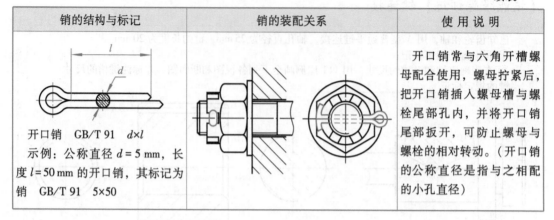开口销 GB/T 91 $d×l$ 示例：公称直径 $d=5$ mm，长度 $l=50$ mm 的开口销，其标记为 销 GB/T 91 5×50		开口销常与六角开槽螺母配合使用，螺母拧紧后，把开口销插入螺母槽与螺栓尾部孔内，并将开口销尾部扳开，可防止螺母与螺栓的相对转动。（开口销的公称直径是指与之相配的小孔直径）

【学习内容 6.3】 齿轮、弹簧、滚动轴承

齿轮、弹簧是机械工程中大量使用的常用零件，滚动轴承是机械工程中常用的标准件。由于使用量大，若按真实的形状与结构作图，费时且没有必要，国家标准对这些构件给出了规定画法，以提高作图效率。

6.3.1 齿轮

齿轮是机械设备中应用十分广泛的传动零件，利用一对齿轮可以将一根轴的转动传递给另一根轴，同时还可以改变旋转速度和旋转方向，齿轮的轮齿部分已标准化，为常用件。按照两轴的相对位置，齿轮传动分为圆柱齿轮传动、锥齿轮传动和蜗杆传动，如图 6-20 所示。

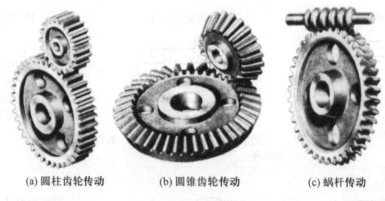

(a) 圆柱齿轮传动   (b) 圆锥齿轮传动   (c) 蜗杆传动

图 6-20 齿轮传动

圆柱齿轮按轮齿与轴线的方向，分为直齿圆柱齿轮、斜齿圆柱齿轮、人字齿圆柱齿轮，如图 6-21 所示。

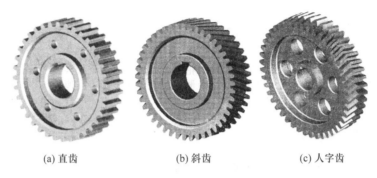

(a) 直齿   (b) 斜齿   (c) 人字齿

图 6-21　圆柱齿轮

（1）直齿圆柱齿轮各部分的名称及参数（图 6-22）

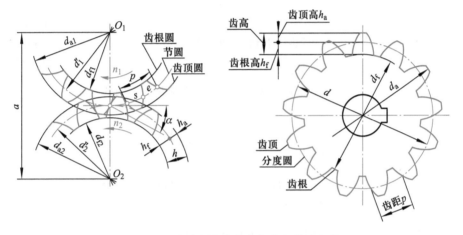

图 6-22　直齿圆柱齿轮各部分名称及参数

（2）标准直齿圆柱齿轮各部分名称的含义及各基本尺寸的计算公式（表 6-15）

表 6-15　齿轮参数表

序号	名称	代号	含　　义	计 算 公 式
1	齿数	z	齿轮上轮齿的个数	
2	模数	m	模数以 mm 为单位，它是齿轮设计和制造的重要参数。不同模数的齿轮要用不同刀具加工制造，为便于齿轮的设计和制造，减少齿轮成形刀具的规格及数量，国家标准对模数规定了标准值（表 6-16）	分度圆周长 $\pi d = pz$ 所以 $m = \dfrac{p}{\pi}$
3	齿顶圆直径	d_a	通过齿顶的圆柱面直径	$d_a = m(z + 2h_a^*)$ $= m(z+2)$
4	齿根圆直径	d_f	通过齿根的圆柱面直径	$d_f = m(z - 2h_a^* - 2c^*)$ $= m(z - 2.5)$

续表

序号	名称	代号	含　义	计 算 公 式
5	分度圆直径	d	分度圆直径是齿轮设计和加工时的重要参数。分度圆是一个假想的圆，在该圆上齿厚 s 与槽宽 e 相等	$d = mz$
6	齿顶高系数	h_a^*		$h_a^* = 1$
7	齿顶高	h_a	齿顶圆和分度圆之间的径向距离	$h_a = m$
8	顶隙系数	c^*		$c^* = 0.25$
9	齿根高	h_f	分度圆与齿根圆之间的径向距离	$h_f = 1.25m$
10	全齿高	h	齿顶圆和齿根圆之间的径向距离	$h = h_a + h_f$ $= m + 1.25m$ $= 2.25m$
11	齿距	p	在分度圆上，相邻两齿对应齿廓之间的弧长	$p = \pi m$
12	齿厚	s	在分度圆上，一个齿的两侧相应齿廓之间的弧长	
13	槽宽	e	在分度圆上，一个齿槽的两侧相应齿廓之间的弧长	
14	中心距	a	两啮合齿轮轴线之间的距离	$a = m(z_1 + z_2)/2$
15	压力角	α	相互啮合的一对齿轮，其受力方向（齿廓曲线的公法线方向）与运动方向之间所夹的锐角，称为压力角。同一齿廓的不同点上的压力角是不同的，在分度圆上的压力角，称为标准压力角。国家标准规定，标准压力角为 20°	

表 6-16　渐开线齿轮模数表

第一系列	1　1.25　1.5　2　2.5　3　4　5　6　8　10　12　16　20　25　32　40　50
第二系列	1.75　2.25　2.75　（3.25）　3.5　（3.75）　4.5　5.5　（6.5）　7　9 （11）　14　18　22　28　36　45

注：选用模数时，应优先选用第一系列；其次选用第二系列；括号内的模数尽量不用。

（3）直齿圆柱齿轮的规定画法（表 6-17）

表 6-17 直轮圆柱齿轮的规定画法

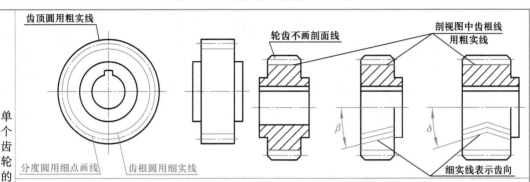

单个齿轮的画法	齿轮的轮齿比较复杂且数量较多，为简化作图，GB/T 4459.2—2003《机械制图 齿轮表示法》对齿轮的画法作出了如下规定：

齿轮的轮齿比较复杂且数量较多，为简化作图，GB/T 4459.2—2003《机械制图 齿轮表示法》对齿轮的画法作出了如下规定：

① 一般用两个视图来表达齿轮的结构形状，可用外形视图表达，也可用剖视图表达，如全剖视图、半剖视图或局部剖视图；

② 齿顶圆和齿顶线用粗实线绘制，分度圆和分度线用细点画线绘制；

③ 齿根圆和齿根线用细实线绘制，也可省略不画，但在剖视图中，齿根线用粗实线绘制；

④ 剖视图中，当剖切平面通过齿轮的轴线时，轮齿一律按不剖绘制；

如果轮齿有倒角时，在投影为圆的视图中，倒角圆省略不画；

⑤ 若齿轮为斜齿或人字齿时，可用三条与齿线方向一致的细实线表示齿轮的特征

一对齿轮啮合的画法

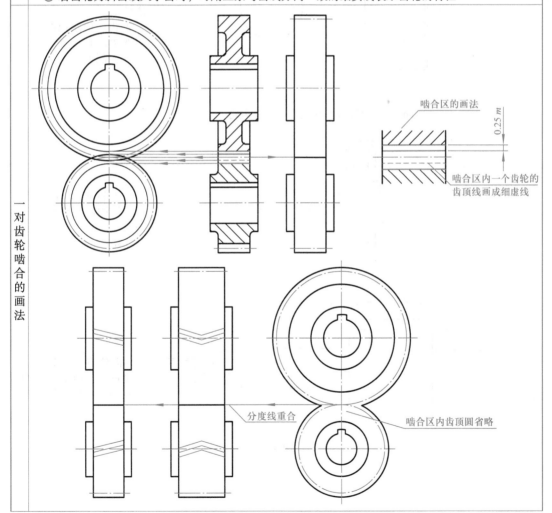

续表

一对齿轮啮合的画法	两齿轮啮合时，除啮合区外，其余部分的结构均按单个齿轮的画法绘制，绘图时应注意以下几点： ① 画啮合图时，一般采用两个视图表示。在垂直于圆柱齿轮轴线的视图中，两分度圆相切，用细点画线绘制；啮合区内的齿顶圆用粗实线绘制，或省略不画；齿根圆用细实线绘制，或省略不画。 ② 在圆柱齿轮啮合的剖视图中，啮合区域内，将一个齿轮的轮齿用粗实线绘制，另一个齿轮被遮挡部分的轮齿用细虚线绘制，或被遮挡部分省略不画，且一个齿轮的齿顶线与另一个齿轮的齿根线之间的间隙为 $0.25m$（模数）。 ③ 在平行于圆柱齿轮轴线的外形视图中，两分度线重合，用粗实线绘制；啮合区的齿顶线无须画出

【技能跟踪训练】 识读齿轮零件图

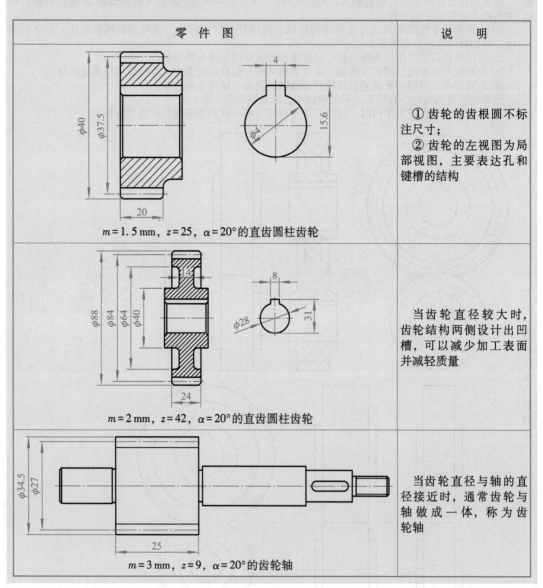

零 件 图	说 明
$m=1.5$ mm，$z=25$，$\alpha=20°$ 的直齿圆柱齿轮	① 齿轮的齿根圆不标注尺寸； ② 齿轮的左视图为局部视图，主要表达孔和键槽的结构
$m=2$ mm，$z=42$，$\alpha=20°$ 的直齿圆柱齿轮	当齿轮直径较大时，齿轮结构两侧设计出凹槽，可以减少加工表面并减轻质量
$m=3$ mm，$z=9$，$\alpha=20°$ 的齿轮轴	当齿轮直径与轴的直径接近时，通常齿轮与轴做成一体，称为齿轮轴

6.3.2 轴承

滚动轴承（图6-23）是用来支承回转轴的部件，其结构紧凑，摩擦力小，能在较大的载荷、较高的转速下工作，转动精度较高，在工业中应用十分广泛。滚动轴承的结构及尺寸已经标准化，由专业厂家生产，选用时可查阅有关标准。

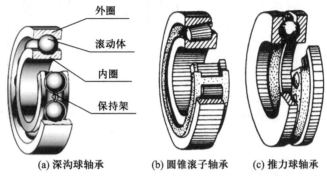

外圈
滚动体
内圈
保持架

(a) 深沟球轴承   (b) 圆锥滚子轴承   (c) 推力球轴承

图6-23 滚动轴承

（1）滚动轴承的结构和类型

1）滚动轴承一般由4部分组成，如图6-23（a）所示。

① 外圈：装在机体或轴承座内，一般固定不动。

② 内圈：装在轴上，与轴紧密配合且随轴转动。

③ 滚动体：装在内、外圈之间的滚道中，有滚珠、滚柱、滚锥等类型。

④ 保持架：用来均匀分隔滚动体，防止滚动体之间相互摩擦与碰撞。

2）滚动轴承按承受载荷的方向可分为以下3种类型：

① 向心轴承：主要承受径向载荷，如深沟球轴承。

② 向心推力轴承：同时承受轴向和径向载荷，如圆锥滚子轴承。

③ 推力轴承：只承受轴向载荷，如推力球轴承。

（2）滚动轴承的画法

国家标准GB/T 4459.7—2017《机械制图 滚动轴承表示法》对滚动轴承的画法作了统一规定，分为规定画法和简化画法，简化画法又分为特征画法和通用画法两种，见表6-18。

表6-18 常用滚动轴承的规定画法和特征画法

轴承名称及代号	结构形式	规定画法	特征画法
深沟球轴承 GB/T 276—2013 类型代号6			

轴承名称及代号	结构形式	规定画法	特征画法
圆锥滚子轴承 GB/T 297—2015 类型代号 3	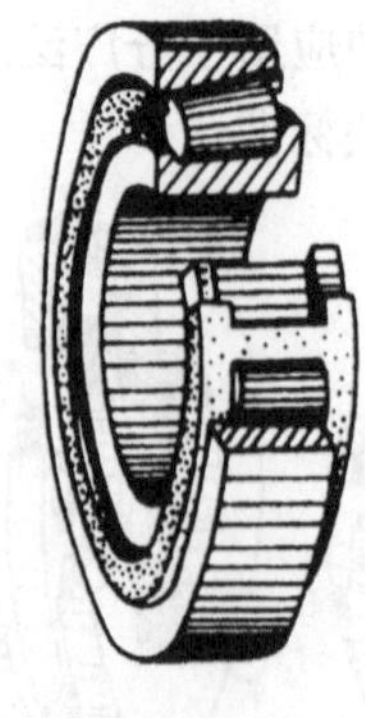	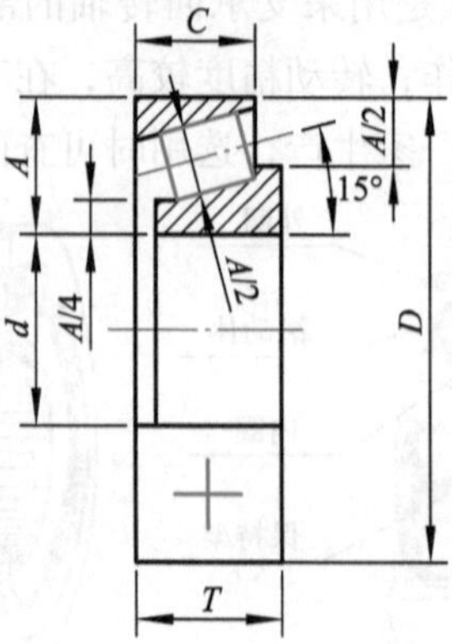	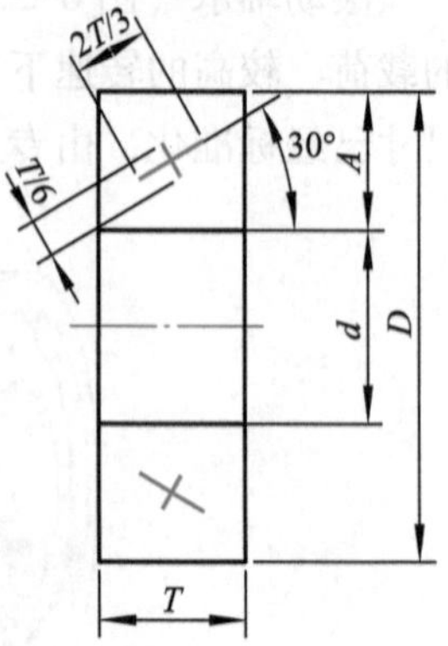
推力球轴承 GB/T 301—2015 类型代号 5		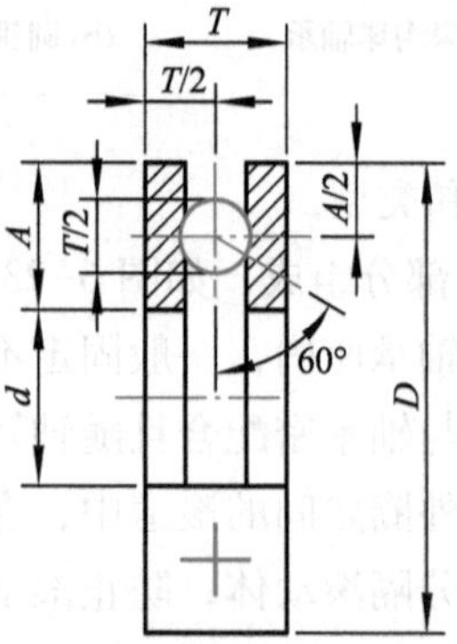	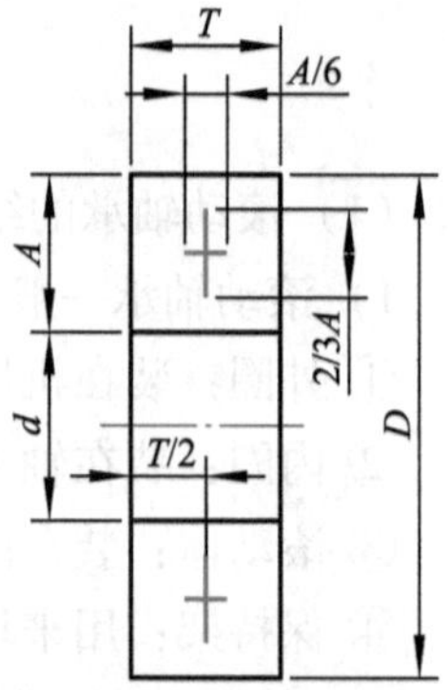
应用场合		当需要较形象地表达滚动轴承结构特征时采用	轴承的产品图样、产品样本、产品标准和产品使用说明书中采用

1）规定画法。必要时，滚动轴承可采用规定画法绘制。采用规定画法绘制滚动轴承的剖视图时，轴承的滚动体按不剖绘制，其内、外圈等需按剖视图填充方向和间隔相同的剖面线，保持架及倒角等可省略不画。规定画法一般绘制在轴的一侧，另一侧按通用画法绘制。规定画法中矩形线框和轮廓线均用粗实线绘制。

2）特征画法。在剖视图中，如果需要比较形象地表示滚动轴承的结构特征时，可采用在矩形线框内画出其结构要素符号的方法表达。特征画法的矩形线框、结构要素符号均用粗实线绘制。

3）通用画法。当不需要确切地表示滚动轴承的外形轮廓、载荷特性、结构特征时，可用矩形线框及位于线框中央正立的十字形符号来表达。矩形线框和十字形符号均用粗实线绘制，十字形符号不应与矩形线框接触，如图 6-24 所示。

如图 6-25 所示，绘制装配图时，滚动轴承可一半按规定画法画出，另一半按通用画法画出。

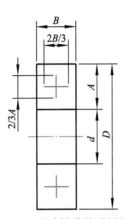

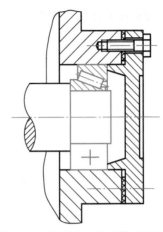

图 6-24　滚动轴承的通用画法　　　　　　　　图 6-25　装配图中滚动轴承的画法

【技能跟踪训练】

已知阶梯轴两端支承轴肩处的直径分别为 25 mm 和 15 mm，用 1:1 比例以特征画法画全支承轴肩处的深沟球轴承。

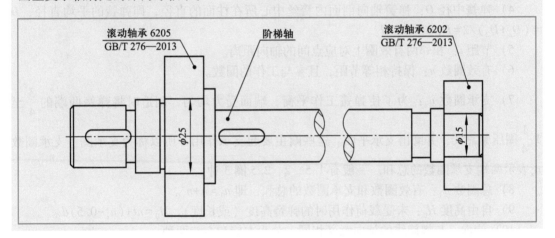

6.3.3　弹簧

弹簧是机械、电气设备中一种常用的零件，主要用于减振、夹紧、储存能量和测力等。弹簧的种类很多，使用较多的是圆柱螺旋弹簧，如图 6-26 所示。

(a) 压缩弹簧　　　　(b) 拉伸弹簧　　　　(c) 扭力弹簧

图 6-26　圆柱螺旋弹簧

（1）圆柱螺旋压缩弹簧（图6-27）各部分的名称及尺寸计算

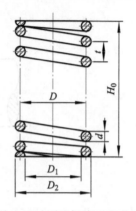

图 6-27   圆柱螺旋压缩弹簧

1）线径 d：制造弹簧所用簧丝的直径。

2）弹簧外径 D_2：弹簧的最大直径。

3）弹簧内径 D_1：弹簧的内孔直径，即弹簧的最小直径 $D_1 = D_2 - 2d$。

4）弹簧中径 D：弹簧轴向剖面内簧丝中心所在柱面的直径，即弹簧的平均直径，$D = (D_1 + D_2)/2 = D_1 + d = D_2 - d$。

5）节距 t：相邻两有效圈上对应点间的轴向距离。

6）有效圈数 n：保持相等节距，且参与工作的圈数。

7）支承圈数 n_z：为了使弹簧工作平衡，端面受力均匀，制造时将弹簧两端的 $\frac{3}{4}$ 至 $1\frac{1}{4}$ 圈压紧靠实，并磨出支承平面。这些圈主要起支承作用，所以称为支承圈。支承圈数 n_z 表示两端支承圈数的总和。一般有 1.5、2、2.5 圈 3 种。

8）总圈数 n_1：有效圈数和支承圈数的总和，即 $n_1 = n + n_z$。

9）自由高度 H_0：未受载荷作用时的弹簧高度（或长度），$H_0 = nt + (n_z - 0.5)d$。

10）旋向：与螺旋线的旋向意义相同，分为左旋和右旋两种。

（2）圆柱螺旋压缩弹簧的规定画法

GB/T 4459.4—2003《机械制图   弹簧表示法》对弹簧的画法作了如下规定：

1）在平行于弹簧轴线的投影面的视图中，其各圈的轮廓应画成直线。

2）有效圈数在 4 圈以上时，可以每端只画出 1~2 圈（支承圈除外），其余省略不画。

3）弹簧均可画成右旋，但左旋弹簧需注写旋向"左"字。

4）如要求弹簧两端并紧且磨平时，无论支承圈数为多少，均按 2.5 圈绘制，必要时也可按支承圈的实际结构绘制。

圆柱螺旋压缩弹簧的绘图步骤如图 6-28 所示，其规定画法如图 6-29 所示。

在装配图中，弹簧被看作实心物体，因此，被弹簧挡住的结构一般不画出。可见部分应画至弹簧的外轮廓线或弹簧的中径线处，如图 6-30（a）所示。当线径在图形上小于或等于 2 mm 并被剖切时，其剖面区域可以涂黑表示，如图 6-30（b）所示，也可采用示意画法，如图 6-30（c）所示。

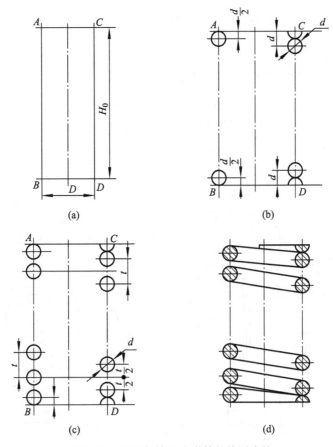

图 6-28　圆柱螺旋压缩弹簧的绘图步骤

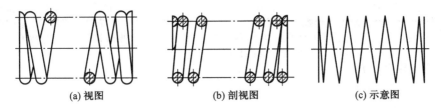

(a) 视图　　　　　　　　　(b) 剖视图　　　　　　　　　(c) 示意图

图 6-29　圆柱螺旋压缩弹簧的规定画法

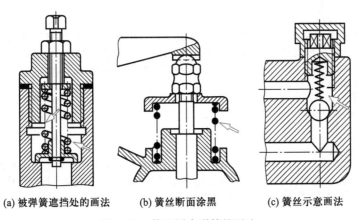

(a) 被弹簧遮挡处的画法　　　(b) 簧丝断面涂黑　　　(c) 簧丝示意画法

图 6-30　装配图中弹簧的画法

【技能跟踪训练】联轴器装配图中标准件的连接画法与识读

(1) 确定标准件规格

根据装配图中两个法兰和轴的相对位置、结构，以及两轴连接情况可知，该联轴器所使用的标准件有：

Ⅰ：两个法兰之间应有可靠连接且可拆卸，故应选用螺栓连接（螺栓、螺母、垫圈）；

Ⅱ：左侧法兰与左侧轴之间需传递回转运动，故选用键连接；

Ⅲ：为防止法兰与轴之间存在轴向位移，故采用紧定螺钉固定；

Ⅳ：采用销来实现右侧法兰与右侧轴的连接与定位。

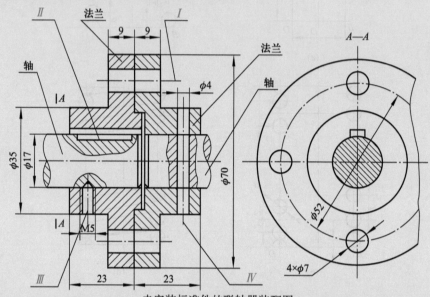

未安装标准件的联轴器装配图

① Ⅰ：由图可知螺栓孔径为_____，则应选用公称直径为_____的螺栓；由选定的螺栓尺寸，再确定螺母尺寸，经查附表可得螺母厚度为_____；又由螺栓尺寸可确定垫圈尺寸，经查附表可得垫圈厚度为_____；据以上信息，可计算螺栓长度为（螺栓伸出螺母的长度按 $0.3d$ 计算）_____，再查附表 2 可取螺栓标准长度为_____。

由此可得，螺栓（标记）_____；

螺母（标记）_____；

垫圈（标记）_____。

② Ⅱ：键的规格应根据轴的尺寸选择，由图可知，轴的直径为_____，经查附表，确定使用_____型平键。键的宽度为_____，高度为_____，键的长度应根据图中尺寸"23"在附表 7 中选取键的标准长度为_____。

由此可得，键（标记）_____。

③ Ⅲ：紧定螺钉类型应选用开槽锥端紧定螺钉，直径由图中尺寸"M5"可确定，螺钉直径为_____；螺钉长度应根据紧定螺钉连接处的壁厚选取，由图中尺寸"$\phi35$"和"$\phi17$"可知，连接处壁厚为 9 mm，经查 GB/T 71—2018 可知，紧定螺钉公称长度应取_____。

由此可得，紧定螺钉（标记）_____。

④ Ⅳ：圆柱销的直径可由图中尺寸"$\phi4$"确定，圆柱销直径为_____；圆柱销长度则根据图中尺寸"$\phi35$"在附表 8 中查询，取值应为_____。

由此可得，圆柱销（标记）_____。

(2) 标准件的连接画法

① Ⅰ 螺栓连接画法：采用简化画法，并注意孔与螺栓杆之间有缝隙，应绘制成两条直线。

② Ⅱ 键连接画法：键与轴上键槽的两侧及底面有配合关系且相互接触，均绘制成一条直线；而键的顶面与联轴器上键槽有缝隙，应绘制成两条直线。

续表

③ Ⅲ 紧定螺钉连接画法：螺钉杆部应全部旋入螺孔，螺钉顶端嵌入轴上锥坑，紧定螺钉按外螺纹画法绘制。

④ Ⅳ 销连接画法：圆柱销与孔是配合关系，销的圆柱面与孔内圆柱面需紧密贴合，故销的两侧均应绘制成一条直线

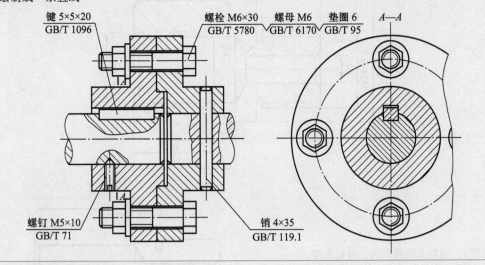

键 5×5×20 GB/T 1096   螺栓 M6×30 GB/T 5780   螺母 M6 GB/T 6170   垫圈 6 GB/T 95   A—A

螺钉 M5×10 GB/T 71   销 4×35 GB/T 119.1

(3) 联轴器装配图识读

① 装配图采用两个视图进行表达，主视图为全剖视图，剖切平面是通过标准件的对称平面或轴线进行剖切的，故标准件均按不剖绘制；

② 为表达键、销、螺钉的装配情况，图样中采用了 3 处局部剖视图；

③ 被连接的两轴采用了断裂画法；

④ 左视图表达了螺栓连接的分布情况；且为表达键与轴及法兰的横向连接情况，采用了 A—A 剖视图；

⑤ 左视图波浪线则是为有效利用图纸，法兰盘中已表达清楚的一部分被省略绘制了；

⑥ 同一零件的剖面线方向一致，相邻零件的剖面线方向相反

【学习内容 6.4】 AutoCAD 绘制标准件与常用件

6.4.1 AutoCAD 的基本操作技能

跟随微课学习 AutoCAD 的基本操作技能。

微课 基线标注	微课 连续标注	微课 尺寸公差的标注	微课 多重引线标注

6.4.2 AutoCAD 绘制螺纹连接套

具体作图步骤见表 6-19。

表 6-19   AutoCAD 绘制螺纹连接套的作图步骤

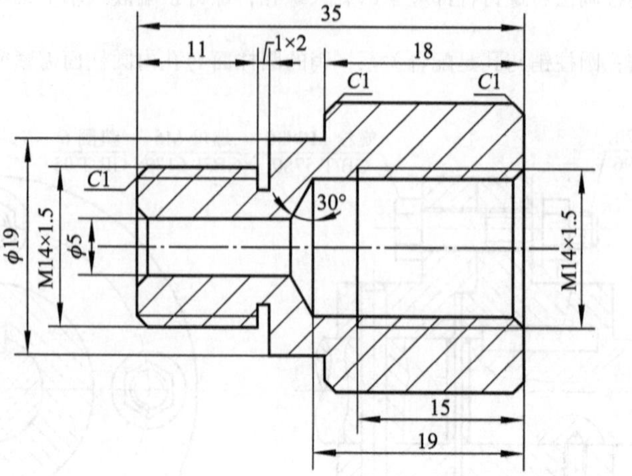

步骤 1：绘制全剖视图内、外轮廓线。 ① 利用"直线" ✏ 命令绘制视图内、外轮廓线（绘制中心线以上部分即可）； ② 利用"镜像" ⚶ 命令生成完整视图	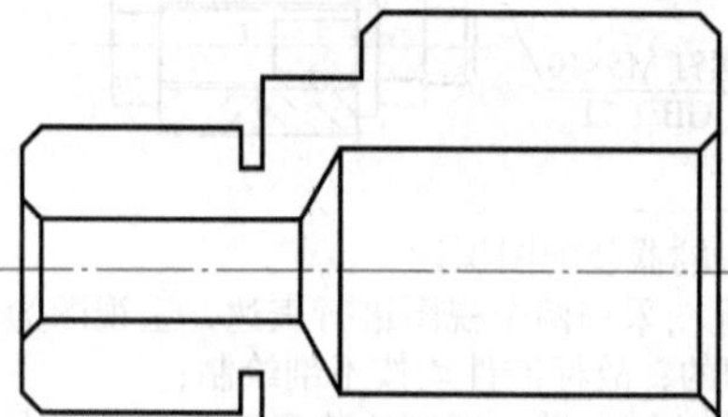
步骤 2：绘制螺纹。 ① 左端螺纹的绘制，外螺纹小径尺寸可用其大径尺寸×0.85 求得； ② 右端螺纹的绘制，内螺纹大径尺寸可用其小径尺寸除 0.85 求得，注意螺纹终止线为粗实线	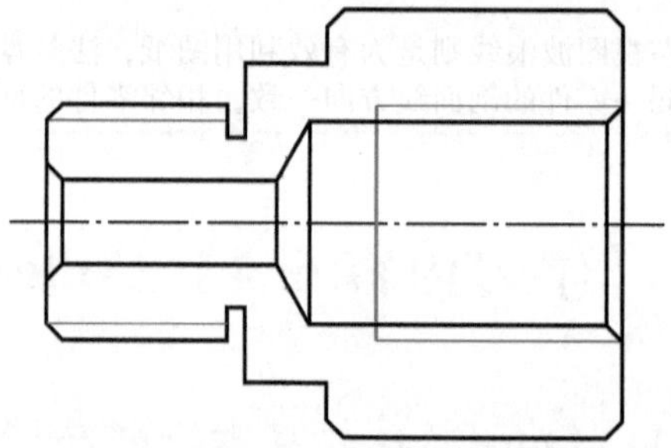
步骤 3：绘制剖面线。 利用"图案填充" ▨ 命令绘制剖面线，剖面线样式可选 "ANSI31" ▨	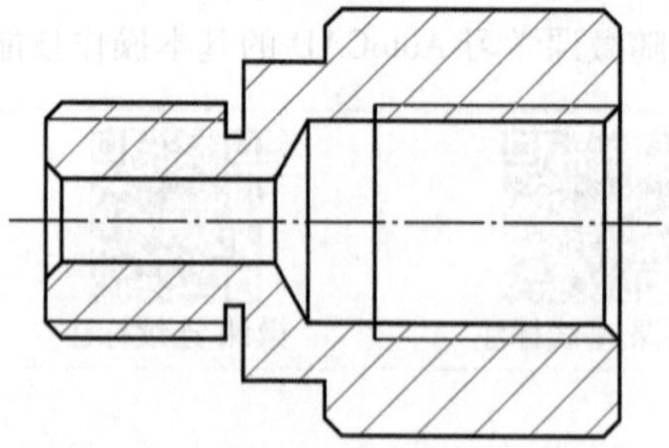

续表

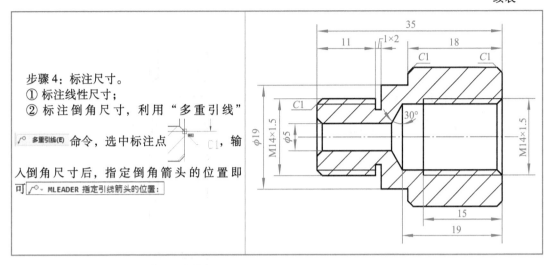

步骤4：标注尺寸。

① 标注线性尺寸；

② 标注倒角尺寸，利用"多重引线"命令，选中标注点，输入倒角尺寸后，指定倒角箭头的位置即可

6.4.3 AutoCAD 绘制从动齿轮

具体作图步骤见表6-20。

表 6-20 AutoCAD 绘制从动齿轮的作图步骤

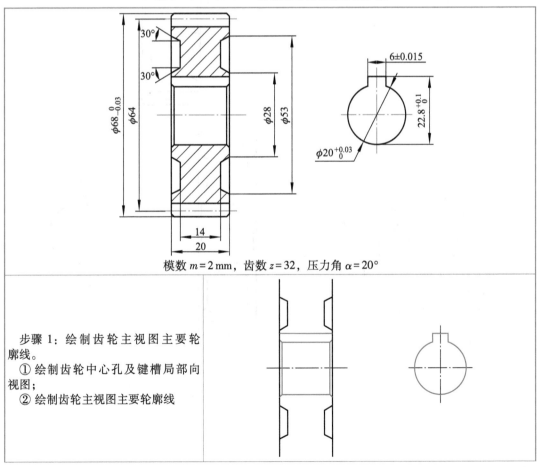

模数 $m = 2\,\text{mm}$，齿数 $z = 32$，压力角 $\alpha = 20°$

步骤1：绘制齿轮主视图主要轮廓线。

① 绘制齿轮中心孔及键槽局部向视图；

② 绘制齿轮主视图主要轮廓线

步骤2：绘制齿轮齿部轮廓线。
① 计算齿根圆直径；
② 绘制分度圆、齿根圆、齿顶圆的投影

步骤3：绘制剖面线。
利用"图案填充" 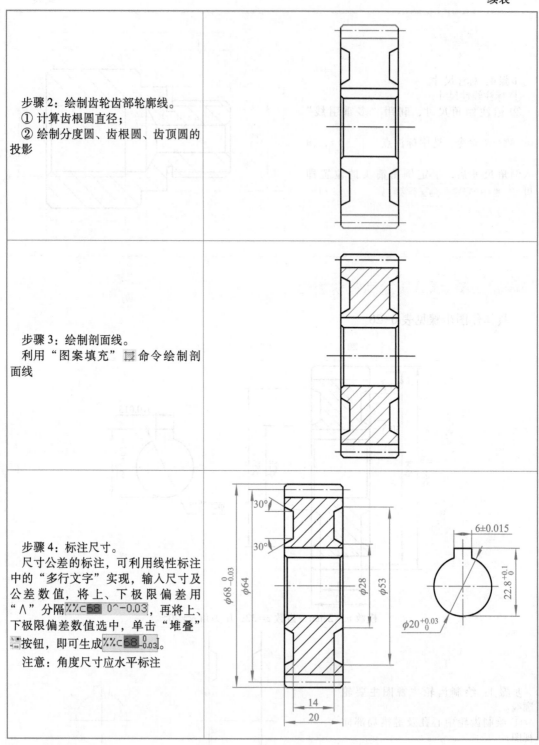 命令绘制剖面线

步骤4：标注尺寸。
尺寸公差的标注，可利用线性标注中的"多行文字"实现，输入尺寸及公差数值，将上、下极限偏差用"∧"分隔 %%c68 0^-0.03，再将上、下极限偏差数值选中，单击"堆叠"按钮，即可生成 %%c68 0 -0.03。
注意：角度尺寸应水平标注

| 演示实例 螺纹连接套的绘制 | 演示实例 齿轮的绘制 |

【知识总结】

请自行总结知识点，将下列总结完善。

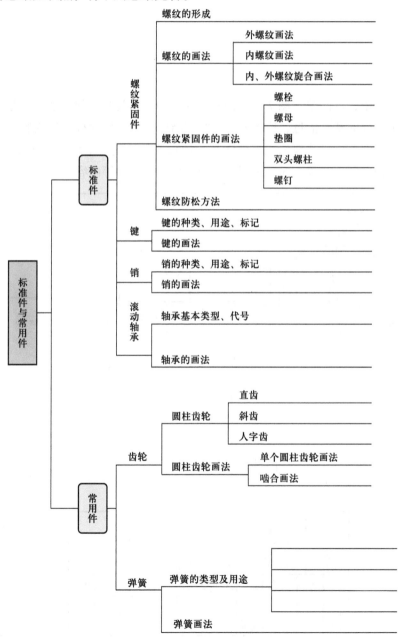

模块七

零件图识读与绘制

【模块导读】

　　在企业生产中，零件图（图7-1）是零件加工的依据与验收的标准。一张正确的零件图主要反映了零件的基本信息、技术要求、图形结构特点与尺寸标注等内容，对于机械加工人员而言，能够正确快速地识读零件图是一项重要的技能，本模块将从零件图的结构、公差配合与机械加工工艺等方面，讲解零件图的识读与绘制等内容。

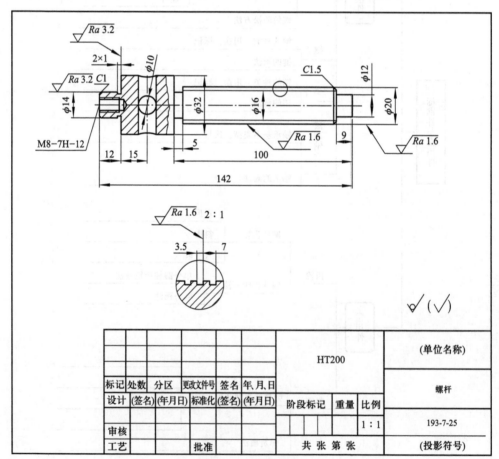

图7-1　零件图

【学习目标】

❖ 熟悉各类零件的作用、结构特点、常用表达方式及尺寸和技术要求的标注；

❖ 掌握识读零件图的方法与步骤，能够正确的识读各类零件图；

❖ 了解尺寸公差与几何公差；

❖ 提高对制图国家标准的理解能力；

❖ 培养制图理论与现代计算机绘图技术的交叉融会能力。

【学习内容 7.1】 零件图识图步骤与方法

识读零件图步骤：

① 识读标题栏（获取零件名称、图样代号、材料等信息）；

② 识读技术要求（了解热处理及硬度要求、零件倒角及圆角要求等）；

③ 识读零件图形结构（了解形体组成及孔、键槽、螺纹等功能结构）；

④ 识读零件关键尺寸与几何公差（了解零件各表面精度要求）；

⑤ 其他部分。

从以上步骤可以了解所需识读零件的基本信息、技术要求、图形结构特点与尺寸标注等内容。

以图 7-2 所示输出轴零件图为例，讲解识读方法。

1）识读标题栏：该零件名称为输出轴，采用 1:1 的比例绘制，材料选用 45 钢，零件的图样代号为 193-7-25。

2）识读技术要求：该零件采用热处理的方式改变零件的硬度为 220~250HBW。

3）识读零件图形结构：零件为回转体结构，ϕ50n6 外圆上有键槽，右侧 ϕ32f6 外圆上有 ϕ7 的盲孔，ϕ27 的外圆上加工出一个四方面，零件右端为 M22 的细牙螺纹。

4）识读零件关键尺寸与几何公差：关键尺寸（ϕ32f6、ϕ50n6）、几何公差（ϕ50n6 轴段有同轴度要求）。

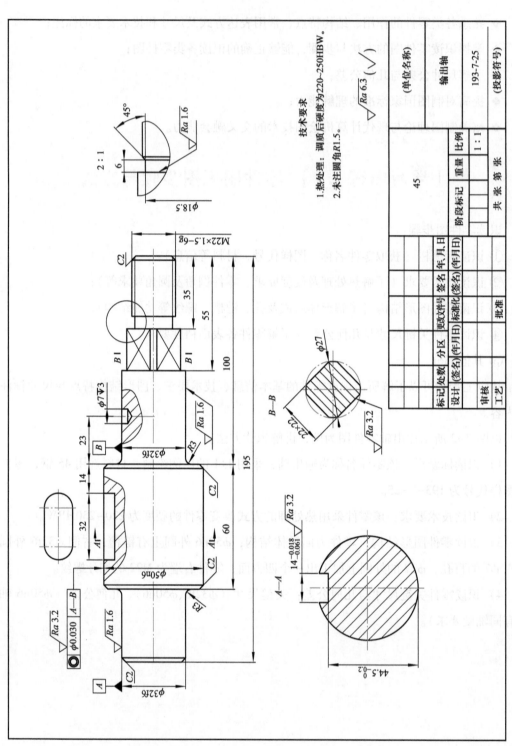

图 7-2 输出轴零件图

【学习内容 7.2】 零件尺寸公差、几何公差、表面结构

7.2.1 零件的尺寸公差（GB/T 1800.1—2020、GB/T 1800.2—2020）

零件图的尺寸是零件加工和检验的重要依据，除了要符合完整、正确、清晰的要求外，还应使尺寸标注得合理。所谓合理是指所注尺寸既满足零件的设计要求，又能符合加工工艺要求，以便于零件的加工、测量和检验。

零件图的尺寸标注涉及许多设计、加工工艺方面的专业知识，且还需要有一定的实践经验，在此只简单介绍有关尺寸标注的基本问题。

（1）尺寸公差

制造零件时，为了使零件具有互换性，要求零件的尺寸在一个合理范围之内，由此就规定了极限尺寸。即制成后的实际尺寸，应在规定的上极限尺寸和下极限尺寸范围内。允许尺寸的变动量称为尺寸公差（简称公差）。如图 7-3 所示，该公差带图表示：公称尺寸为 $\phi30$ 的零件允许其加工的范围为 $\phi29.99 \sim \phi30.01$，在此尺寸间的零件为合格，不在范围内的零件视为不合格；在图样上该尺寸标注为 $\phi30^{+0.010}_{-0.010}$。

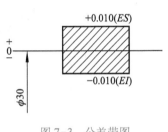

图 7-3　公差带图

以 $\phi30^{+0.010}_{-0.010}$ 为例，具体的尺寸公差术语、定义及尺寸含义见表 7-1。

表 7-1　尺寸公差术语、定义及尺寸含义　　　　　　　　　　mm

设计尺寸：$\phi30^{+0.010}_{-0.010}$ 实际尺寸：$\phi30.005$		
术语	定　义	尺寸含义
公称尺寸	理想形状要素的尺寸	$\phi30$
极限尺寸	允许尺寸变化的两个尺寸界限值	上极限尺寸 $\phi30+0.010=\phi30.010$ 下极限尺寸 $\phi30-0.010=\phi29.990$
偏差	某一实际尺寸减其公称尺寸所得的代数差	$\phi30.005-\phi30=0.005$
极限偏差	上极限偏差和下极限偏差	上极限偏差：$ES=\phi30.01-\phi30=+0.010$ 下极限偏差：$EI=\phi29.99-\phi30=-0.010$
尺寸公差	允许尺寸的变动量	$+0.010-(-0.010)=0.020$

注：① 孔的上、下极限偏差分别用 ES 和 EI 表示；轴的上、下极限偏差分别用 es 和 ei 表示。

② 公差带：在公差带图中，由表示上、下极限偏差的两条直线所限定的区域。如图 7-3 所示。

（2）标准公差与基本偏差

公差带由"公差带大小"和"公差带位置"这两个要素组成。标准公差确定公差带大小，基本偏差确定公差带位置。

1）标准公差：国家标准（GB/T 1800.2—2020）所列的、用以确定公差带大小的任

一公差。标准公差分为 20 个等级，即：IT01、IT0、IT1、…、IT18。IT 表示公差，数字表示公差等级，从 IT01 至 IT18 依次降低，详见附表 13。

2）基本偏差：标准所列的、用以确定公差带相对公称尺寸线位置的上极限偏差或下极限偏差，一般指靠近公称尺寸线的那个偏差。当公差带在公称尺寸线的上方时，基本偏差为下极限偏差；反之则为上极限偏差。轴与孔的基本偏差代号用拉丁字母表示，大写为孔，小写为轴，各有 28 个，如图 7-4 所示，其中 H(h) 的基本偏差为零，常作为基准孔或基准轴的偏差代号。

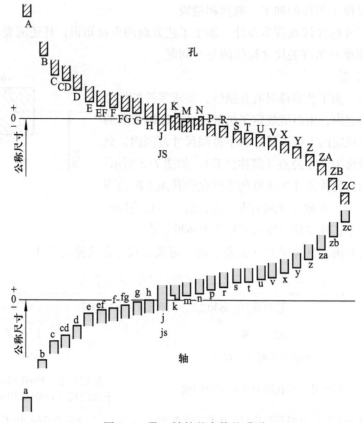

图 7-4   孔、轴的基本偏差系列

（3）标注形式

图样中公差的标注形式有三种：标注公差带代号、标注极限偏差或同时标注公差带代号和极限偏差。

示例：$\phi50H6$ 的含义为：$\phi50$ 表示孔的公称尺寸；H6 表示孔的公差带代号（H 表示孔的基本偏差代号，6 表示公差等级代号）。

【知识拓展】

区别 $\phi48f7$、$\phi48^{-0.025}_{-0.050}$、$\phi48f7\left(^{-0.025}_{-0.050}\right)$ 三种形式的表达。

在图样中标注线性尺寸公差的常用方法有标注公差带代号、标注极限偏差、同时标注公差带代号和极限偏差三种形式，这三种形式所表示的含义是一样的，只是其使用环境不同。

（1）标注公差带代号：φ48f7

随着极限与配合标准化工作的进展，对于采用标准公差的尺寸，可以直接标注其公差带代号，这对于用量规（公差带代号往往就是量规的代号）检验的场合十分简便。公差带代号将公差等级和配合性质都表达得比较明确，在图样中标注也简单，但缺点是具体的尺寸极限偏差不能直接看出，需要查表。

（2）标注极限偏差：$\phi 48^{-0.025}_{-0.050}$

在公称尺寸后标注极限偏差的方法，尺寸的实际大小比较直观，为单件、小批生产所欢迎。

（3）同时标注公差带代号和极限偏差：$\phi 48\mathrm{f}7\left(^{-0.025}_{-0.050}\right)$

如上所述，标注公差带代号或极限偏差在不同的场合都有其优势，有的设计单位和生产部门要求在设计图样中同时标注两者，这样标注虽稍麻烦些，但对扩大图样的适应性和保证图样的正确性都有良好的作用。当同时标注公差带代号和相应的极限偏差时，规定极限偏差注在公差带代号的后方并加圆括号。

7.2.2　零件的几何公差（GB/T 1182—2018、GB/T 16671—2018）

在零件加工过程中，不仅会产生尺寸误差，也会出现形状、方向、位置和跳动的误差，如加工轴时可能会出现轴线弯曲，成一头粗、一头细的现象，这种现象属于零件几何误差。几何公差是指零件的实际形状和实际位置对理想形状和理想位置所允许的最大变动量，分为形状公差、方向公差、位置公差和跳动公差，见表 7-2。

表 7-2　几何公差

公差类型	几何特征	符号	有无基准	公差类型	几何特征	符号	有无基准
形状公差	直线度	—	无	位置公差	位置度	⊕	有或无
	平面度	▱			同心度（用于中心点）	◎	有
	圆度	○			同轴度（用于轴线）	◎	
	圆柱度	⌭			对称度	⹀	
	线轮廓度	⌒			线轮廓度	⌒	
	面轮廓度	⌓			面轮廓度	⌓	
方向公差	平行度	∥	有	跳动公差	圆跳动	↗	
	垂直度	⊥			全跳动	↗↗	
	倾斜度	∠					
	线轮廓度	⌒					
	面轮廓度	⌓					

若几何误差过大，会影响机器的工作性能，因此对精度要求高的零件，除了应保证尺寸精度，还应控制其形状、方向、位置、跳动公差。

基准要素确定被测要素的方向或位置，用基准符号来表示。将一个大写字母标注在基准方格内，与一个涂黑的或空白的三角形相连以表示基准，如图 7-5 所示。

几何公差标注方法如下：

1）公差要求应标注在划分成两个或三个部分的矩形框格内，该矩形框格用细直线画出。

2）公差框格应水平放置，框格的推荐尺寸为：框格高度为标注字体高度的两倍，各框格长度应与标注内容长度相适应；如图 7-6 所示。

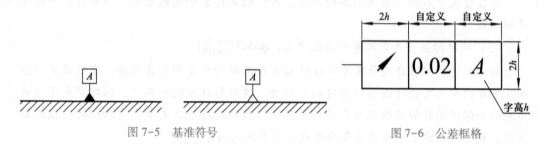

图 7-5   基准符号   图 7-6   公差框格

3）框格中的内容从左到右依次为：

① 第一格为符号部分，填写几何特征符号；

② 第二格为公差带、要素与特征部分；

③ 第三格为基准部分，可包含一至三格，填写表示基准要素或基准体系的字母及附加符号。

公差值以 mm 为单位标注，当公差带是圆形或者圆柱形时，应在公差值前加注 "ϕ"；如果是球形，则加注 "$S\phi$"。

【技能跟踪训练】 几何公差

1. 识读零件图中的几何公差。

思考：（1）形状公差为什么没有基准？

　　　（2）形状位置公差与尺寸线共线表示什么含义？

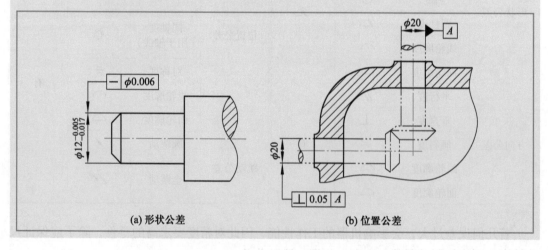

(a) 形状公差   (b) 位置公差

2. 分析几何公差的标注位置。

思考：（1）几何公差指引线与尺寸线不共线的识读。

　　　　（2）几何公差指引线与尺寸线共线的识读。

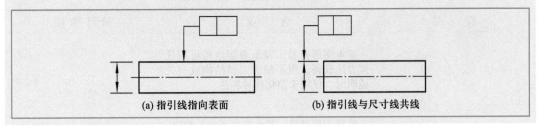

（a）指引线指向表面　　　　　　（b）指引线与尺寸线共线

7.2.3　零件的表面结构（GB/T 131—2006）

表面结构是表面粗糙度、表面波纹度、表面缺陷、表面纹理和表面几何形状的总称。加工零件时，由于刀具在零件表面上留下刀痕和切削分裂时表面金属的塑性变形等影响，使零件表面存在着间距较小的轮廓峰谷，如图7-7所示。这种表面上由较小间距的峰谷所组成的微观几何形状特性，称为表面粗糙度。

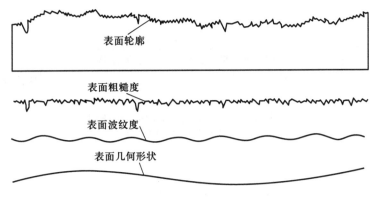

图7-7　表面粗糙度、表面波纹度和表面几何形状综合影响的表面轮廓

（1）表面结构评定参数

我国机械图样中常用的表面结构评定参数是表面轮廓参数 Ra 和 Rz（图7-8）。

Ra：评定轮廓的算术平均偏差，是指在一个取样长度内，纵坐标值 $Z(x)$ 绝对值的算术平均值。

Rz：轮廓最大高度，是指在一个取样长度内，最大轮廓峰高和最大轮廓谷深之和。

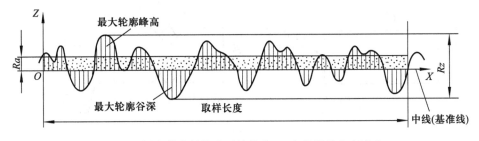

图7-8　评定轮廓的算术平均偏差 Ra 和轮廓最大高度 Rz

（2）表面结构代号

表面结构符号的画法及含义见表7-3。

表7-3　表面结构符号的画法及含义

符　号	含　义	符号画法
✓	基本图形符号，表示表面结构可用任何方法获得。当不加注表面结构或有关说明时，仅用于简化代号标注	
✓	扩展图形符号，基本符号上加一短画，表示表面结构是用去除材料的方法获得的。如车、铣、钻、磨、剪切、抛光腐蚀、电火花加工等	
✓	扩展图形符号，基本符号上加一小圆，表示表面结构是用不去除材料的方法获得的。如锻、铸、冲压、变形、热轧、冷轧、粉末冶金等，或是用于保持原来状态的表面	$H_1 = 1.4h$； $H_2 = 2.8h$； $d' = 0.1h$； h 为字体高度
✓ ✓ ✓	完整图形符号，在上述三个符号的长边均可加一横线，用于标注表面结构特征补充信息	
✓	表示在图样某个视图上构成封闭轮廓的各表面有相同的表面结构要求	
（符号图 c a e d b）	a—第一个表面结构要求 b—第二个表面结构要求 c—注写加工方法 d—注写纹理和方向 e—注写加工余量（mm）	

注意：在零件图标注过程中，表面结构代号应从材料外指向并接触表面，如图7-9所示。

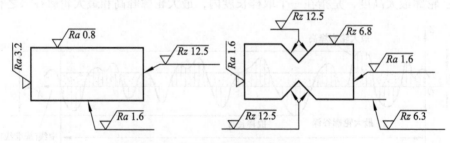

图7-9　表面结构代号的注写方法

还需说明的事项如下：

① 表面粗糙度标注时，其数值的单位为 μm；

② 数值越小，表示表面质量越好；

③ 在机械图样中大部分采用表面轮廓参数 Ra 标注，如 $\sqrt{Ra\,1.6}$。

【学习内容 7.3】 零件间的配合关系

7.3.1　配合方式

公称尺寸相同且相互结合的孔和轴公差带之间的关系称为配合。根据使用的要求不同，孔和轴之间的配合有松有紧，其类别分为三种，即间隙配合、过盈配合和过渡配合，如图 7-10 所示。

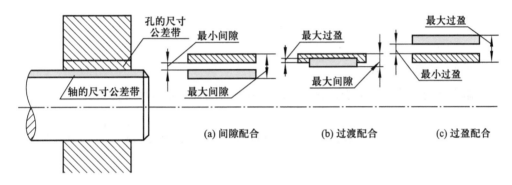

图 7-10　配合的类别

1）间隙配合：孔与轴装配时，有间隙（包括最小间隙等于零）的配合。如图 7-10（a）所示，孔的公差带在轴的公差带之上。

2）过盈配合：孔与轴装配时，有过盈（包括最小过盈等于零）的配合。如图 7-10（c）所示，孔的公差带在轴的公差带之下。

3）过渡配合：孔与轴装配时，可能有间隙或过盈的配合。如图 7-10（b）所示，孔的公差带与轴的公差带互相交叠。

7.3.2　配合制

在制造相互配合的零件时，将其中一种零件作为基准件，使它的基本偏差固定，通过改变另一种零件的基本偏差来获得各种不同性质配合的制度，称为配合制。国家标准规定了基孔制和基轴制两种基准制度。

1）基孔制配合：基本偏差为一定的孔的公差带，与不同基本偏差的轴的公差带形成各种配合的一种制度，其示例如图 7-11（a）所示。基准孔的下极限偏差为零，用代号"H"表示。

2）基轴制配合：基本偏差为一定的轴的公差带，与不同基本偏差的孔的公差带形成各种配合的一种制度，其示例如图 7-11（b）所示。基准轴的上极限偏差为零，用代号"h"表示。

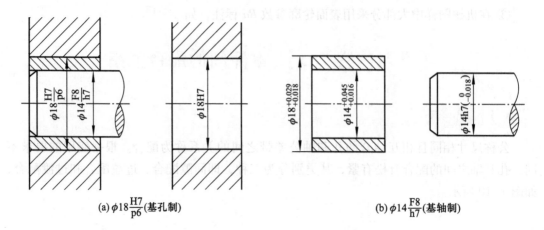

(a) $\phi 18\dfrac{H7}{p6}$（基孔制）　　　　　　　　(b) $\phi 14\dfrac{F8}{h7}$（基轴制）

图 7-11　基孔制与基轴制示例及标注形式

【技能跟踪训练】配合

　　根据零件的尺寸公差填表，并分析配合方式与配合公差带代号含义。

序号	代　　号	孔、轴的上、下极限偏差		间隙或过盈	代号含义
1	$\phi 50\dfrac{H8}{f7}$	孔	$\phi 50$		
		轴	$\phi 50$		
2	$\phi 50\dfrac{H7}{s6}$	孔	$\phi 50$		
		轴	$\phi 50$		
3	$\phi 50\dfrac{H7}{k6}$	孔	$\phi 50$		
		轴	$\phi 50$		
4	$\phi 50\dfrac{M7}{h6}$	孔	$\phi 50$		
		轴	$\phi 50$		
5	$\phi 50\dfrac{G7}{h6}$	孔	$\phi 50$		
		轴	$\phi 50$		

【学习内容 7.4】 典型零件图的识读

7.4.1　轴、套类零件图的识读

（1）零件图的内容

零件图是用来指导制造和检验零件的图样，因此，它必需完整、清晰地表达出零件的全部结构形状、尺寸和技术要求。由图 7-12 所示轴类零件图可知，一张能满足生产要求、完整的零件图应具备下列基本内容：

1）一组视图：用于正确、完整、清晰地表达出零件的内、外结构和形状。

2）足够的尺寸：正确、完整、清晰、合理地标注出制造和检验零件所需要的全部尺寸。

3）技术要求：用规定代号或文字注写零件在技术指标上应达到的要求，如表面结构、极限与配合、几何公差、镀涂和热处理等要求。

4）标题栏：写明零件的名称、材料、数量、绘图比例、图号及必要的签署等内容。

（2）视图选择

零件图要求正确、完整、清晰地表达零件的全部结构形状，并且要考虑读图和绘图简便。在认真分析零件的结构特点、功能和加工方法的基础上，才能选用恰当的视图和表达方式。视图选择的一般原则如下。

1）主视图的选择。主视图是最重要的视图，它将直接关系到零件图是否能把零件内、外结构和形状表达清楚，同时也关系到其他视图的数量及位置，从而影响到读图与绘图。因此应慎重选择主视图，选择时应主要考虑以下几个原则：

① 形状特征原则。应选取能将零件各组成部分的结构、形状及其相对位置反映得最为充分的方向，作为主视图的投射方向。

② 加工位置原则。当主视图与加工位置一致时，可以方便加工人员读图，应尽量按照零件在主要加工工序中的装夹位置选取主视图。如轴、套和圆盘类零件，其主要加工工序是车削，常按其轴向水平放置选取主视图。

③ 工作位置原则。对于加工工序较多的零件，可以按照零件在机器或部件中工作时的位置作为主视图投射方向。如支架、箱体类零件一般按该零件的工作位置选取主视图。

2）其他视图的选择。主视图确定后，应根据零件的复杂程度和结构特点，根据主视图表达上的不足，全面考虑所需要的其他视图、剖视图或断面图的数量、画法及位置，使每个图形均有一个表达重点。补充其他视图时，优先选用基本视图及在基本视图上作剖视图；尽量少用细虚线来表达零件的结构形状；对局部没表达清楚的结构，宜采用局部视图或局部放大图。

零件表达方案的选择，是一个较灵活的问题，在选择时应假想几种方案加以比较，力求用较少的视图、较好的方案表达零件。

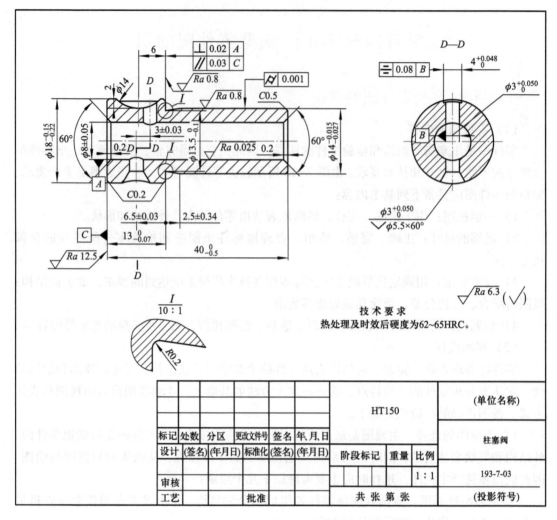

图 7-12   轴类零件图

（3）轴、套类零件的表达方法

在研究零件的视图选择及表达方法时，可结合分析具有代表性的零件，以便从中找出规律，用以指导合理地选择视图。

其中，轴、套类零件包括各种回转轴、销轴、杆、衬套、轴套等。如图 7-13 所示为输出轴零件图。

1）结构特点：轴、套类零件各组成部分多为同轴线的回转体，它们常具有轴肩、圆角、倒角、键槽、销孔、螺纹、退刀槽、砂轮越程槽、中心孔等结构。

2）视图表达方法：一般常用零件轴向水平放置的主视图来表达其主体结构，用移出断面图、局部剖视图、局部放大图等来表达其上的某些局部结构。

注意：对于空心轴及套类零件，由于其轴向中空的特点，为了表达清晰内部结构，其主视图一般用剖视图。

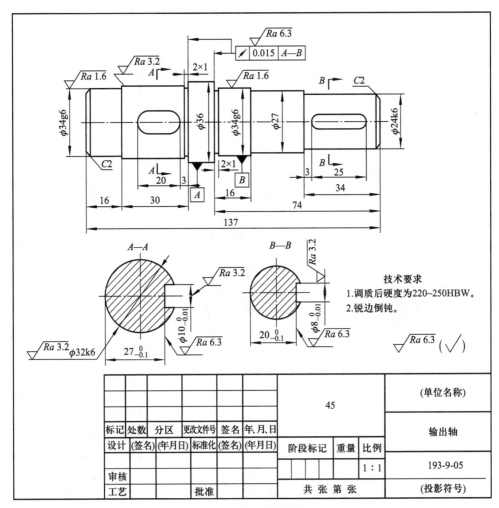

图 7-13 输出轴零件图

7.4.2 轮、盘、盖类零件图的识读

轮、盘、盖类零件包括各种齿轮、带轮、手轮、法兰盘、端盖、压盖等。如图 7-14 所示为齿轮泵的左端盖零件图。

1）结构特点：这类零件的主体部分常由回转体组成，零件直径远大于其宽度，其上常有键槽、轮辐、均布孔等结构，并且常有一个端面与其他零件接触。

2）视图表达方法：一般采用两个基本视图来表达，主视图常采用剖视图以表达内部结构；另一个视图则表达外形轮廓和各组成部分，如孔、肋、轮辐等结构的相对位置。

【技能跟踪训练】识读零件图

1. 练习标注各类零件表面结构的要求。

2. 练习标注与识读零件图中的极限与配合。

3. 练习标注与识读零件图中的几何公差。

4. 读懂齿轮泵的左端盖零件图中"φ15H7""2×φ5H7 配铰"的几何技术规范。

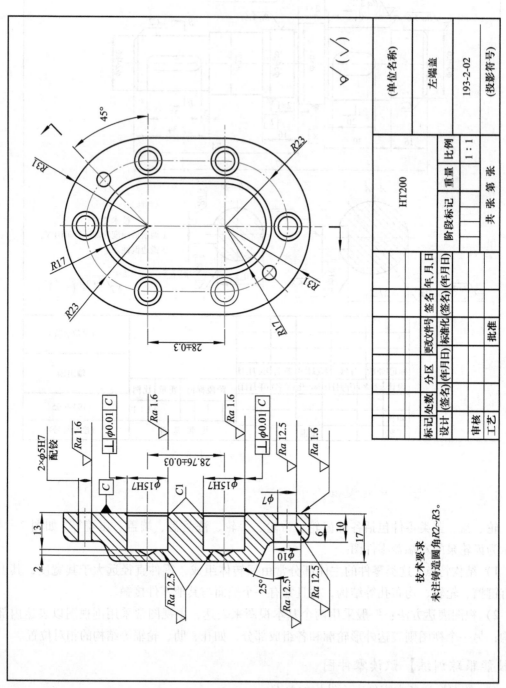

图 7-14 齿轮泵的左端盖零件图

7.4.3　叉、架类零件图的识读

叉、架类零件包括各种拨叉、连杆、支架、支座等。如图 7-15 所示为摇杆零件图。

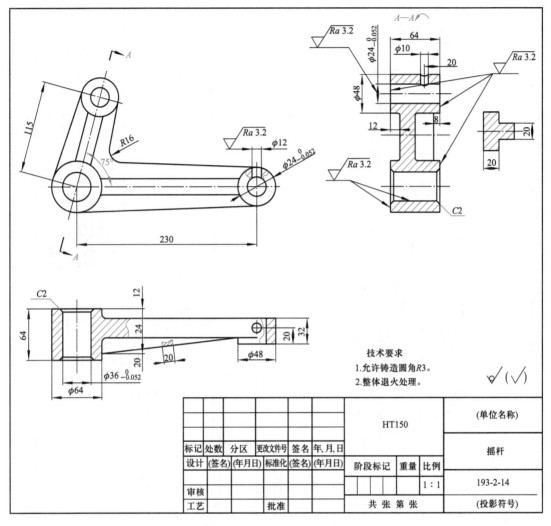

图 7-15　摇杆零件图

1）结构特点：叉、架类零件通常由工作部分、支承（或安装）部分及连接部分组成，其上常有光孔、螺孔、肋、槽等结构。

2）视图表达方法：一般需要用两个以上的基本视图来表达，零件的倾斜部分用斜视图或斜剖视图来表达，常采用局部剖视图表达其内部结构，对于薄壁和肋板的断面形状常用重合断面图来表达。

7.4.4　箱体类零件图的识读

箱体类零件包括各种箱体、壳体、阀体、泵体等。如图 7-16 所示为减速器的下箱体零件图。

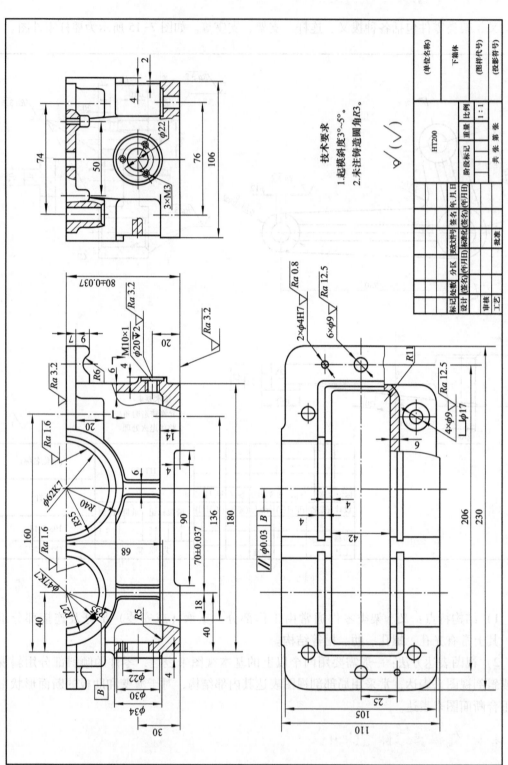

图 7-16　减速器的下箱体零件图

1）结构特点：箱体类零件主要起包容、支承其他零件的作用，常有内腔、轴承孔、凸台、肋、安装板、光孔、螺孔等结构。

2）视图表达方法：一般需要用两个以上的基本视图来表达，采用通过主要支承孔轴线的剖视图表达其内部形状结构，一些局部结构常用局部视图、局部剖视图、断面图等来表达。

【学习内容 7.5】 零件图的绘制要求

7.5.1　零件图的尺寸标注要求

零件图中的尺寸是零件加工和检验的重要依据。

（1）尺寸基准的选择

1）设计基准。设计时，从保证机器的性能出发，确定零件各部分的大小及其相对位置的一些线、面。

2）工艺基准。在制造和检验时，以此度量并确定零件的其他被加工表面的位置的线、面。

由于每个零件都有长、宽、高三个方向的尺寸，因此，每个方向都至少要有一个标注尺寸或度量尺寸的起点，其称为主要基准；但有时由于加工和检验的需要，在同一方向上会增加一个或几个辅助基准。主要基准与辅助基准之间应有尺寸直接联系。

在具体标注尺寸时，应合理地选择尺寸基准，以满足零件的设计要求和工艺要求。通常选择零件的主要安装面、重要的端面、装配结合面、对称平面、回转体的轴线作为尺寸基准。

【技能跟踪训练】尺寸基准

1. 以输出轴零件图（图7-13）为例，其尺寸基准分析如下。

> 长度方向的尺寸基准：零件的右端面（主要尺寸从右端面起）。
> 径向的尺寸基准：零件轴线

2. 分析减速器的下箱体零件图（图7-16）中的尺寸基准。

长度方向：＿＿＿＿＿＿＿＿＿＿＿＿＿＿＿＿＿＿＿＿＿＿＿＿＿＿＿＿＿＿＿＿＿＿＿＿＿。
宽度方向：＿＿＿＿＿＿＿＿＿＿＿＿＿＿＿＿＿＿＿＿＿＿＿＿＿＿＿＿＿＿＿＿＿＿＿＿＿。
高度方向：＿＿＿＿＿＿＿＿＿＿＿＿＿＿＿＿＿＿＿＿＿＿＿＿＿＿＿＿＿＿＿＿＿＿＿＿＿

（2）尺寸标注原则

1）零件上的重要尺寸应直接标注，包括直接影响零件工作性能的尺寸、有配合要求的尺寸、确定零件在部件中位置的尺寸等，使其在加工过程中得到质量保证，以满足设计要求。

对产品质量影响不大的自由尺寸，如非加工表面、非配合表面等的尺寸，一般可按形体分析法来标注，如图7-17所示。

2）尺寸标注要便于加工和测量，尽量满足工艺要求，如图7-18所示。

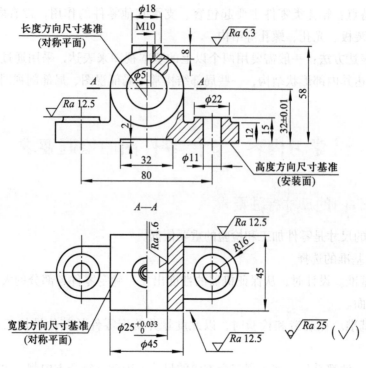

图 7-17　轴承座尺寸标注

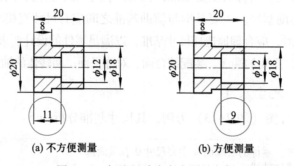

图 7-18　标注尺寸应考虑测量方便

3）应避免标注形成封闭尺寸链，如图 7-19 所示。

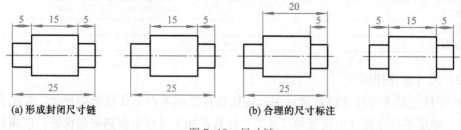

图 7-19　尺寸链

（3）常见结构的尺寸注法

1）零件表面常见的孔有通孔、盲孔、螺孔和一些复合孔，不同的孔有不同的标注方法，常见孔结构的尺寸注法，见表 7-4。

表 7-4 常见孔结构的尺寸注法

一般孔	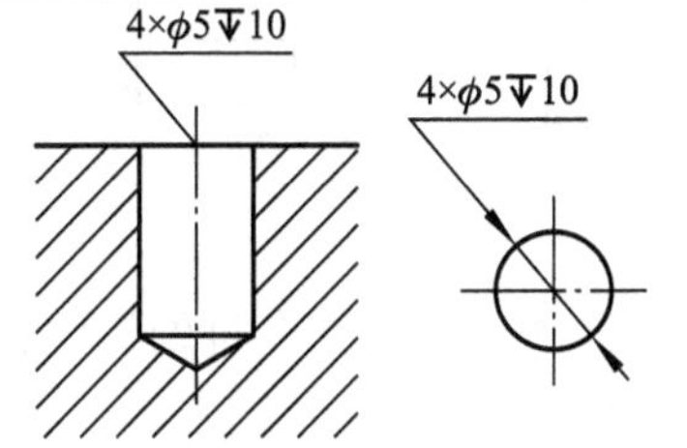 4×φ5▽10 4×φ5▽10	4×φ5 表示直径为 5 mm，均匀分布的 4 个光孔；孔深可与孔径连注"▽10"表示孔深10 mm
锥销孔	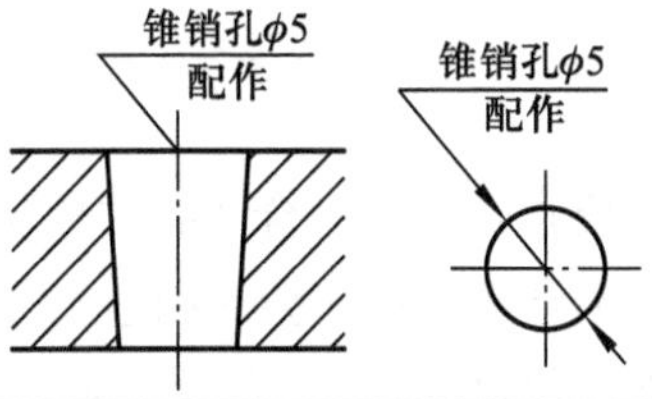 锥销孔φ5 配作 锥销孔φ5 配作	φ5 为与锥销孔相配的圆锥销的小头直径。锥销孔通常是相邻两零件装配在一起加工的
通孔	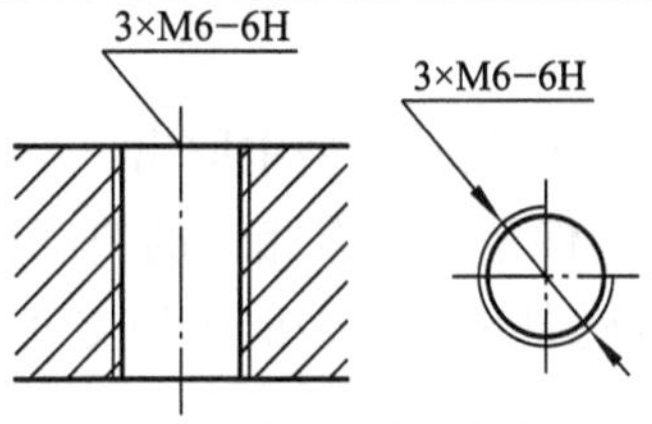 3×M6-6H 3×M6-6H	3×M6 表示直径为 6 mm，均匀分布的 3 个螺孔
盲孔螺纹	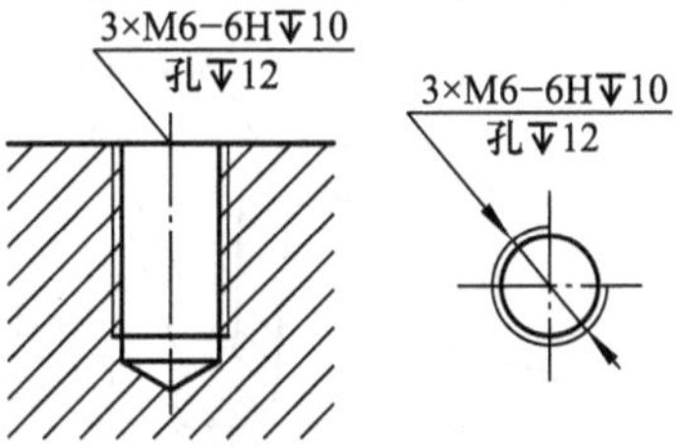 3×M6-6H▽10 孔▽12 3×M6-6H▽10 孔▽12	螺孔深度可与螺孔直径连注；需要注出孔深时，应明确标注孔深尺寸
锪平沉孔	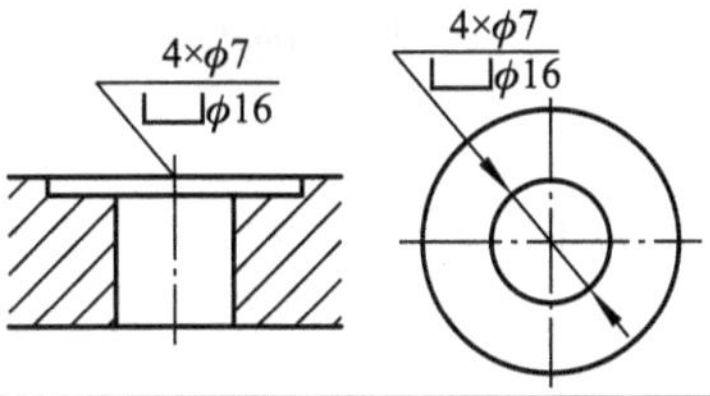 4×φ7 ⌴φ16 4×φ7 ⌴φ16	锪平沉孔直径 φ16 的深度不需标注，一般锪平到不出现毛面为止
锥形沉孔	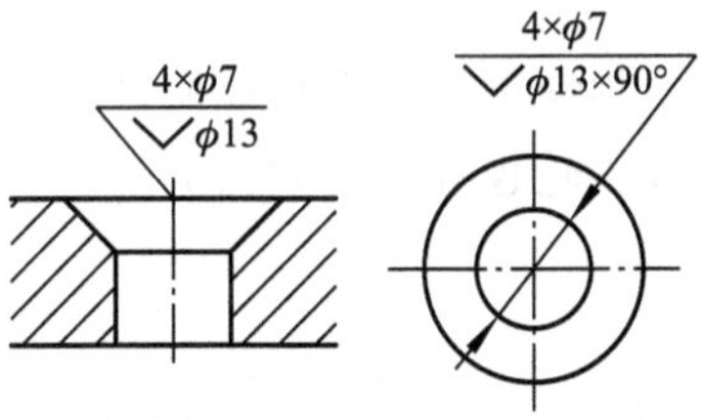 4×φ7 ∨φ13 4×φ7 ∨φ13×90°	4×φ7 表示直径为 7 mm，均匀分布的 4 个孔，"∨φ13"表示锥形尺寸
平头沉孔	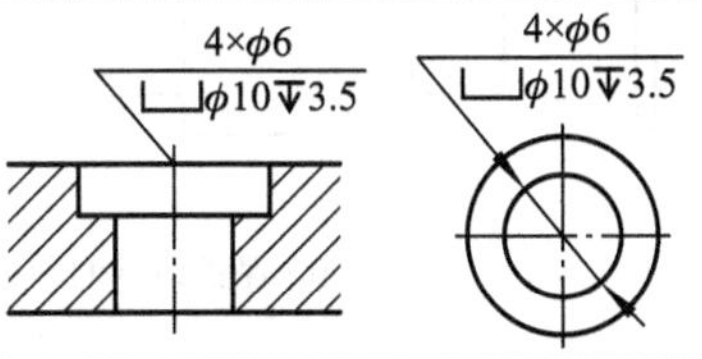 4×φ6 ⌴φ10▽3.5 4×φ6 ⌴φ10▽3.5	平头沉孔的小直径为 6 mm，大直径为10 mm，深度为 3.5 mm，均需标注

2）零件倒角、圆角：倒角的作用在于装配方便和防止磕碰；轴肩处的圆角的作用在于防止零件加工过程中产生应力集中，如图 7-20 所示。

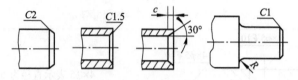

图 7-20　倒角、圆角的标注

注意：在零件图中，倒角或圆角的尺寸一样时，不需要在每处标注，可以在技术要求中统一注明，如未注倒角 *C*1、未注铸造圆角 *R*0.5 等。

7.5.2　零件的工艺结构

零件设计要兼顾结构和工艺两方面，结构上要求合理且符合产品质量要求，工艺上要求制造方便，符合可行性和经济性。若零件结构设计不合理，往往会使制造工艺复杂化，甚至造成废品，若零件工艺设计不合理，将增加加工的难度和制造成本，甚至产生无法加工的后果。

（1）铸造圆角与起模斜角工艺结构

用铸造方法制造零件的毛坯时，为了便于将模具从砂型中取出，一般沿模具起模的方向作成约 1:20 的斜度，称为起模斜度。因而铸件上也会有相应的斜度，如图 7-21 所示，这种斜度在图上可以不标注，也可不画出。在铸件毛坯各表面的相交处，为避免出现缩孔和裂痕，都设有铸造圆角，如图 7-22 所示。

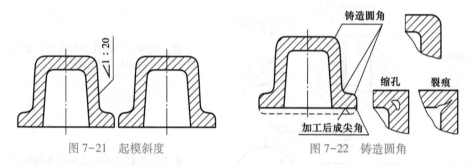

图 7-21　起模斜度　　　　　　　　图 7-22　铸造圆角

注：起模斜角与铸造圆角的主要作用都是为了方便模具取出，铸造圆角同时可以防止在铸造过程中的应力集中。

（2）退刀槽和砂轮越程槽

在切削加工，特别是在车螺纹和磨削时，为便于退出刀具或使砂轮可稍微越过加工表面，常在待加工表面的末端先车削出退刀槽或砂轮越程槽，如图 7-23 所示。

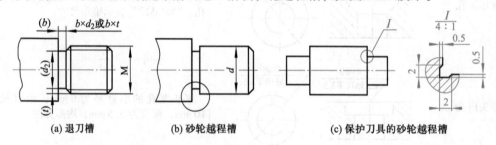

(a) 退刀槽　　　　　(b) 砂轮越程槽　　　　　(c) 保护刀具的砂轮越程槽

图 7-23　退刀槽和砂轮越程槽

【技能跟踪训练】 识读零件图

1. 识读输出轴零件图（图7-2）。

识读步骤	识读内容
识读标题栏	零件名称：输出轴； 零件材料：45钢； 绘图比例：1∶1
识读视图表达方案	输出轴的径向尺寸基准为中心轴线，轴向尺寸基准为轴的右端面；输出轴表达方案由5个视图组成：基本视图（主视图）、两个移出断面图、局部视图、局部放大图（放大比例为2∶1）
识读零件结构及尺寸	① 输出轴共有5个主要轴段，总长为195 mm。 ② 左端第一个轴段 ϕ32f6，长度为35 mm（195-100-60=35）。左端面倒角C2（C表示45°倒角，2表示倒角距离为2 mm）。 ③ 左端第二个轴段 ϕ50n6，长度为60 mm。其上有一普通平键键槽，键槽的形状由局部剖视图和局部视图表达，键槽的定位尺寸为14 mm，键槽长度为32 mm，其宽度14 mm、深度5.5 mm（50-44.5=5.5）由轴段下方的移出断面图表达，为了方面测量，通常标注44.5的尺寸。该轴段两端面倒角C2。 ④ 左端第三个轴段 ϕ32f6，长度为45 mm（100-55=45）。其上钻有一孔，由局部剖视图表达。孔的定位尺寸为23 mm，孔的尺寸 ϕ7▽3表示孔的直径为7 mm，孔深为3 mm。 ⑤ 右端第一个轴段 M22×1.5-6g，表示为普通螺纹，公称直径（螺纹大径）为22 mm，螺距（细牙）为1.5 mm，右旋（省略标注），螺纹中径和顶径公差带代号为6g。该轴段长度为35 mm，右端面倒角C2。 ⑥ 螺纹轴段左端切有退刀槽，槽的尺寸在局部放大图中表达。 ⑦ 右端第二个轴段 ϕ27，圆柱面上加工有4个平面（两对角细实线表示平面）。断面形状由轴段下方的移出断面图表达，尺寸22×22表示断面为正方形，该轴段长度为20 mm（55-35=20）
识读零件技术要求	① 识读表面结构要求：两 ϕ32f6 轴段和 ϕ27 轴段右端面的表面粗糙度值为Ra1.6 μm。ϕ50n6 轴段、键槽两侧面及 ϕ27 轴段4个平面的表面粗糙度值为Ra3.2 μm。其余表面的表面粗糙度值为Ra6.3 μm，在图中统一给定。 ② 识读几何公差要求：ϕ50n6 轴段有同轴度要求，◎ ϕ0.030 A—B 表示被测要素为 ϕ50n6 轴段的轴线，基准要素为两 ϕ32f6 轴段的公共轴线，几何公差项目为同轴度，公差值为0.030 mm。 ③ 识读其他技术要求：调质后硬度为220～250 HBW。图中未标注的圆角为R1.5

2. 识读端盖零件图。

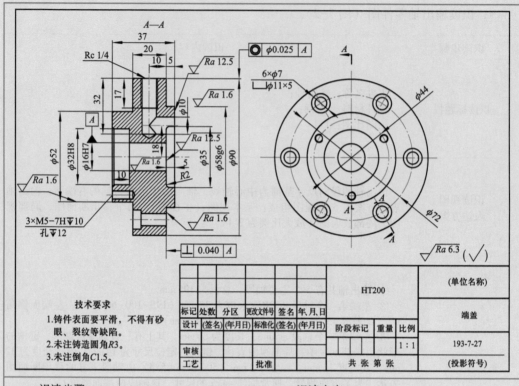

识读步骤	识读内容
识读标题栏	零件名称：端盖； 零件材料：HT200； 绘图比例：1∶1
识读视图表达方案	端盖的径向尺寸基准为中心轴线，轴向尺寸基准为端盖的尺寸 20 的右端面；端盖的表达方案由两个视图组成：主视图采用全剖视图表达端盖的内部结构，左视图表达端盖的外形及端盖左端孔的分布
识读零件结构及尺寸	① 端盖主要由 3 个圆柱同轴组合而成，分别为 $\phi52$、$\phi90$ 和 $\phi58$g6；轴向尺寸为 12 mm（37−20−5＝12）、20 mm、5 mm。 ② $\phi52$ 圆柱的左端面圆周均匀分布着 3 个螺孔，孔的尺寸 $\dfrac{3\times M5-7H\,\overline{\vee}\,10}{孔\,\overline{\vee}\,12}$ 表示 3 个均匀分布的普通螺孔，公称直径为 5 mm，粗牙螺距（省略标注），右旋（省略标注），中径和顶径公差带代号为 7H，螺孔深度为 10 mm，钻孔深度为 12 mm。螺孔的分布由左视图表达。 ③ $\phi90$ 圆柱的左端面均匀分布着 6 个沉孔，孔的尺寸 $\dfrac{6\times\phi7}{\llcorner\phi11\,\overline{\vee}\,5}$ 表示 6 个均匀分布的沉孔，孔的直径尺寸为 7 mm，圆柱形沉孔的直径尺寸为 11 mm、孔深为 5 mm。孔的分布由左视图表达。 ④ $\phi58$g6 圆柱右端面有一个 $\phi10$ 的孔，由主视图表达，孔的定位尺寸为 18 mm。 ⑤ 水平轴向有 3 个孔，分别为 $\phi32$H8、$\phi16$H7 和 $\phi35$，左端孔的轴向尺寸为 10 mm、右端孔的轴向尺寸为 5 mm。 ⑥ 径向垂直方向钻有一孔 $\phi10$，深度为 32 mm。圆锥管螺纹的尺寸为 R_c 1/4（具体尺寸根据尺寸代号查标准），螺纹深度为 17 mm，钻孔深度为 32 mm，与 $\phi10$ 孔轴向相交

续表

识读步骤	识读内容
识读零件技术要求	① 识读表面结构要求：左端 φ32H8 孔、φ16H7 孔、φ90 圆柱右端面、φ58g6 圆柱表面的表面粗糙度值均为 $Ra1.6\,\mu m$。φ58g6 圆柱右端面、φ35 孔左端面的表面粗糙度值为 $Ra12.5\,\mu m$。其余表面的表面粗糙度值为 $Ra6.3\,\mu m$，在图中统一给定。 ② 识读几何公差要求：φ90 圆柱轴线有同轴度要求，⊚ φ0.025 A 表示被测要素为 φ90 圆柱的轴线，基准要素为孔 φ16H7 的轴线，公差值为 φ0.025 mm。φ90 圆柱的右端面有垂直度要求，⊥ 0.040 A 表示被测要素为 φ90 圆柱的右端面，基准要素为 φ16H7 的轴线，公差值为 0.040 mm。 ③ 识读其他技术要求：铸件表面要平滑，不得有砂眼、裂纹等缺陷。图中未标注的铸造圆角为 R3，图中未标注的倒角为 C1.5

3. 识读拨叉零件图。

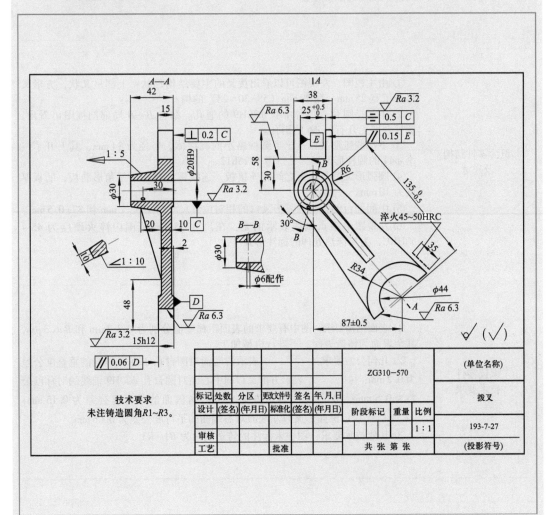

续表

识读步骤	识读内容
识读标题栏	零件名称：拨叉； 零件材料：ZG310-570； 绘图比例：1∶1
识读视图 表达方案	高度和宽度方向的主要尺寸基准为圆台上 $\phi20H9$ 的轴线，长度方向的主要尺寸基准为拨叉的右端面；拨叉由两个基本视图、一个局部剖视图和一个移出断面图组成。根据视图的配置可知，$A—A$ 剖视图为主视图，主要表达拨叉的内部结构，左视图主要表达拨叉的外部形状，并表示了 $A—A$ 剖视图和 $B—B$ 局部剖视图的剖切位置
识读零件结构 及尺寸	① 由主视图、左视图可以看出拨叉的主要结构形状：上部呈叉状，方形叉口开了宽 25 mm、深 28 mm（58-30=28）的槽。 　　② 中间是圆台，圆台中有 $\phi20H9$ 的通孔。结合 $B—B$ 局部剖视图可看出，圆柱台壁上开有一 $\phi6$ 的销孔。 　　③ 下部圆弧形叉口是比半圆柱略小的圆柱体，半径为 34 mm，其上开了一个 $\phi44$ 的圆柱形叉口，叉口厚为 15h12。 　　④ 圆弧形叉口与圆台之间有连接板，连接板上有一个三角形肋板，肋板厚度为 10 mm。 　　⑤ 中间圆台的孔与圆弧形叉口的相对位置尺寸为 $135_{-0.5}^{0}$ mm 和 87 ± 0.5 mm。 　　⑥ 左视图中粗点画线表示的是：在尺寸 35 mm 范围内淬火硬度为 45～50HRC，为局部热处理的标注形式
识读零件 技术要求	① 表面结构要求：图中有要求的表面粗糙度值分别为 $Ra3.2\ \mu m$ 和 $Ra6.3\ \mu m$，其余表面为铸造表面，不进行机械加工。 　　② 几何公差要求：$\boxed{\perp\ \vert\ 0.2\ \vert\ C}$ 表示右端面对圆台孔 $\phi20H9$ 轴线的垂直度公差为 0.2 mm；$\boxed{=\ \vert\ 0.5\ \vert\ C}$ 表示方形叉口的中心面对圆台孔 $\phi20H9$ 轴线的对称度公差为 0.5 mm；$\boxed{/\!/\ \vert\ 0.15\ \vert\ E}$ 表示方形叉口的两侧面的平行度公差为 0.15 mm；$\boxed{/\!/\ \vert\ 0.06\ \vert\ D}$ 表示圆弧形叉口左端面对右端面的平行度公差为 0.06 mm。 　　③ 其他技术要求：图中未标注的铸造圆角为 $R1～R3$

4. 识读泵体零件图，并填空。

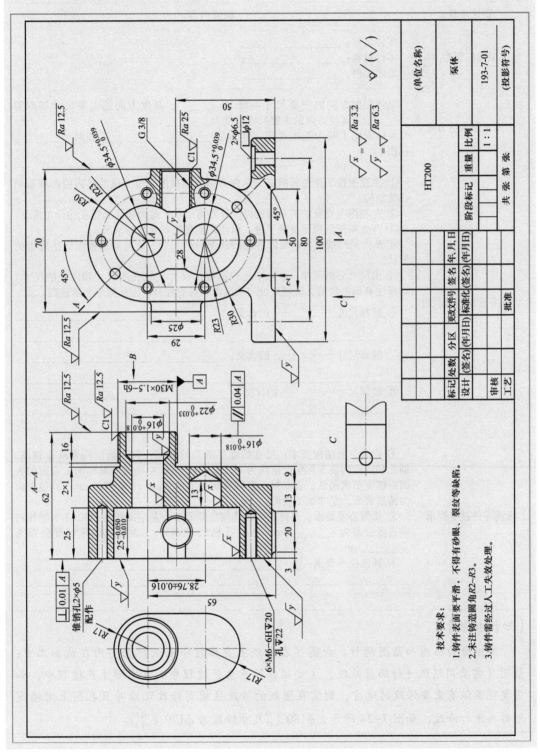

续表

识读步骤	识读内容
识读标题栏	零件名称：＿＿＿＿＿＿＿＿； 零件材料：＿＿＿＿＿＿＿＿； 绘图比例：＿＿＿＿＿＿＿＿
识读视图表达方案	泵体长度方向的主要尺寸基准为＿＿＿＿，高度方向的主要尺寸基准为＿＿＿＿，宽度方向的主要尺寸基准为＿＿＿＿。 泵体采用了两个基本视图，分别是＿＿＿＿、＿＿＿＿，和两个＿＿＿＿视图
识读零件结构及尺寸	① 主视图按工作位置确定，并在采用全剖视图，重点反映其内腔形状和轴孔的结构。 ② 左视图主要反映了泵体的内、外轮廓形状，端面销孔和螺孔的分布情况。 ③ 两处局部剖视图反映了进、出油孔和底板安装孔的情况。 ④ B 向局部视图表达泵体右侧凸起部分的形状，C 向局部视图表达底板的形状。 ⑤ 由尺寸分析可知，泵体中比较重要的尺寸（轴孔的尺寸和内腔的尺寸）均标注有偏差数值，说明此处与轴或齿轮等有配合，因此精度要求较高。 ⑥ 解释尺寸 $\dfrac{锥销孔2\times\phi 5}{配作}$ 的含义：＿＿＿＿＿＿＿＿＿＿＿ ＿＿＿＿＿＿＿＿＿＿＿＿＿＿＿＿＿＿＿＿＿＿＿＿＿＿＿＿＿＿＿。 ⑦ 解释尺寸 $\dfrac{6\times M6-6H\downarrow 20}{孔\downarrow 22}$ 的含义：＿＿＿＿＿＿＿＿＿ ＿＿＿＿＿＿＿＿＿＿＿＿＿＿＿＿＿＿＿＿＿＿＿＿＿＿＿＿＿＿＿。 ⑧ 解释尺寸 M30×1.5-6h 的含义：＿＿＿＿＿＿＿＿＿＿＿＿＿
识读零件技术要求	① 识读表面结构要求：尺寸精度要求高的表面，其表面结构要求也较高。轴孔和内腔的表面粗糙度值均为 $Ra3.2\ \mu m$；泵体左端面等其他加工表面的表面粗糙度要求稍低，表面粗糙度值分别为 $Ra6.3\ \mu m$ 和 $Ra12.5\ \mu m$；其他表面为铸造表面，是非加工表面。 ② 几何公差要求：泵体有两处几何公差要求，左端面相对 M30×1.5 轴线的垂直度公差为＿＿＿＿ mm；$\phi 16$ 孔轴线对 M30×1.5 轴线的平行度公差为＿＿＿＿ mm。 ③ 其他技术要求：＿＿＿＿＿＿＿＿＿＿＿＿＿＿＿＿＿＿＿＿

【知识拓展】

图纸分为白图和蓝图两种。白图（在白纸上直接打印图纸）主要用在试加工中；蓝图（需要用蜡纸进行晒蓝处理）主要用在批量生产过程中。在实际生产过程中，如若发现图纸有需要修改的地方，则需在图纸的修改区填写修改记录并且在图上用横线划掉再进行修改，如图 7-24 所示，$\phi 180^{-0.10}_{-0.15}$ 尺寸修改为 $\phi 179.8^{-0.05}_{-0.15}$。

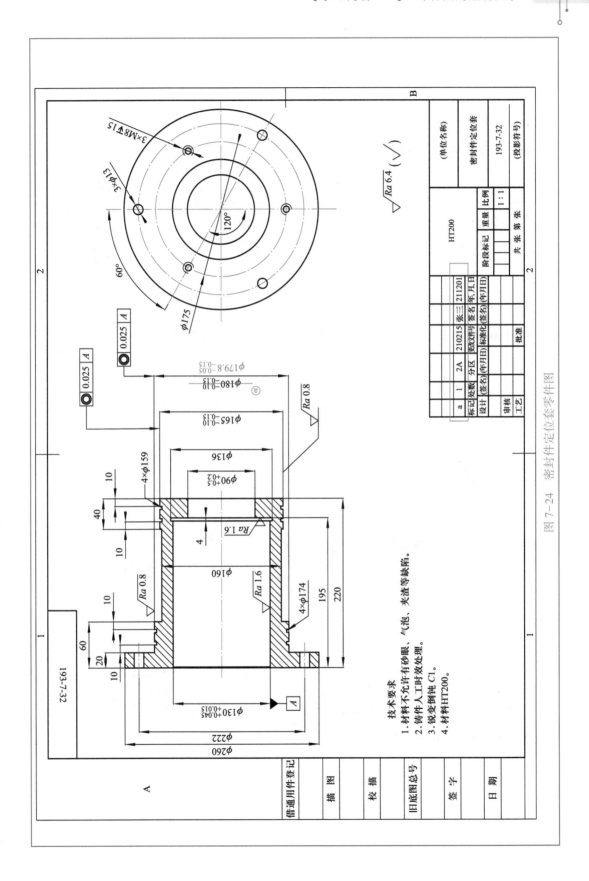

图 7-24　密封件定位套零件图

【学习内容 7. 6】　AutoCAD 绘制零件图

7. 6. 1　AutoCAD 的基本操作技能

跟随微课学习 AutoCAD 的基本操作技能。

微课 表面结构 要求的标注	微课 几何公差及 基准的标注	微课 标注样式	微课 轴类零件 图的绘制

7. 6. 2　AutoCAD 绘制输出轴零件图

利用 AutoCAD 绘制图 7-2 所示主动轴零件图，具体作图步骤见表 7-5。

表 7-5　AutoCAD 绘制输出轴零件图的作图步骤

步骤 1：设置绘图环境。 　根据轴的大小选定 A3 幅面，可调用 A3 机械样板图，也可自行设置相应图层、文字样式、标注样式；打开"极轴" ⊆、"对象捕捉" □、"对象追踪" ∠ 等辅助绘图工具	
步骤 2：绘制轴的主视图。 ① 绘制轴的轴线； ② 绘制主视图的主要框架	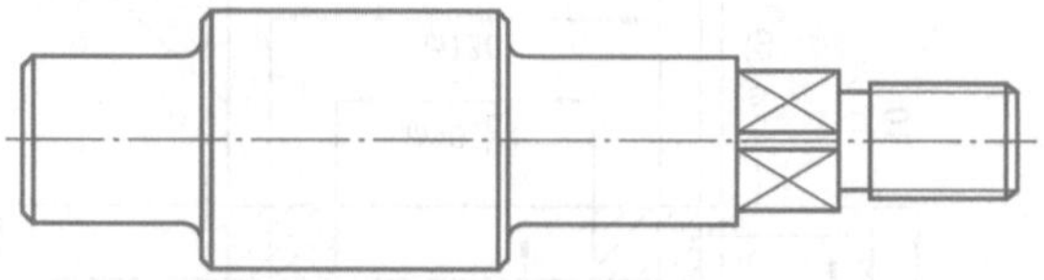
步骤 3：绘制主视图中的局部剖视图。 ① 绘制键槽的局部剖视图； ② 绘制孔的局部剖视图	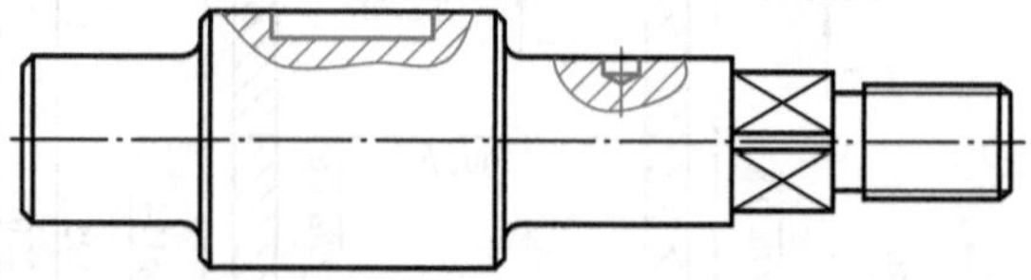
步骤 4：绘制其他视图。 ① 绘制键槽的局部向视图； ② 绘制键槽部分的移出断面图； ③ 绘制有平面轴段的移出断面图； ④ 绘制局部放大图	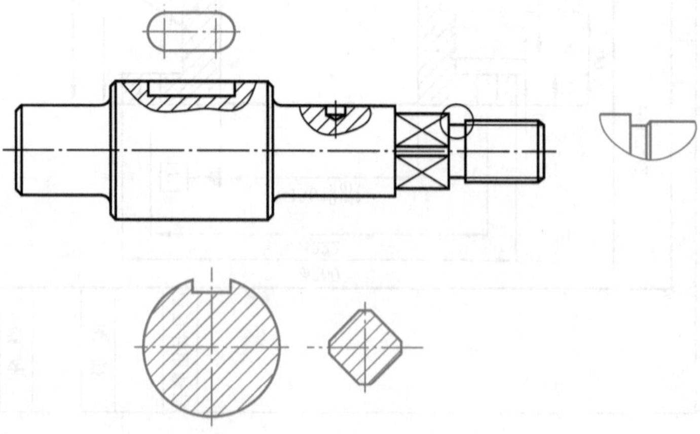

续表

步骤 5：尺寸标注及技术要求注写。

① 标注线性尺寸等主要尺寸；

② 标注几何公差；

③ 创建带有属性的"块"

，并进行表面粗糙度的标注；

④ 注意：在使用"缩放" 命令后，在局部放大图中标注尺寸时，尺寸也会随缩放比例增大相应倍数，此时就需要在标注前设置新的标注样式，并将"比例因子"设置为相应比例，本例中为 0.5；

⑤ 技术要求注写：利用"多行文字" A 命令注写相应技术要求

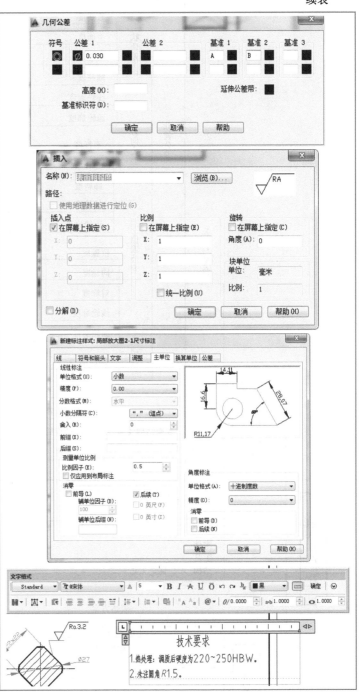

【知识总结】

请自行总结知识点，将下列总结完善。

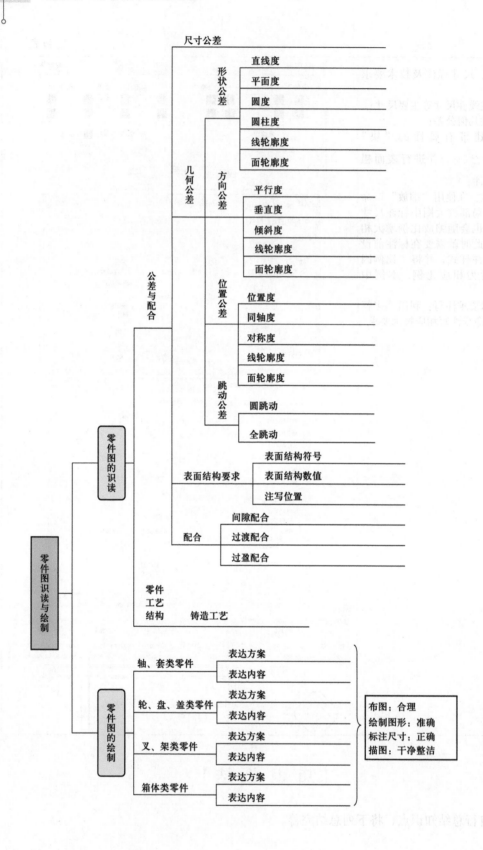

模块八

装配图识读与绘制

【模块导读】

在工程实际中，任何机器都是由各种零、部件按照一定的装配要求装配而成的，用来表达机器或者部件中零件的相对位置、连接方式及装配关系的图样称为装配图，装配图是机器或部件装配、检验、调试和维修时的重要技术文件。本模块将着重讲解装配图的画法、标注及识读装配图和由装配图拆画零件图的方法。

【学习目标】

❖ 理解装配图的作用与内容；

❖ 掌握装配图的视图选择、基本画法、简化画法；

❖ 掌握装配尺寸的标注方法；

❖ 掌握装配图中零、部件序号的标注方法及明细栏的填写方法；

❖ 能识读简单的装配图；

❖ 能测量简单部件或装配体，并画出其零件图和装配图；

❖ 培养参数计算能力与相关手册查阅能力；

❖ 培养团队精神和爱岗敬业的工匠精神；

❖ 培养细致、严谨、一丝不苟的工作作风、态度与素质。

【学习内容 8.1】 装配图的作用与内容

8.1.1 装配图的作用

1) 在产品设计中，一般先画出装配图，用以表达机器或部件的工作原理、主要结构和各零件之间的装配关系，然后根据装配图设计零件并画出零件图。

2) 在产品制造中，装配图是制订装配工艺规程、进行装配和检验的技术依据，即根据装配图把零件装配成部件或机器。

3) 在使用或维修机械设备时，也需通过装配图来了解机器的性能、结构、传动路线、工作原理、维护和使用方法等。

4) 装配图反映设计者的技术思想，其与零件图都是生产和技术交流中的重要技术文件。

8.1.2 装配图的内容

图 8-1 所示为球阀装配图，由此可以看出一张完整的装配图应该具备如下内容：

1) 一组图形。用一组视图（包括剖视图、断面图等）表达机器或部件的传动路线、工作原理、结构特点，零件之间的相对位置关系、装配关系、连接方式和主要零件的结构形状等。

2) 尺寸标注。需标注出表示机器或部件的性能、规格、外形，以及装配、检验、安装时所必需的几类尺寸。

3) 技术要求。用文字或符号说明机器或部件的性能、装配、检验、调整、运输、安装、验收及使用等方面的技术要求。

4) 零件编号、明细栏和标题栏。在装配图上应对每种不同的零件编写序号，并在明细栏内依次填写零件的序号、代号名称、数量、材料等内容。标题栏内填写机器或部件的图样名称、比例、图样代号及设计人员、审核人员签名等。

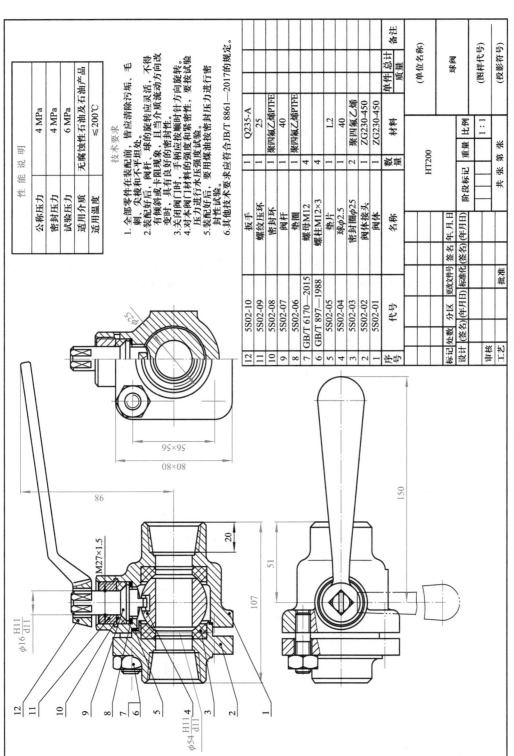

性能说明		
公称压力		4 MPa
密封压力		4 MPa
试验压力		6 MPa
适用介质		无腐蚀性石油及石油产品
适用温度		≤200℃

技术要求

1. 全部零件在装配前，皆应清除污垢、毛刺。
2. 装配好后，阀杆、球的旋转应灵活，不得有倾斜或卡阻现象，且当介质流动方向改变时，具有良好的密封性。
3. 关闭阀门时，手柄应按顺时针方向旋转。
4. 对本阀门材料的强度和紧密性，要按装试验压力进行水压强度试验。
5. 装配好后，要用煤油按密封压力进行密封性试验。
6. 其他技术要求应符合JB/T 8861—2017的规定。

12	5S02-10		扳手	1	Q235-A	
11	5S02-09		螺纹压环	1	25	
10	5S02-08		密封环	1	聚四氟乙烯PTFE	
9	5S02-07		阀杆	1	40	
8	5S02-06		垫圈	1	聚四氟乙烯PTFE	
7	GB/T 6170—2015		螺母M12	4		
6	GB/T 897—1988		螺柱M12×3	4		
5	5S02-05		垫片	1	L2	
4	5S02-04		球φ2.5	1	40	
3	5S02-03		密封圈φ25	2	聚四氟乙烯	
2	5S02-02		阀体接头	1	ZG230-450	
1	5S02-01		阀体	1	ZG230-450	
序号	代号	分区	名称	数量	材料	备注
标记	处数	更改文件号	签名	年月日		单件 总计
						质量
设计	(签名)	(年月日)	标准化	(签名)(年月日)	阶段标记	重量	比例
					HT200		1:1
审核							
工艺			批准		共 张 第 张		
					(单位名称)	
					球阀	
					(图样代号)	
					(投影符号)	

图 8-1　球阀装配图

【学习内容 8.2】 装配图的表达方法

装配图和零件图的表达方法有许多相同之处，前面介绍的各种表达方法（视图、剖视图、断面图、局部放大图等）对装配图均适用。但是，由于两种图样的使用要求不同，所以其表达的侧重点不同。零件图主要表达零件的大小、形状，它是加工制造零件的依据；装配图则主要表达机器或部件的工作原理、各组成零件的装配关系，它是将制造出来的零件装配成机器或部件的主要依据。因此，装配图不必将每个零件的形状、大小都表达完整，根据装配图的特点和表达要求，国家标准《机械制图》对装配图提出了一些规定画法和特殊表达方法。

8.2.1 装配图的规定画法

（1）接触面和配合表面的画法

两个零件的接触面或有配合关系的工作表面，其分界处规定只画成一条线。不接触或没有配合关系时，即使间隙很小，也必须画成两条线，如图8-2所示。

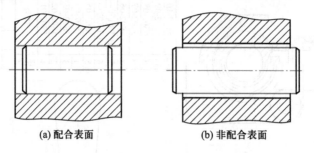

(a) 配合表面   (b) 非配合表面

图8-2 配合表面的画法

（2）零件剖面符号的画法

1）在剖视图中，相邻两零件的剖面线方向应相反，如图8-3所示；或者方向一致，但间隔不同。同一个零件，在不同视图中的剖面线应该保证方向相同、间隔相同。当断面的宽度小于2 mm时，允许以涂黑来代替剖面线，如图8-4所示垫片的画法。

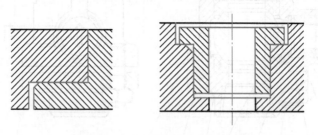

图8-3 相邻两零件的剖面线

2）对于螺纹紧固件（如螺钉、螺栓、螺母、垫圈等）、键、销、轴、连杆、手柄、球等标准件或实心件，当剖切平面通过其轴线或对称平面时，则这些零件均按不剖绘制，如图8-4所示。但必须注意，当剖切平面垂直于这些零件的轴线剖切时，在这些零件的剖面区域上应该画出剖面线。

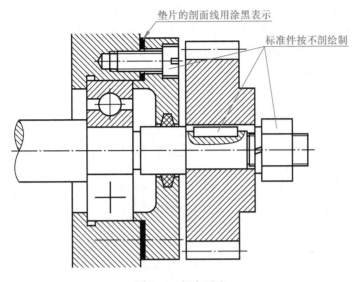

图 8-4 规定画法

8.2.2 装配图的特殊表达方法

（1）拆卸画法

在装配图的某一视图中，为了表达某些零件被遮盖的内部结构形状或其他零件的结构形状，可假想拆去一个或几个零件后绘制该视图。如图 8-5 所示为滑动轴承装配图，其主视图采用半剖画法，表达了该部件的内、外形状及装配关系；俯视图左右对称，右侧采用了拆卸画法，即拆去轴承盖等零件，以表达该部件的内部结构形状。

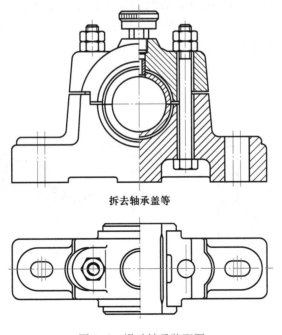

图 8-5 滑动轴承装配图

（2）沿结合面剖切画法

为了表达部件的内部结构形状，可采用沿结合面剖切画法（一般是在端盖处的结合面剖切）。如图 8-6 所示为转子液压泵装配图，其中右视图 $A—A$，即是沿结合面剖切而得到的剖视图。这种画法，零件的结合处不画剖面线，但剖切到的其他零件，如右视图中的螺钉等零件仍需要画出剖面线。

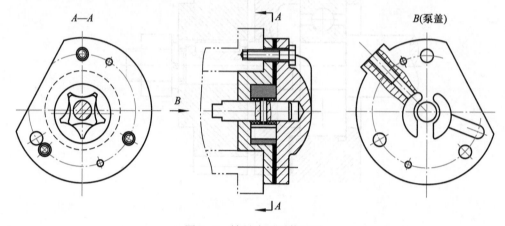

图 8-6　转子液压泵装配图

（3）单独表示某个零件

在装配图中，当某个零件的形状未表达清楚，该结构又对理解装配关系有影响时，可单独画出该零件的某一视图。如图 8-6 所示转子液压泵装配图中的泵盖，采用 B 向视图单独表达其结构形状，此时，一般应在视图的上方标注零件名称及投影名称。

（4）假想画法

在装配图中，为了表达与本部件有装配关系但又不属于本部件的其他相邻零、部件时，可用细双点画线画出相邻零、部件的部分轮廓，如图 8-7（a）所示。

当需要表示运动零件的运动范围或极限位置时，也可用细双点画线表示该零件在极限位置的轮廓，如图 8-7（b）所示。

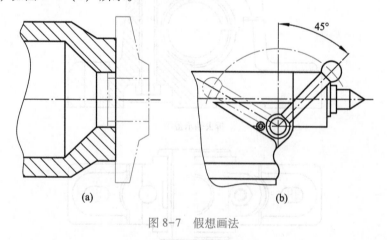

图 8-7　假想画法

（5）夸大画法

在装配图中，对于薄的垫片、线径很小的弹簧、微小的间隙等，为了清晰表达，可将它们适当夸大画出，如图 8-8 所示。

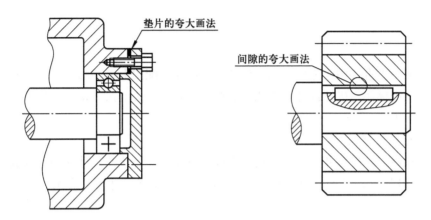

图 8-8　螺栓、轴承等在装配图中的画法

8.2.3　装配图的简化画法

1）对于装配图中若干相同的零件组，如螺栓连接件等，可仅详细地画出一组或几组，其余的组件只需用中心线表示其装配位置即可，如图 8-9 所示的螺栓。

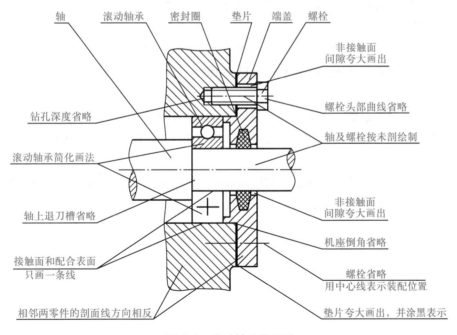

图 8-9　滚动轴承装配图

2）装配图中的滚动轴承一般按规定画法画出一半，另一半则采用通用画法画出，如图 8-9 所示，或采用特征画法画出。

3）在装配图中，当剖切平面通过某些标准件的轴线（如油杯、油标、管接头等），且该标准件已经在其他视图中表达清楚时，则可以只画出其外形。

4）装配图中零件的工艺结构，如倒角、圆角、退刀槽等允许省略不画。

【学习内容 8.3】 装配图的尺寸标注

由于装配图不直接用于零件的制造生产，所以在装配图上无须标注出各组成零件的全部尺寸，而只需标注与机器或部件性能、装配、安装等有关的尺寸即可。这些尺寸一般可以分为以下 5 类。

（1）规格或性能尺寸

部件的规格或性能尺寸是设计和选用部件的主要依据，这些尺寸在设计时就已经确定了。如图 8-10 所示，滑动轴承的轴孔直径 $\phi 55H8$ 为规格尺寸，它表示了所适用的轴径尺寸。

（2）装配尺寸

表示机器或部件中有关零件之间装配关系的尺寸称为装配尺寸。这类尺寸包括：

1）配合尺寸。保证零件之间配合性质（间隙配合、过渡配合、过盈配合等）的尺寸，如图 8-10 中的 90H9/k9 和 $\phi 65H8/k7$ 等。

2）相对位置尺寸。装配时保证零件间相对位置的尺寸，常用的有重要的轴距、中心距和间隙等。如图 8-10 中轴承孔轴线距离底面的高度尺寸 70、两连接螺栓的中心距尺寸 85±0.3 和轴承盖与轴承座之间的间隙尺寸 2 等。

（3）安装尺寸

机器或部件安装到其他零、部件或基座上所需要的尺寸称为安装尺寸。如图 8-10 中轴承座底板上安装孔尺寸 6、17 和其位置尺寸 180。

（4）总体尺寸

表达机器或部件总长、总宽和总高的尺寸称为总体尺寸。它表明机器或部件所占空间的大小，以供产品包装、运输和安装时参考。如图 8-10 中的尺寸 240、80 和 152。

（5）其他重要尺寸

在装配图中除了上述尺寸外，有时还应该标注出诸如运动零件的活动范围，非标准件上的螺纹标记，以及设计时经计算确定的重要尺寸等。

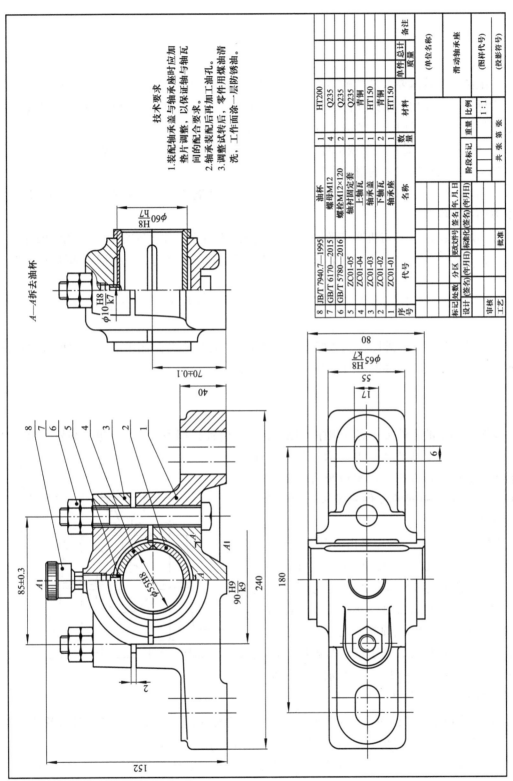

图 8-10 滑动轴承装配图

【学习内容8.4】 装配图中的技术要求

装配图中的技术要求是指机器或部件在安装、检测和调试等过程中用到的有关数据和性能指标，以及使用、维护和保养等方面的技术要求，一般用文字标注在明细栏附近。拟订装配图的技术要求时，一般应从以下几方面考虑。

1）装配要求：是指机器或部件在装配过程中应注意的事项和装配后应达到的技术要求，如精度、装配间隙和润滑要求等。

2）检验要求：是指对装配后机器或部件的基本性能的检验、调试，以及操作技术指标等方面提出的要求。

3）使用要求：是指对机器或部件的维护、保养及使用时的注意事项等方面提出的要求。

注：上述各项技术要求，不是每张装配图中都必须全部注写，应根据具体情况而定。

【学习内容8.5】 装配图的零件序号和明细栏

为了便于读图、管理图样和做好生产准备工作，需要在装配图上对各种零件或组件进行编号，同时要根据零件的序号编制相应的明细栏。

8.5.1　序号的编排方法与规定

将装配图上的零件按一定的顺序（顺时针或逆时针）用阿拉伯数字进行编号，编排时应顺次排列整齐，如图8-11所示。若无法连续排列时，应尽量在每个水平或竖直方向上顺序排列。其中，相同的零件只编写一个序号，且只标注一次。

装配图中零、部件的序号由指引线、小圆点（或箭头）及序号数字组成，如图8-12所示。

1）一般在被编号零件的可见轮廓线内画一小圆点，然后用直线画出指引线，并在指引线的端部画一基准线或圆圈，在基准线上方或圆圈内注写零件序号，指引线、基准线或圆圈均为细实线，如图8-12（a）所示。同一张装配图中的序号编写形式应一致。

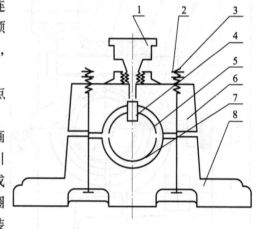

图8-11　装配图序号标注方法

2）当在所指零件的轮廓内不便画圆点时，如要标注的部分是很薄的零件或涂黑的剖面时，可用箭头代替小圆点指向该部分轮廓，如图8-12（b）所示。

3）装配图中的指引线不能相交，且当其通过剖面区域时，指引线不应与剖面线平行；指引线可以画成折线，但只可曲折一次，如图8-12（c）所示。

4）对于一组螺纹紧固件或装配关系清楚的组件，可使用公共指引线标注，如图8-12（d）所示。

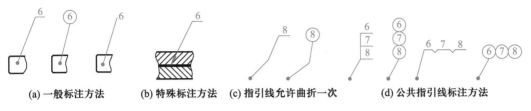

图 8-12　装配图序号标注形式

5）序号数字的字号比装配图中尺寸数字的字号大一号。

8.5.2　明细栏

1）明细栏一般配置在标题栏的上方，是装配图中全部零件的详细目录，零（组）件序号应自下而上按顺序填写。当地方不够时，可以将其余部分分段移到标题栏左侧填写。

2）在特殊情况下，零件的详细目录也可以不画在装配图中，而将明细栏作为装配图的续页单独编写在另一张 A4 图纸上，单独编写时，序号应自上而下按顺序填写。

3）明细栏格式可参照 GB/T 10609.2—2009 的有关规定绘制，如图 8-13 所示。

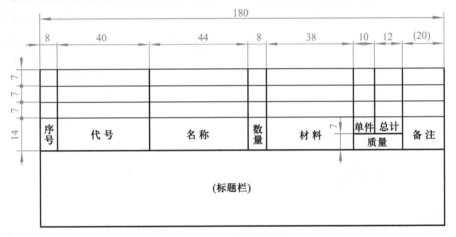

图 8-13　明细栏格式

【学习内容 8.6】　识读装配图及拆、画装配图

8.6.1　识读装配图的方法和步骤

读装配图时，一般可按照"概括了解→分析视图→分析工作原理和装配顺序→分析零件的结构形状→分析尺寸和技术要求"的步骤进行。通过读装配图，应达到以下 3 方面要求：

1）了解装配体的名称、用途、性能、结构及工作原理；

2）明确各零件之间的装配关系、连接方式、相互位置关系及装拆的先后顺序；

3）清楚各组成零件的主要结构形状及其在装配图中的作用。

以表 8-1 中齿轮泵装配图为例，分析识读装配图的方法和步骤。

表 8-1　识读齿轮泵装配图的方法和步骤

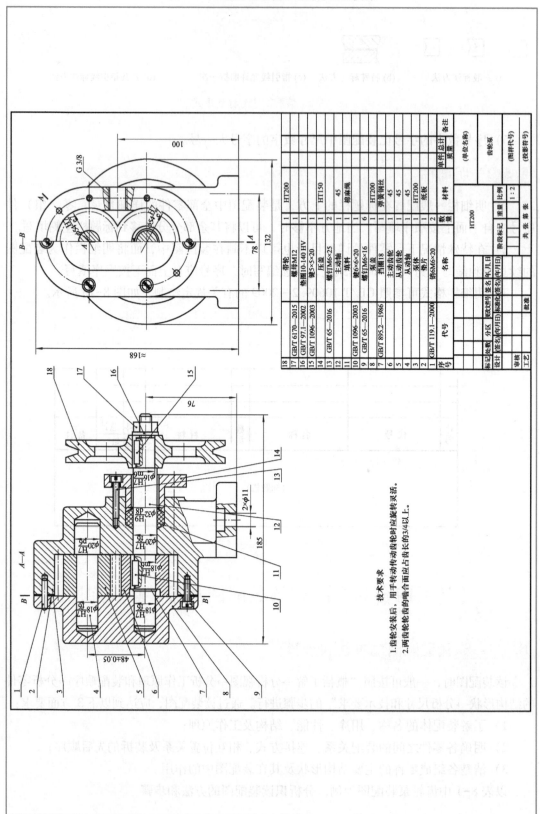

序号	代号	名称	数量	材料	单件 总计 备注
					质量
18	GB/T 6170—2015	带轮	1	HT200	
17		螺母 M12	1		
16	GB/T 97.1—2002	垫圈 10-140 HV	1		
15	GB/T 1096—2003	键 5×5-20	1		
14		压盖	1	HT150	
13	GB/T 65—2016	螺钉 M6×25	2	45	
12		主动轴	1	45	
11		填料	1	棉麻绳	
10	GB/T 1096—2003	键 6×6-20	1	45	
9	GB/T 65—2016	螺钉 M6×16	6		
8	GB/T 895.2—1986	挡圈 18	1	弹簧钢丝	
7		泵盖	1	HT200	
6		主动齿轮	1	45	
5		从动轴	1	45	
4		泵体	1	HT200	
3		垫片	1	纸板	
2					
1	GB/T 119.1—2000	销 6M6×20	2		

						HT200		(单位名称)
								齿轮泵
设计	(签名)	(年月日)	标准化	(签名)	(年月日)	阶段标记	比例	(图样代号)
							1：2	
	分区		更改文件号	签名	年月日	共 张 第 张		(投影符号)
审核								
工艺		批准						

技术要求

1. 齿轮安装后，用手转动传动齿轮时应旋转灵活。
2. 两齿轮轮齿的啮合面应占齿长的 3/4 以上。

续表

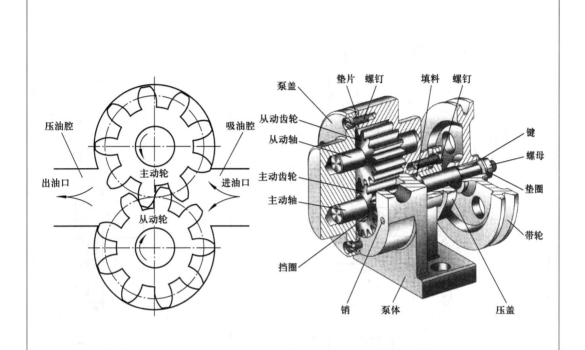

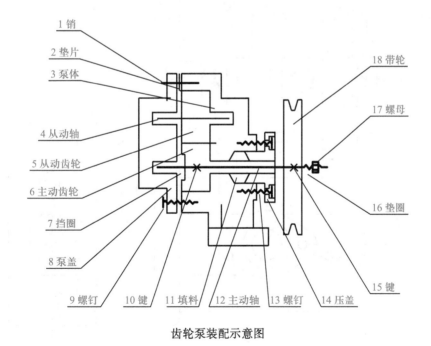

齿轮泵装配示意图

续表

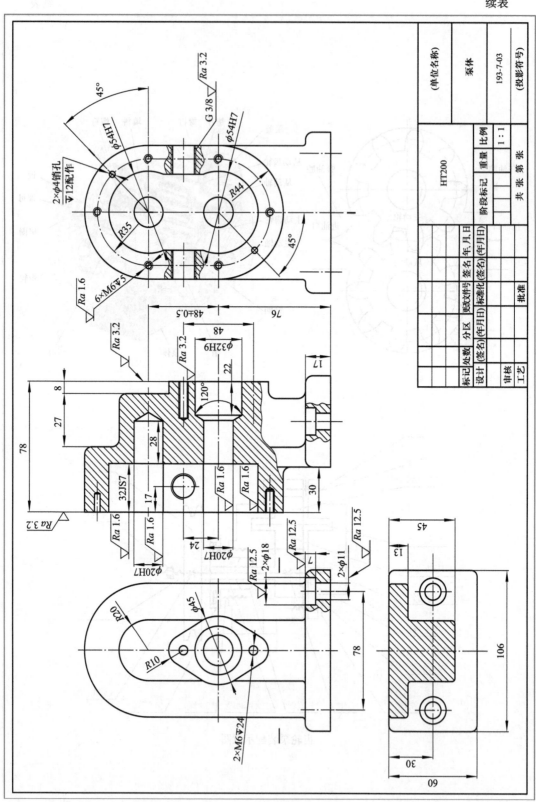

(单位名称)			泵体
			193-7-03
			(投影符号)

			HT200	比例	1:1
				重量	
			阶段标记	共 张 第 张

标记	处数	分区	更改文件号	签 名	年,月,日
设计	(签名)	(年月日)	标准化	(签名)	(年月日)
审核					
工艺			批准		

续表

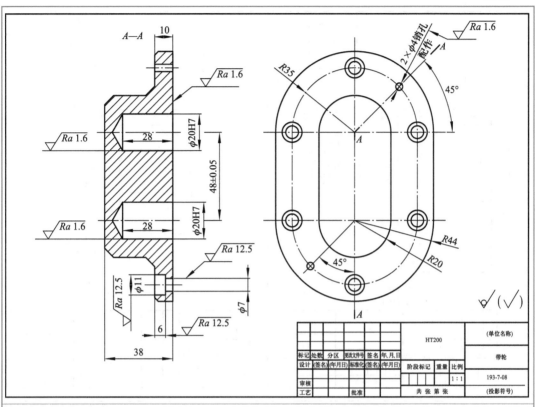

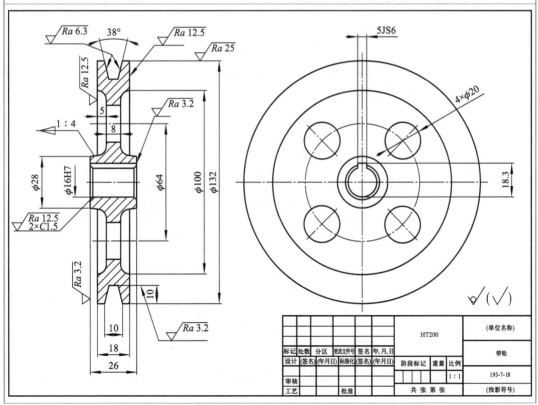

续表

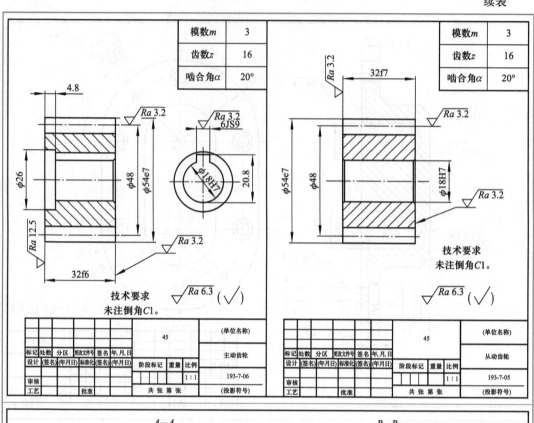

模数m	3
齿数z	16
啮合角α	20°

技术要求
未注倒角C1。

							45			(单位名称)
标记	处数	分区	更改文件号	签名	年,月,日					主动齿轮
设计	(签名)	(年月日)	标准化	(签名)	(年月日)	阶段标记	重量	比例		
审核								1:1		193-7-06
工艺			批准			共 张 第 张				(投影符号)

模数m	3
齿数z	16
啮合角α	20°

技术要求
未注倒角C1。

							45			(单位名称)
标记	处数	分区	更改文件号	签名	年,月,日					从动齿轮
设计	(签名)	(年月日)	标准化	(签名)	(年月日)	阶段标记	重量	比例		
审核								1:1		193-7-05
工艺			批准			共 张 第 张				(投影符号)

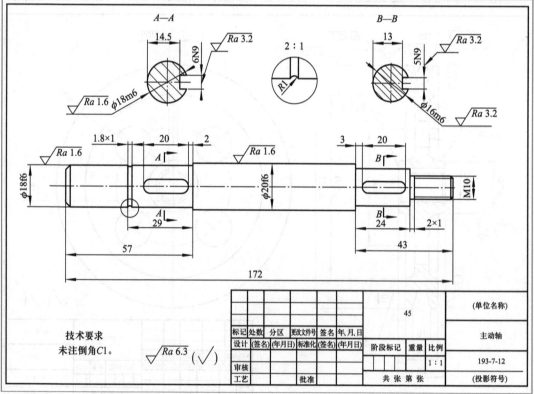

技术要求
未注倒角C1。

							45			(单位名称)
标记	处数	分区	更改文件号	签名	年,月,日					主动轴
设计	(签名)	(年月日)	标准化	(签名)	(年月日)	阶段标记	重量	比例		
审核								1:1		193-7-12
工艺			批准			共 张 第 张				(投影符号)

续表

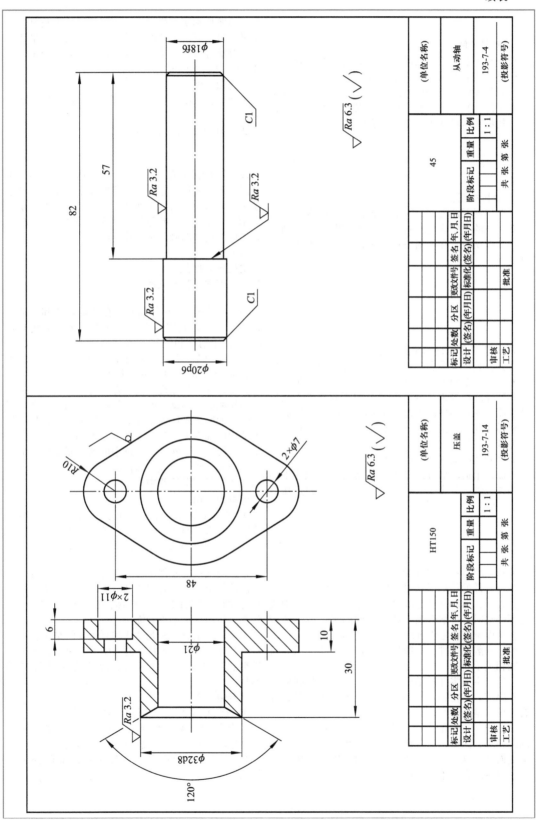

续表

① 概况了解： 　　首先看标题栏，由机器或部件的名称可大致了解其用途，然后对照明细栏中零件的序号，在装配图上找到各零件或组件的大致位置，以了解机器或部件上零件的数量、名称、材料，以及标准件的规格等，初步判断机器或部件的复杂程度	由标题栏和明细栏可知，该装配体为齿轮泵。齿轮泵是机床润滑系统的供油泵，该泵由装在泵体内的一对啮合齿轮、轴、密封装置、泵盖及带轮等共18 种零件装配而成。 　　试着做一做： 　　① 齿轮泵由　　　　　个零件构成，图样比例为　　　　　。 　　② 装配体中的标准件有　　　　　　　　　　　
② 分析视图： 　　了解各视图的类型，明确各视图之间的投影关系及其表达的主要内容。对于剖视图和断面图，则应找出其剖切位置和投射方向，为进一步深入读图做准备	该齿轮泵装配图用了两个视图表达。主视图采用全剖视图，表达了零件间的装配关系，左视图沿泵盖 8 和泵体 3 的结合面处剖开，左半部分表达泵盖8 的外形结构，右半部分表达泵体 3 的内部结构，并用局部剖视图画出了油孔的结构形状。 　　试着做一做： 　　主视图主要表达　　　　　、　　　　　、　　　　、泵盖等零件的装配关系
③ 分析工作原理和装配顺序： 　　在分析装配关系和工作原理时，首先应通过零件编号、剖面线的方向、间隔，以及装配图的规定画法和特殊画法等来区分装配图上的不同零件，然后从最能反映各零件连接方式和装配关系的视图入手，分析零件间的装配关系、配合要求，以及定位、连接方式等。经过这样的分析，可对机器或部件的工作原理和装配关系有一定了解。 　　组成每个运动部分的零件，根据它在装配体中的作用，大致可分为三类：运动件、固定件和连接件（后两者为相对静止的零件）	将一对齿轮 5、6 分别安装在从动轴 4 和主动轴12 上，然后将它安装在泵体 3 上，接着安装泵盖8，并使用销 1 和螺钉 9 将泵盖 8 和泵体 3 固定，最后从主动轴 12 的右端依次装入填料 11、压盖14、键 15 和带轮 18，并将其固定。 　　齿轮泵的工作原理：主动轮逆时针转动时，带动从动轮顺时针转动。两个齿轮啮合转动时，啮合区内的吸油腔由于压力下降而产生局部真空，从而使油池内的油在大气压力下进入泵低压区的进油口。随着齿轮的连续转动，齿槽中的油不断地从吸油腔被带至压油腔，形成高压油，然后经出油口把油压出，送往各润滑管路中。 　　试着做一做： 　　① 该齿轮泵的　　　　　与　　　　　属于运动件，泵体、泵盖等属于　　　　　，螺钉属于　　　　　。 　　② 试分析齿轮泵的作用及其工作原理
④ 分析零件的结构形状： 　　分析零件的结构形状时，应先从主视图中的主要零件着手，然后是其他零件。当零件在装配图中表达不完整时，可结合该零件的零件图来识读该装配图，从而确定该零件合理的内、外形状。 　　对于一般标准件，如螺栓、螺钉、滚动轴承等可查阅相关手册。 　　想象出主要零件的结构形状后，应结合装配体的工作原理、结构特点、装配关系及连接关系等，综合想象出整个装配体的结构形状。 　　由于同一零件的剖面线在各视图上的方向一致、间距相等，因此，在分析零件的结构形状时，应依据剖面线的这一特点，依次找出同一零件的所有视图，然后综合想象其形状	根据明细栏与零件序号，在装配图中逐一找出各零件的投影图，然后想象其结构形状。其中，垫片2、挡圈 7、螺钉 13、垫圈 16、螺母 17 等零件的形状都比较简单，不难看懂。 　　本例需要重点分析泵体 3 和泵盖 8 的结构，即分别将泵体 3 和泵盖 8 从装配图中分离出来，再通过投影想象其结构形体，最后综合想象装配体的形状。 　　试着做一做： 　　① 该齿轮泵的 3 号零件泵体的材料为　　　　　。 　　② 根据投影关系及剖面线的异同，从装配图中将 3 号零件分离出来，想象泵体的形状。 　　③ 根据泵体的形状及装配关系，试着分析其作用

续表

⑤ 分析尺寸和技术要求： 　　装配图中通常注有规格（性能）尺寸、装配尺寸、安装尺寸、总体尺寸和其他重要尺寸，以及对装配体的安装、检验和使用等方面提出的技术要求等，从而使读图人员能够全面、准确地了解和使用该装配体	为保证两个齿轮能正确啮合，需注出安装尺寸 48 ± 0.05；为了保证齿轮的啮合精度，对与主动轴和从动轴所配合的零件均需注出配合尺寸，如 $\phi18H7/f6$，$\phi20H7/f6$ 等。此外，技术要求中还给出了齿轮安装后应达到的技术要求。 试着做一做： ① 该齿轮泵总高为 _____ mm，总宽为 _____ mm。 ② 从动轴对端盖孔的配合尺寸 $\phi18\dfrac{H7}{f6}$，其公称尺寸为_____，是_____配合，公差等级代号为_____。端盖孔：上极限偏差_____，下极限偏差_____。从动轴：上极限偏差_____，下极限偏差_____

【技能跟踪训练】 识读装配图

1. 识读定位器装配图。

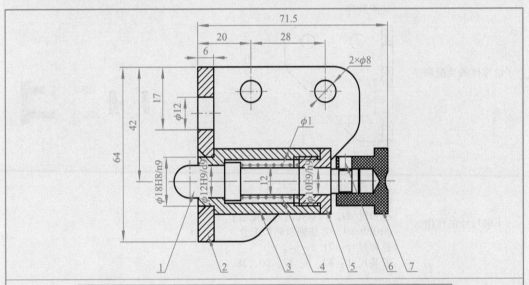

序号	代号	名称	数量	材料
1		定位轴	1	45
2		支架	1	35
3		套筒	1	35
4		压缩弹簧	1	50
5		盖	1	15
6	GB/T 73—2017	螺钉 M5×8	1	35
7		把手	1	塑料

续表

识读方法	识读内容
读标题栏及明细栏 （此图中标题栏省略）	部件名称：定位器。 定位器由7种零件装配而成，每种零件各1个，其中标准件1个（可查看标准代号）、非标准件6个
对照明细栏读视图	主视图采用全剖视图，主要表达了定位器的工作原理及装配关系，表达了各零件在部件中的位置。 根据装配图中各零件的序号与明细栏对照，通过零件名称可以了解各零件在部件中的作用
了解工作原理	定位器的支架2安装在机箱的内壁上，工作时，需将定位轴1插入零件的定位孔中；当该零件需要变换位置时，应拉动把手7，使定位轴1从零件的定位孔中拉出。松开把手7后，压缩弹簧4使定位轴1复位
了解零件的装配顺序	装配顺序： 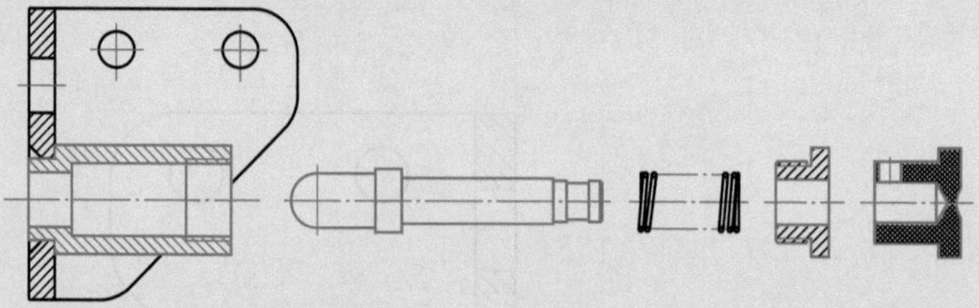
了解尺寸的作用	定位器中有3个配合尺寸： $\phi18H8/n9$，为基孔制过盈配合； $\phi12H9/d9$，为基孔制间隙配合； $\phi10E9/h9$，为基轴制间隙配合。 总体尺寸：71.5、64。 安装尺寸：42、6、17、20、28
了解分析 各零件的形状	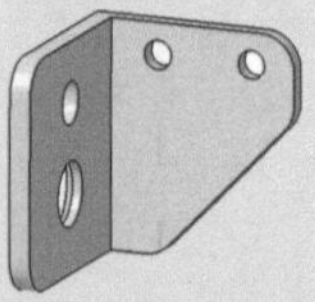 支架 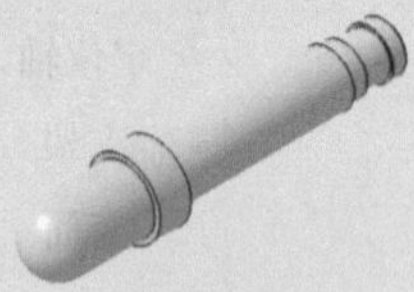　定位轴 　套筒 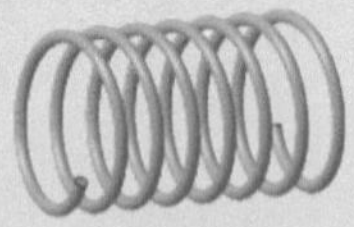　压缩弹簧  盖 　把手　螺钉

2. 识读机用平口虎钳装配图（图 0-3）。

读标题栏及明细栏	部件名称：机用平口虎钳（用于机床上夹持工件）。 　机用平口虎钳由 11 种零件装配而成，其中标准件为 3 种、非标准件为 8 种，共 15 个零件
对照明细栏读视图	装配图中使用了三个基本视图、一个局部放大图、一个局部视图和一个移出断面图，共 6 个视图。主视图采用全剖视图，将围绕螺杆 9 装配的各零件沿轴线方向的位置和装配关系表达清楚；左视图采用半剖视图，反映了固定钳身 1、活动钳身 4、螺母 8、螺钉 3 之间的配合情况；俯视图主要表达外形；局部放大图表达了螺杆 9 的牙型；A 向局部视图表达了钳口板 2 的形状；螺杆 9 的头部用移出断面图反映其断面的形状和大小
了解工作原理	转动螺杆 9—螺母 8 沿轴向移动—带动活动钳身 4 轴向移动—实现钳口开、合—夹紧工件
了解零件的装配顺序	拆卸顺序：拆下销 7—取下挡圈 6 及垫圈 5—旋出螺杆 9—取下垫圈 11—旋出螺钉 3—取下螺母 8—卸下活动钳身 4—旋出螺钉 10—分别拆下固定钳身、活动钳身的钳口板 2 　装配顺序与拆卸顺序相反
了解尺寸的作用	机用平口虎钳的规格尺寸：0~70 mm（钳口距离）。 　配合尺寸：$\phi 12 \frac{H8}{f9}$、$\phi 18 \frac{H8}{f9}$、$\phi 20 \frac{H8}{f8}$、$\phi 80 \frac{H9}{f9}$。 　安装尺寸：116、2×ϕ11。 　总体尺寸：210、60

3. 识读千斤顶装配图（识读装配图，并填空）。

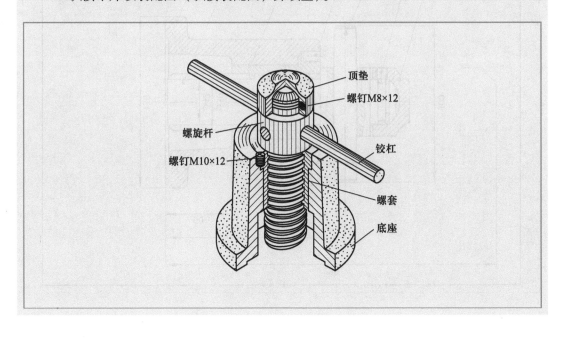

续表

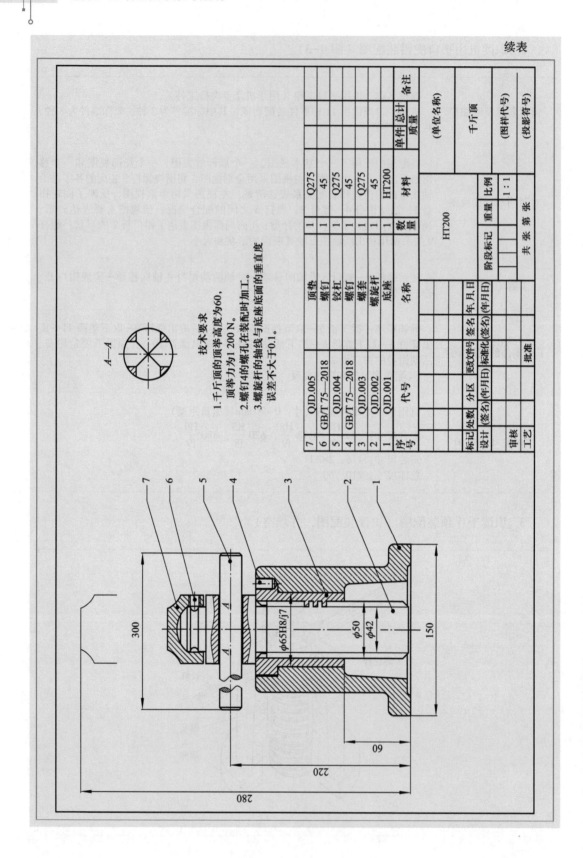

续表

读标题栏及明细栏	部件名称：_____。 此部件由_____种零件装配而成，其中标准件_____个、非标准件_____个，共_____个零件
对照明细栏读视图	主视图采用_____视图，主要表达了千斤顶的工作原理和装配关系，表达了各零件在部件中的位置。 根据装配图中各零件的序号与明细栏对照，通过零件名称可以了解各零件在部件中的作用。 图中 A—A 是_____视图，表达了螺旋杆在剖切处有两个垂直相交的孔
了解工作原理	千斤顶利用螺旋传动来顶举重物，是汽车维修和机械安装等工作中常用的一种起重式顶压工具，但其顶举的高度不能太高。工作时，将铰杠 5 穿在螺旋杆 2 顶部的孔中，旋转铰杠 5，螺旋杆 2 在螺套 3 中靠螺纹做上、下移动，顶垫 7 上的重物靠螺旋杆 2 的上升而顶起。螺套 3 安装在底座 1 中，并用螺钉 4 定位，其磨损后可更换和修配。螺旋杆 2 的球面顶部套有一个顶垫 7，其靠螺钉 6 连接固定，使顶垫 7 随螺旋杆 2 一起旋转且不易脱落
了解零件的装配顺序	装配顺序：螺套 3 装入底座 1 中—用螺钉 4 固定—螺旋杆 2 旋入螺套 3 中—铰杠 5 穿入螺旋杆 2 的孔中—顶垫 7 放在螺旋杆 2 的顶部—用螺钉 6 定位
了解尺寸的作用	千斤顶的规格尺寸：_____（千斤顶的顶举高度）。 配合尺寸：_____，为基_____制_____配合。 总体尺寸：_____、_____、_____。 其他重要尺寸：$\phi50$、$\phi42$、60、300。
了解技术要求	_____ _____ _____

8.6.2 由装配图拆画零件图的方法与步骤

在设计机器时，通常是根据使用要求先画出装配图，确定实现其工作性能的主要结构，再根据装配图来画零件图。拆画零件图实际上是继续设计零件的过程。

下面以机用平口虎钳为例，如图 0-3 所示，说明由装配图拆画零件图的方法和步骤。

（1）分离零件，想象其形状

首先认真阅读装配图，全面深入地了解设计意图，搞清楚装配体的工作原理、装配关系、技术要求和每个零件在装配体中的作用及其结构形状；然后将要拆画的零件从装配图中分离出来。

例如，要拆画机用平口虎钳装配图中的固定钳身 1，就需要先把固定钳身从装配图中分离出来。分离步骤见表 8-2。

表 8-2　拆画固定钳身的分离步骤

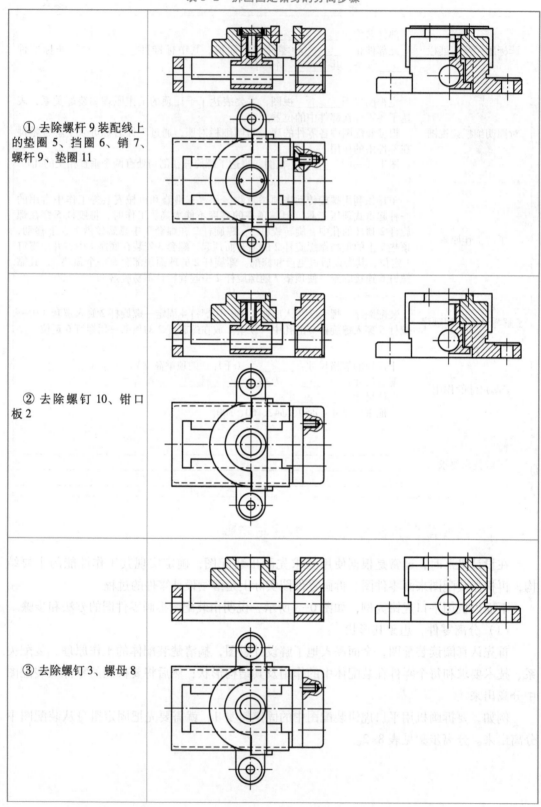

① 去除螺杆 9 装配线上的垫圈 5、挡圈 6、销 7、螺杆 9、垫圈 11	
② 去除螺钉 10、钳口板 2	
③ 去除螺钉 3、螺母 8	

续表

④ 去除活动钳身 4，余下的即为固定钳身 2	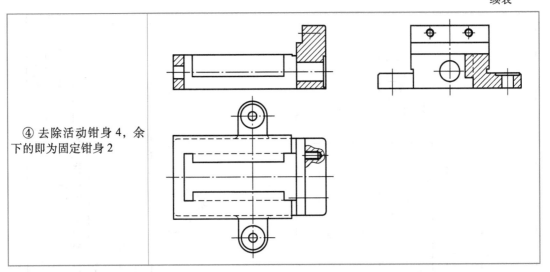

（2）确定视图的表达方案

装配图中视图的表达方案是从整个装配体来考虑的，往往无法符合每一个零件的表达需要。因此，拆画零件图时，视图方案应根据零件自身的结构特点重新选择，不能机械地照抄装配图上的视图方案。

本例中，固定钳身的主视图投射方向与装配图中的相同，主视图采用全剖视图、左视图采用半剖视图、俯视图采用局部剖视图。

（3）补全零件次要结构或工艺结构

装配图主要表达各零、部件的装配关系，对零件的次要结构或工艺结构并不一定都表示完全。因此，拆画零件图时，对装配图中省略的工艺结构，如倒角、退刀槽等，应在零件图中补充画出。本例中，固定钳身上的倒角、槽在装配图中被省略了，在零件图中应详细地画出。

（4）标注尺寸

装配图中一般只标注性能（规格）尺寸、配合尺寸、安装尺寸、总体尺寸，以及其他重要尺寸等，在拆画的零件图上要补全其他尺寸。标注拆画的零件图时，应注意以下几点：

1）凡是装配图上已经给出的尺寸，在零件图上可以直接注出。

2）某些设计时通过计算得到的尺寸（如齿轮啮合中心距），以及通过查阅标准手册确定的尺寸（如键槽的尺寸），应按计算所得数据或查表所得的数值标注，不得圆整。

3）零件上的一般结构尺寸可按比例从装配图中量取，并作适当圆整。

（5）标注尺寸偏差、表面粗糙度、几何公差和技术要求等

根据零件表面的作用及与其他零件的装配关系，可应用类比法参考同类产品图样和相关资料来确定技术要求。固定钳身零件如图 8-14 所示。

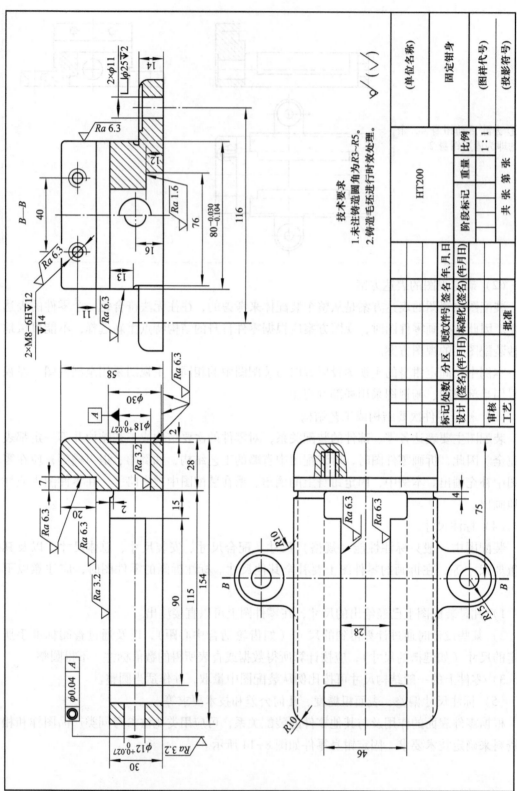

技术要求
1. 未注转造圆角为R3~R5。
2. 转造毛还进行时效处理。

图8-14 固定钳身零件图

8.6.3　由零件图绘制装配图的方法与步骤

绘制装配图的过程就是模拟部件的装配过程。通过绘制装配图，可以检验零件的结构是否合理、尺寸是否正确，若发现问题应及时修改。

（1）画图前需要考虑的问题

1）了解和分析装配体。要正确地表达一个装配体，应首先了解和分析它的用途、工作原理、结构特点及装拆顺序等情况。这些情况可通过观察实物、阅读有关技术资料和类似产品图样及咨询有关人员来学习和了解。

2）拆卸装配体。在拆卸前，应准备好有关的拆卸工具，以及放置零件的用具和场地，然后根据装配的特点，按照一定的拆卸顺序，正确地依次拆卸。拆卸过程中，对每个拆下的零件应扎上标签，做好编号，并分区分组放置在适当的地方，以免混乱和丢失，这样也便于测绘后的重新装配。

3）画装配示意图。装配示意图一般是用简单的图线画出装配体各零件的大致轮廓，以表示其装配位置、装配关系和工作原理等情况的简图。国家标准《机械制图》中规定了一些零件的简单符号，画图时可以参考使用。

应在对装配体全面了解、分析之后再画其装配示意图，并在拆卸过程中进一步了解装配体内部结构和各零件之间的关系，进行修正、补充，以备将来正确地画出装配图和重新装配之用。

4）画零件草图时应注意以下三点：

① 对于零件草图的绘制，除了图线是徒手完成外，其他方面的要求均和画正式的零件图一样。

② 零件的视图选择和安排应尽可能地考虑到画装配图的方便。

③ 零件间有配合、连接和定位等关系的尺寸，在相关零件上应标注一致。

（2）画装配图的方法和步骤

1）拟订表达方案：

① 选择主视图。

② 确定视图数量和表达方法。

2）绘图步骤：以图 8-10 所示滑动轴承装配图为例。

① 根据所确定的视图数量、图形的大小和采用的比例，选定图幅并进行布局。在布局时，应留出标注尺寸、编注零件序号、书写技术要求、画标题栏和明细栏的位置。

② 画出图框、标题栏和明细栏，如图 8-15（a）所示。

③ 画出各视图的主要中心线及基准线等，如图 8-15（a）所示。

④ 画出各视图主要部分的底稿，如图 8-15（b）所示。通常可以先从主视图开始。根据各视图所表达的主要内容不同，可采取不同的方法着手。如果是画剖视图，则应从内向外画，这样被遮挡的零件的轮廓线就可以不画。如果是画外形视图，一般则是从大的或主要的零件着手。

⑤ 画次要零件、小零件及各部分细节的底稿，如图 8-15（c）所示。

⑥ 检查底稿，描深图线并画剖面线。在画剖面线时，主要的剖视图可以先画。最好

画完一个零件所有的剖面线，再画另一个零件的，以免剖面线方向及间距出现错误。

　⑦ 注出必要的尺寸。

　⑧ 编注零件序号，并填写明细栏、标题栏及技术要求等。

　⑨ 仔细检查全图并签名，完成全图，如图 8-15 所示。

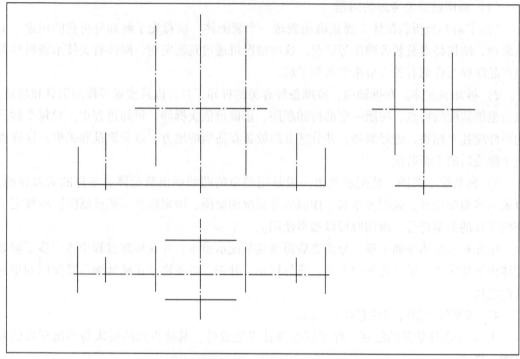

(a) 画出图框、标题栏、明细栏、中心线及基准线

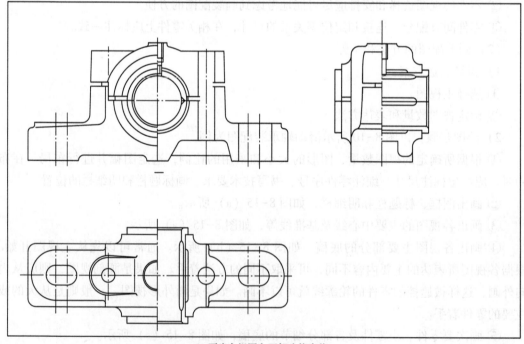

(b) 画出各视图主要部分的底稿

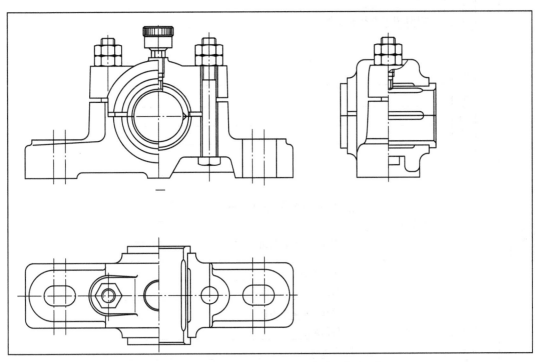

(c) 画次要零件、小零件及各部分细节的底稿

图 8-15 滑动轴承装配图绘图步骤

【知 识 总 结】

请自行总结知识点，将下列总结完善。

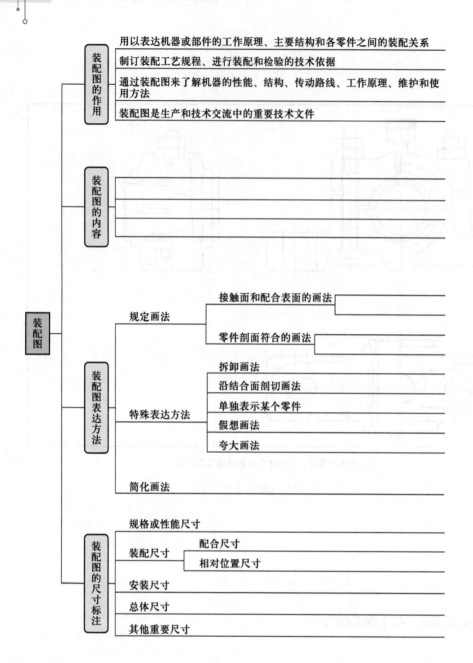

装配图的作用
- 用以表达机器或部件的工作原理、主要结构和各零件之间的装配关系
- 制订装配工艺规程、进行装配和检验的技术依据
- 通过装配图来了解机器的性能、结构、传动路线、工作原理、维护和使用方法
- 装配图是生产和技术交流中的重要技术文件

装配图的内容

装配图

装配图表达方法
- 规定画法
  - 接触面和配合表面的画法
  - 零件剖面符合的画法
- 特殊表达方法
  - 拆卸画法
  - 沿结合面剖切画法
  - 单独表示某个零件
  - 假想画法
  - 夸大画法
- 简化画法

装配图的尺寸标注
- 规格或性能尺寸
- 装配尺寸
  - 配合尺寸
  - 相对位置尺寸
- 安装尺寸
- 总体尺寸
- 其他重要尺寸

附表 1　普通螺纹牙型、直径与螺距（摘自 GB/T 192—2003、GB/T 193—2003）　　mm

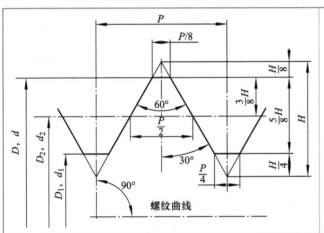

D—内螺纹基本大径（公称直径）；
d—外螺纹基本大径（公称直径）；
D_2—内螺纹基本中径；
d_2—外螺纹基本中径；
D_1—内螺纹基本小径；
d_1—外螺纹基本小径；
P—螺距；
H—原始三角形高度

标记示例：

M10（粗牙普通外螺纹，公称直径 $d=10\,\mathrm{mm}$，中径及大径公差带代号均为 6g，中等旋合长度组，右旋）

M10×1-LH（细牙普通内螺纹，公称直径 $D=10\,\mathrm{mm}$，螺距 $P=1\,\mathrm{mm}$，中径及大径公差带代号均为 6H，中等旋合长度组，左旋）

公称直径 D、d			螺距 P	
第一系列	第二系列	第三系列	粗牙	细牙
	3.5		0.6	0.35
4			0.7	0.5
		4.5	0.75	0.5
5			0.8	0.5
		5.5		0.5
6			1	0.75
	7		1	0.75
8			1.25	1、0.75
		9	1.25	1、0.75
10			1.5	1.25、1、0.75
		11	1.5	1.5、1、0.75
12			1.75	1.25、1

续表

公称直径 D、d			螺距 P	
第一系列	第二系列	第三系列	粗牙	细牙
	14		2	1.5、1.25、1
		15		1.5、1
16			2	1.5、1
		17		1.5、1
	18		2.5	2、1.5、1
20			2.5	2、1.5、1
	22		2.5	2、1.5、1
24			3	2、1.5、1
		25		2、1.5、1
		26		1.5
	27		3	2、1.5、1
		28		2、1.5、1
30			3.5	(3)、2、1.5、1
	32			2、1.5
	33		3.5	(3)、2、1.5
		35		1.5
36			4	3、2、1.5
		38		1.5
	39		4	3、2、1.5

注：1. 优先选用第一系列。
　　2. * M14×1.25 仅用于火花塞；M35×1.5 仅用于滚动轴承锁紧螺母。

附表 2　六角头螺栓　　　　　　　　　　　　　　　　mm

六角头螺栓　C 级（摘自 GB/T 5780—2016）

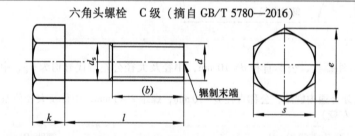

标记示例：
螺栓　GB/T 5780　M20×100
（螺纹规格 M12，公称长度 l＝100 mm、右旋，性能等级为 4.8 级，表面不经处理，杆身半螺纹，C 级的六角头螺栓）

六角头螺栓　全螺纹　C 级（摘自 GB/T 5781—2016）

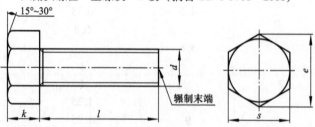

标记示例：
螺栓　GB/T 5781　M12×80
（螺纹规格 M12，公称长度 l＝80 mm、右旋，性能等级为 4.8 级，表面不经处理，全螺纹，C 级的六角头螺栓）

续表

螺纹规格 d		M5	M6	M8	M10	M12	M16	M20	M24	M30	M36	M42	M48
$b_{参考}$	$l \leqslant 125$	16	18	22	26	30	38	40	54	66	—	—	—
	$125 < l \leqslant 200$	22	24	28	32	36	44	52	60	72	84	96	108
	$l > 200$	35	37	41	45	49	57	65	73	85	97	109	121
$k_{公称}$		3.5	4.0	5.3	6.4	7.5	10	12.5	15	18.7	22.5	26	30
d_{smax}		5.48	6.48	8.58	10.58	12.7	16.7	20.84	24.84	30.84	37.0	43	49.0
s_{max}		8	10	13	16	18	24	30	36	46	55	65	75
e_{min}		8.63	10.89	14.2	17.59	19.85	26.17	32.95	39.55	50.85	60.79	71.3	82.6
$l_{范围}$	GB/T 5780	25~50	30~60	35~80	40~100	45~120	55~160	65~200	80~240	90~300	110~300	160~420	180~480
	GB/T 5781	10~40	12~50	16~65	20~80	25~100	30~100	40~100	50~100	60~100	70~100	80~420	90~480
$l_{系列}$		8、10、12、16、18、20~50（5 进位）、（55）、60、（65）、70~160（10 进位）、180~500（20 进位）											

注：1. 括号内的规格尽可能不用。

2. 螺纹公差带代号 8g（GB/T 5780—2016）；性能等级为 4.6 或 4.8；产品等级 C 级。

附表 3 螺 钉   mm

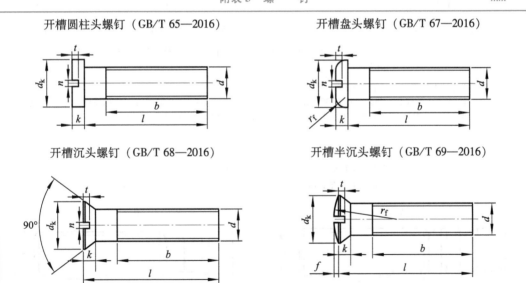

开槽圆柱头螺钉（GB/T 65—2016）   开槽盘头螺钉（GB/T 67—2016）

开槽沉头螺钉（GB/T 68—2016）   开槽半沉头螺钉（GB/T 69—2016）

无螺杆部分杆径≈螺纹中径或=螺纹大径

标记示例：

螺钉 GB/T 65 M5×20（d＝5 mm，公称长度 l＝20 mm，性能等级为 4.8 级，表面不经处理的 A 级开槽圆柱头螺钉）

螺纹规格 d		M3	M4	M5	M6	M8	M10
P		0.5	0.7	0.8	1	1.25	1.5
b_{min}		25	38	38	38	38	38
$n_{公称}$		0.8	1.2	1.2	1.6	2	2.5
t	GB/T 65	0.85	1.1	1.3	1.6	2	2.4
	GB/T 67	0.7	1	1.2	1.4	1.9	2.4
	GB/T 68	0.6	1	1.1	1.2	1.8	2
	GB/T 69	1.2	1.6	2	2.4	3.2	3.8
k_{max}	GB/T 65	2	2.6	3.3	3.9	5	6
	GB/T 67	1.8	2.4	3.0	3.6	4.8	6
	GB/T 68 GB/T 69	1.65	2.7	2.7	3.3	4.65	5
d_{kmax}	GB/T 65	5.5	7	8.5	10	13	16
	GB/T 67	5.6	8	9.5	12	16	20
	GB/T 68 GB/T 69	5.5	8.4	9.3	11.3	15.8	18.3
f	GB/T 69	0.7	1	1.2	1.4	2	2.3
r_f	GB/T 69	6	9.5	9.5	12	16.5	19.5
l 范围		4~30	5~40	6~50	8~60	10~80	12~80
l 系列		4、5、5、8、10、12、(14)、16、20、25、30、35、40、50、(55)、60、(65)、70、(75)、80					

注：1. 圆括号内的规格尽可能不采用。
    2. M1.6~M3 的螺钉，公称长度在 30 mm 以内的制出全螺纹；M4~M10 的螺钉，公称长度在 40 mm 以内的制出全螺纹；M4~M10 的螺钉 GB/T 68，公称长度在 45 mm 以内的制出全螺纹。

附表 4　双 头 螺 柱　　　　　　　　　　　　　　　　　mm

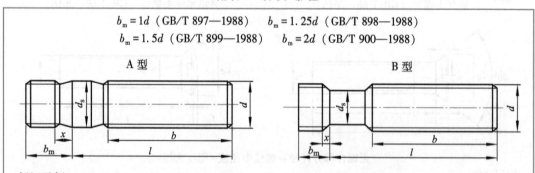

$b_m = 1d$（GB/T 897—1988）　　$b_m = 1.25d$（GB/T 898—1988）
$b_m = 1.5d$（GB/T 899—1988）　　$b_m = 2d$（GB/T 900—1988）

A 型　　　　　　　　　　　　　　　　B 型

标记示例：
螺柱　GB/T 897　M10×50（两端均为粗牙螺纹，$d=10$ mm，公称长度 $l=50$ mm，性能等级为 4.8 级，B 型，$b_m = 1d$ 的双头螺柱）
螺柱　GB/T 897　AM10-M10×1×50（旋入端为普通粗牙螺纹，旋螺母一端为螺距 P 为 1 mm 的普通细牙螺纹，$d=10$ mm，公称长度 $l=50$ mm，性能等级为 4.8 级，A 型，$b_m = 1d$ 的双头螺柱）

续表

螺纹规格 d	d_{smax}	b_m（公称）				l/b					
		GB/T 897	GB/T 898	GB/T 899	GB/T 900						
M5	5	5	6	8	10	l	16~20		25~50		
						b	10		16		
M6	6	6	8	10	12	l	20~22	25~30	32~75		
						b	10	14	18		
M8	8	8	10	12	16	l	20~22	25~30	32~90		
						b	12	16	22		
M10	10	10	12	15	20	l	25~28	30~38	40~120	130	
						b	14	16	26	32	
M12	12	12	15	18	24	l	25~30	32~40	45~120	130~180	
						b	16	20	30	36	
M16	14	16	20	24	32	l	30~38	40~55	60~120	130~200	
						b	20	30	38	44	
M20	20	20	25	30	40	l	35~40	45~65	70~120	130~200	
						b	25	35	46	52	
M24	24	24	30	36	48	l	45~60	55~75	80~120	130~200	
						b	30	45	54	60	
M30	30	30	38	45	60	l	60~65	70~90	95~120	130~200	210~250
						b	40	50	66	72	85
M36	36	36	45	54	72	l	65~75	80~110	120	130~200	210~300
						b	45	60	78	84	97
M42	42	42	52	63	84	l	70~80	85~110	120	130~200	210~300
						b	50	70	90	96	109
M48	48	48	60	72	96	l	80~90	95~110	120	130~200	210~300
						b	60	80	102	108	121
d_s	A 型 d_s＝螺纹大径　　B 型 d_s≈螺纹中径										
l 系列	16、20、25、30、35、40、45、50、60、70、80、90、100、110、120、130、140、150、160、170、180、190、200、210、220、230、240、250、260、280、300										

附表5   螺   母   mm

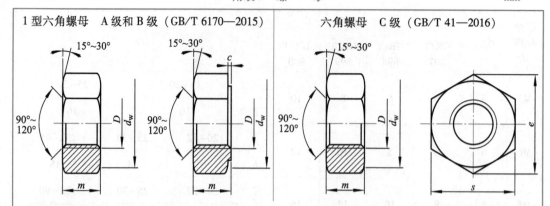

1型六角螺母 A级和B级（GB/T 6170—2015）   六角螺母 C级（GB/T 41—2016）

标记示例：
螺钉 GB/T6170 M10（$D=10$ mm，性能等级为8级，表面不经处理的A级1型六角螺母）

螺纹规格 D		M5	M6	M8	M10	M12	M16	M20	M24	M30	M36	M42	M48
c		0.5			0.6			0.8				1	
s_{max}		8	10	13	16	18	24	30	36	46	55	65	75
e_{min}	A、B级	8.79	11.05	14.38	17.77	20.03	26.75	32.95	39.55	50.85	60.79	71.3	82.6
	C级	8.63	10.89	14.2	17.59	19.85	26.17	32.95	39.55	50.85	60.79	71.3	82.6
m_{max}	A、B级	4.7	5.2	6.8	8.4	10.8	14.8	18	21.5	25.6	31.0	34	38
	C级	5.6	6.4	7.9	9.5	12.2	15.9	19	22.3	26.4	31.9	34.9	38.9
d_{wmin}	A、B级	6.9	8.9	11.6	14.6	16.6	22.5	27.7	33.3	42.8	51.1	60	69.5
	C级	6.7	8.7	11.5	14.5	16.5	22	27.7	33.3	42.8	51.1	60	69.5

注：1. A级用于 $D\leqslant16$ mm 的螺母，B级用于 $D>16$ mm 的螺母，C级用于 $D\geqslant5$ mm 的螺母。
　　2. 螺纹公差：A、B级为6H，C级为7H；性能等级：A、B级为6、8、10级，C级为4、5级。

附表6 平 垫 圈   mm

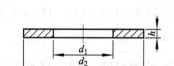

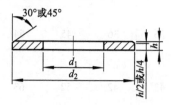

平垫圈 A级（GB/T 97.1—2002）   平垫圈 倒角型 A级（GB/T 97.2—2002）

标记示例：
螺钉 GB/T 97.110（$d=5$ mm，内径 $d_1=10.5$ mm，硬度等级为200HV级，表面不经处理的平垫圈）

公称尺寸 （螺纹规格） d	5	6	8	10	12	14	16	20	24	30	36	42
内径 d_1	5.3	6.4	8.4	10.5	13	15	17	21	25	31	37	45
外径 d_2	10	12	16	20	24	28	30	37	44	56	66	78
厚度 h	1	1.6	1.6	2	2.5	2.5	3	3	4	4	5	8

附表 7　普通平键键槽的尺寸与公差（摘自 GB/T 1095—2003）　　mm

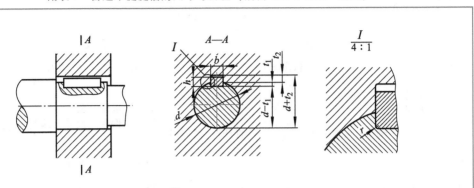

键尺寸 $b×h$	键槽										
	宽度 b						深度 t				半径 r
	公称尺寸	极限偏差					轴 t_1		毂 t_2		
		正常连接		紧密连接	松连接		公称尺寸	极限偏差	公称尺寸	极限偏差	
		轴 N9	毂 JS9	轴和毂 P9	轴 H9	毂 D10					min	max
2×2	2	−0.004 −0.029	±0.0125	−0.006 −0.031	+0.025 0	+0.060 +0.020	1.2	+0.10	1.0	+0.10	0.08	0.16
3×3	3						1.8		1.4		0.08	0.16
4×4	4	0 −0.030	±0.015	−0.012 −0.042	+0.030 0	+0.078 +0.030	2.5		1.8			
5×5	5						3.0		2.3		0.16	0.25
6×6	6						3.5		2.8		0.16	0.25
8×7	8	0 −0.036	±0.018	−0.015 −0.051	+0.036 0	+0.098 +0.040	4.0		3.3		0.25	0.40
10×8	10						5.0		3.3		0.25	0.40
12×8	12	0 −0.043	±0.0215	−0.018 −0.061	+0.043 0	+0.120 +0.050	5.0		3.3			
14×9	14						5.5		3.8		0.25	0.40
16×10	16						6.0		4.3		0.25	0.40
18×11	18						7.0	+0.20	4.4	+0.20		
20×12	20	0 −0.052	±0.026	−0.022 −0.074	+0.052 0	+0.149 +0.065	7.5		4.9			
22×14	22						9.0		5.4			
25×14	25						9.0		5.4		0.40	0.60
28×16	28						10.0		6.4			
32×18	32						11.0		7.4			

键尺寸 $b×h$	键槽										
	宽度 b						深度 t				半径 r
	公称尺寸	极限偏差					轴 t_1		毂 t_2		
		正常连接		紧密连接	松连接		公称尺寸	极限偏差	公称尺寸	极限偏差	
		轴 N9	毂 JS9	轴和毂 P9	轴 H9	毂 D10					min	max
36×20	36	0 −0.062	±0.031	−0.026 −0.088	+0.026 0	+0.180 +0.080	12.0	+0.30	8.4	+0.30	0.70	1.00
40×22	40						13.0		9.4			
45×25	45						15.0		10.4			
50×28	50						17.0		11.4			
56×32	56	0 −0.074	±0.037	−0.032 −0.106	+0.074 0	+0.220 +0.100	20.0		12.4		1.20	1.60
63×32	63						20.0		12.4			
70×36	70						22.0		14.4			
80×40	80						25.0		15.4			
90×45	90	0 −0.087	±0.0435	−0.037 −0.124	+0.087 0	+0.260 +0.120	28.0		17.4		2.00	2.50
100×50	100						31.0		19.5			

注：1. 在零件图中，轴槽深用 $d-t_1$ 标注，$d-t_1$ 的极限偏差值应取负号，轮毂槽深用 $d+t_2$ 标注。

　　2. 普通平键应符合 GB/T 1096 规定。

　　3. 平键轴槽的长度公差用 H14。

　　4. 轴槽、轮毂槽的键槽两侧面的表面粗糙度值推荐为 $Ra1.6\sim3.2\,\mu m$；轴槽底面、轮毂槽底面的表面粗糙度值为 $Ra6.3\,\mu m$。

　　5. 以上未提及的键槽相关的其他技术条件，可查阅国家标准 GB/T 1096。

附表 8　圆　柱　销　　　　　　　　　　　　　　　　　　　　　mm

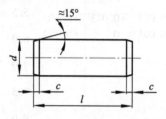

圆柱销　不淬硬钢和奥氏体不锈钢（GB/T 119.1—2000）

圆柱销　淬硬钢和马氏体不锈钢（GB/T 119.2—2000）

标记示例：

　销　GB/T 119.1　8 m6×40（公称直径 $d=8\,mm$，公差为 m6，公称长度 $l=40\,mm$，材料为钢，不经淬火，表面不经处理的圆柱销）

　销　GB/T 119.2　8 m6×40（公称直径 $d=8\,mm$，公差为 m6，公称长度 $l=40\,mm$，材料为钢，普通淬火（A 型），表面氧化处理的圆柱销）

续表

d（公称直径）		1.5	2	2.5	3	4	5	6	8
$c \approx$		0.3	0.35	0.4	0.5	0.63	0.8	1.2	1.6
l（长度范围）	GB/T 119.1	4~16	6~20	6~24	8~30	8~40	10~50	12~60	14~80
	GB/T 119.2	4~16	5~20	6~24	9~30	10~40	12~50	14~60	18~80
d（公称直径）		10	12	16	20	25	30	40	50
$c \approx$		2	2.5	3	3.5	4	5	6.3	8
l（长度范围）	GB/T 119.1	18~95	22~140	26~180	35~200以上	50~200以上	60~200以上	80~200以上	95~200以上
	GB/T 119.2	22~100以上	26~100以上	40~100以上	50~100以上	—	—	—	—
l（系列）		3，4，5，6，8，10，12，14，16，18，20，22，24，26，28，30，32，35~95（5进位），100~200（20进位），…							

注：1. 公称直径 d 的公差，GB/T 119.1—2000 规定为 m6 和 h8，GB/T 119.2—2000 仅有 m6。其他公差由供需双方协议。

2. GB/T 119.2—2000 中淬硬钢按淬火方法不同，分为普通淬火（A 型）和表面淬火（B 型）。

3. 公称长度大于 200 mm，按 20 mm 递增。

附表 9　圆锥销（摘自 GB/T 117—2000）　　　　　　　　　　mm

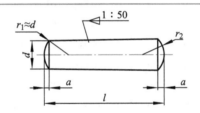

标记示例：

销　GB/T 117　6×30（公称直径 d = 6 mm，公称长度 l = 30 mm，材料为 35 钢，热处理硬度 28~38HRC，表面氧化处理的 A 型圆锥销）

d（公称直径）	0.6	0.8	1	1.2	1.5	2	2.5	3	4	5
$a \approx$	0.08	0.1	0.12	0.16	0.2	0.25	0.3	0.4	0.5	0.63
l（长度范围）	4~8	5~12	6~16	6~20	8~24	10~35	10~35	12~45	14~55	18~60
d（公称直径）	6	8	10	12	16	20	25	30	40	50
$a \approx$	0.8	1	1.2	1.6	2	2.5	3	4	5	6.3
l（长度范围）	22~90	22~120	26~160	32~180	40~200以上	45~200以上	50~200以上	55~200以上	60~200以上	65~200以上
l（系列）	2，3，4，5，6~32（2进位），35~95（5进位），100~200（20进位），…									

注：1. 公称直径 d 的公差规定为 h10，其他公差如 a11、c11 和 f8 由供需双方协议。

2. 圆锥销有 A 型和 B 型。A 型为磨削，锥面表面粗糙度值为 $Ra0.8\ \mu m$；B 型为切削或冷镦，锥面表面粗糙度值为 $Ra3.2\ \mu m$。端面的表面粗糙度值为 $Ra6.3\ \mu m$。

3. 公称长度大于 200 mm，按 20 mm 递增。

附表 10   深沟球轴承（摘自 GB/T 276—2013）   mm

类型代号 6

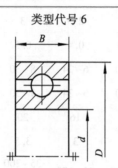

标记示例：
滚动轴承   6206   GB/T 276—2013（尺寸系列代号为 02，内径为 30 mm 的深沟球轴承）

轴承型号	外形尺寸			轴承型号	外形尺寸			轴承型号	外形尺寸			轴承型号	外形尺寸		
	d	D	B		d	D	B		d	D	B		d	D	B
10 系列				02 系列				03 系列				04 系列			
606	6	17	6	623	3	10	4	633	3	13	5	6403	17	62	17
607	7	19	6	624	4	13	5	634	4	16	5	6404	20	72	19
608	8	22	7	625	5	16	5	635	5	19	6	6405	25	80	21
609	9	24	7	626	6	19	6	6300	10	35	11	6406	30	90	23
6000	10	26	8	627	7	22	7	6301	12	37	12	6407	35	100	25
6001	12	28	8	628	8	24	8	6302	15	42	13	6408	40	110	27
6002	15	32	9	629	9	26	8	6303	17	47	14	6409	45	120	29
6003	17	35	10	6200	10	30	9	6304	20	52	16	6410	50	130	31
6004	20	42	12	6201	12	32	10	63/22	22	56	16	6411	55	140	33
60/22	22	44	12	6202	15	35	11	6305	25	62	17	6412	60	150	35
6005	25	47	12	6203	17	40	12	63/28	28	68	18	6413	65	160	37
60/28	28	52	12	6204	20	47	14	6306	30	72	19	6414	70	180	42
6006	30	55	13	62/22	22	50	14	63/32	32	75	20	6415	75	190	45
60/32	32	58	13	6205	25	52	15	6307	35	80	21	6416	80	200	48
6007	35	62	14	62/28	28	58	16	6308	40	90	23	6417	85	210	52
6008	40	68	15	6206	30	62	16	6309	45	100	25	6418	90	225	54
6009	45	75	16	62/32	32	65	17	6310	50	110	27	6419	95	240	55
6010	50	80	16	6207	35	72	17	6311	55	120	29	6420	100	250	58
6011	55	90	18	6208	40	80	18	6312	60	130	31				
6012	60	95	18	6209	45	85	19	6313	65	140	33				
				6210	50	90	20	6314	70	150	35				
				6211	55	100	21	6315	75	160	37				
				6212	60	110	22	6316	80	170	39				
								6317	85	180	41				
								6318	90	190	43				

附表 11　圆锥滚子轴承（摘自 GB/T 297—2015）　　　mm

类型代号 3

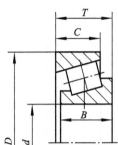

标记示例：

滚动轴承　30312　GB/T 297—2015（尺寸系列代号为 03，内径为 60 mm 的圆锥滚子轴承）

轴承型号	外形尺寸					轴承型号	外形尺寸				
	d	D	T	B	C		d	D	T	B	C
02 系列						22 系列					
30202	15	35	11.75	11	10	32204	20	47	19.25	18	15
30203	17	40	13.25	12	11	32205	25	52	19.25	18	16
30204	20	47	15.25	14	12	32206	30	62	21.25	20	17
30205	25	52	16.25	15	13	32207	35	72	24.25	23	19
30206	30	62	17.25	16	14	32208	40	80	24.75	23	19
30207	35	72	18.25	17	15	32209	45	85	24.75	23	19
30208	40	80	19.75	18	16	32210	50	90	24.75	23	19
30209	45	85	20.75	19	16	32211	55	100	26.75	25	21
30210	50	90	21.75	20	17	32212	60	110	29.75	28	24
30211	55	100	22.75	21	18	32213	65	120	32.75	31	27
30212	60	110	23.75	22	19	32214	70	125	33.25	31	27
30213	65	120	24.75	23	20	32215	75	130	33.25	31	27
03 系列						23 系列					
30302	15	42	14.25	13	11	32304	20	52	22.25	21	18
30303	17	47	15.25	14	12	32305	25	62	25.25	24	20
30304	20	52	16.25	15	13	32306	30	72	28.75	27	23
30305	25	62	18.25	17	15	32307	35	80	32.75	31	25
30306	30	72	20.75	19	16	32308	40	90	35.25	33	27
30307	35	80	22.75	21	18	32309	45	100	38.25	36	30
30308	40	90	25.25	23	20	32310	50	110	42.25	40	33
30309	45	100	27.25	25	22	32311	55	120	45.50	43	35
30310	50	110	29.25	27	23	32312	60	130	48.50	46	37
30311	55	120	31.50	29	25	32313	65	140	51	48	39
30312	60	130	33.50	31	26	32314	70	150	54	51	42
30313	65	140	36	33	28	32315	75	160	58	55	45

附表 12   推力球轴承（摘自 GB/T 301—2015）   mm

类型代号 5

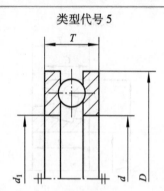

标记示例：

滚动轴承   51310   GB/T 301—2015（尺寸系列代号为 13，内径为 50 mm 的推力球轴承）

轴承 型号	外形尺寸				轴承 型号	外形尺寸			
	d	d_{1min}	D	T		d	d_{1min}	D	T
11 系列					13 系列				
51100	10	11	24	9	51304	20	22	47	18
51101	12	13	26	9	51305	25	27	52	18
51102	15	16	28	9	51306	30	32	60	21
51103	17	18	30	9	51307	35	37	68	24
51104	20	21	35	10	51308	40	42	78	26
51105	25	26	42	11	51309	45	47	85	28
51106	30	32	47	11	51310	50	52	95	31
51107	35	37	52	12	51311	55	57	105	35
51108	40	42	60	13	51312	60	62	110	35
51109	45	47	65	14	51313	65	67	115	36
51110	50	52	70	14	51314	70	72	125	40
51111	55	57	78	16	51315	75	77	135	44
51112	60	62	85	17	51316	80	82	140	44
12 系列					14 系列				
51200	10	12	26	11	51405	25	27	60	24
51201	12	14	28	11	51406	30	32	70	28
51202	15	17	32	12	51407	35	37	80	32
51203	17	19	35	12	51408	40	42	90	36
51204	20	22	40	14	51409	45	47	100	39
51205	25	27	47	15	51410	50	52	110	43
51206	30	32	52	16	51411	55	57	120	48
51207	35	37	62	18	51412	60	62	130	51
51208	40	42	68	19	51413	65	68	140	56
51209	45	47	73	20	51414	70	73	150	60
51210	50	52	78	22	51415	75	78	160	65
51211	55	57	90	25	51416	80	83	170	68
51212	60	62	95	26	51417	85	88	180	72

附表 13　公称尺寸≤3150 mm 的标准公差数值（摘自 GB/T 1800.2—2020）

公称尺寸/mm		标准公差等级																			
		IT01	IT0	IT1	IT2	IT3	IT4	IT5	IT6	IT7	IT8	IT9	IT10	IT11	IT12	IT13	IT14	IT15	IT16	IT17	IT18
大于	至	标准公差值																			
		μm													mm						
—	3	0.3	0.5	0.8	1.2	2	3	4	6	10	14	25	40	60	0.1	0.14	0.25	0.4	0.6	1	1.4
3	6	0.4	0.6	1	1.5	2.5	4	5	8	12	18	30	48	75	0.12	0.18	0.3	0.48	0.75	1.2	1.8
6	10	0.4	0.6	1	1.5	2.5	4	6	9	15	22	36	58	90	0.15	0.22	0.36	0.58	0.9	1.5	2.2
10	18	0.5	0.8	1.2	2	3	5	8	11	18	27	43	70	110	0.18	0.27	0.43	0.7	1.1	1.8	2.7
18	30	0.6	1	1.5	2.5	4	6	9	13	21	33	52	84	130	0.21	0.33	0.52	0.84	1.3	2.1	3.3
30	50	0.6	1	1.5	2.5	4	7	11	16	25	39	62	100	160	0.25	0.39	0.62	1	1.6	2.5	3.9
50	80	0.8	1.2	2	3	5	8	13	19	30	46	74	120	190	0.3	0.46	0.74	1.2	1.9	3	4.6
80	120	1	1.5	2.5	4	6	10	15	22	35	54	87	140	220	0.35	0.54	0.87	1.4	2.2	3.5	5.4
120	180	1.2	2	3.5	5	8	12	18	25	40	63	100	160	250	0.4	0.63	1	1.6	2.5	4	6.3
180	250	2	3	4.5	7	10	14	20	29	46	72	115	185	290	0.46	0.72	1.15	1.85	2.9	4.6	7.2
250	315	2.5	4	6	8	12	16	23	32	52	81	130	210	320	0.52	0.81	1.3	2.1	3.2	5.2	8.1
315	400	3	5	7	9	13	18	25	36	57	89	140	230	360	0.57	0.89	1.4	2.3	3.6	5.7	8.9
400	500	4	6	8	10	15	20	27	40	63	97	155	250	400	0.63	0.97	1.55	2.5	4	6.3	9.7
500	630			9	11	16	22	32	44	70	110	175	280	440	0.7	1.1	1.75	2.8	4.4	7	11
630	800			10	13	18	25	36	50	80	125	200	320	500	0.8	1.25	2	3.2	5	8	12.5
800	1000			11	15	21	28	40	56	90	140	230	360	560	0.9	1.4	2.3	3.6	5.6	9	14
1000	1250			13	18	24	33	47	66	105	165	260	420	660	1.05	1.65	2.6	4.2	6.6	10.5	16.5
1250	1600			15	21	29	39	55	78	125	195	310	500	780	1.25	1.95	3.1	5	7.8	12.5	19.5
1600	2000			18	25	35	46	65	92	150	230	370	600	920	1.5	2.3	3.7	6	9.2	15	23
2000	2500			22	30	41	55	78	110	175	280	440	700	1100	1.75	2.8	4.4	7	11	17.5	28
2500	3150			26	36	50	68	96	135	210	330	540	860	1350	2.1	3.3	5.4	8.6	13.5	21	33

附表 14　优先配合中轴的上、下极限偏差数值（摘自 GB/T 1800.1—2020、GB/T 1800.2—2020）

μm

公称尺寸/mm 大于	至	a11	b11	c11	d9	e8	f7	g6	h6	h7	h9	h11	js6	k6	n6	p6	r6	s6
—	3	−270/−330	−140/−200	−60/−120	−20/−45	−14/−28	−6/−16	−2/−8	0/−6	0/−10	0/−25	0/−60	±3	+6/0	+10/+4	+12/+6	+16/+10	+20/+14
3	6	−270/−345	−140/−215	−70/−145	−30/−60	−20/−38	−10/−22	−4/−12	0/−8	0/−12	0/−30	0/−75	±4	+9/+1	+16/+8	+20/+12	+23/+15	+27/+19
6	10	−280/−370	−150/−240	−80/−170	−40/−76	−25/−47	−13/−28	−5/−14	0/−9	0/−15	0/−36	0/−90	±4.5	+10/+1	+19/+10	+24/+15	+28/+19	+32/+23
10	18	−290/−400	−150/−260	−95/−205	−50/−93	−32/−59	−16/−34	−6/−17	0/−11	0/−18	0/−43	0/−110	±5.5	+12/+1	+23/+12	+29/+18	+34/+23	+39/+28
18	30	−300/−430	−160/−290	−110/−240	−65/−117	−40/−73	−20/−41	−7/−20	0/−13	0/−21	0/−52	0/−130	±6.5	+15/+2	+28/+15	+35/+22	+41/+28	+48/+35
30	40	−310/−470	−170/−330	−120/−280	−80/−142	−50/−89	−25/−50	−9/−25	0/−16	0/−25	0/−62	0/−160	±8	+18/+2	+33/+17	+42/+26	+50/+34	+59/+43
40	50	−320/−480	−180/−340	−130/−290	−80/−142	−50/−89	−25/−50	−9/−25	0/−16	0/−25	0/−62	0/−160	±8	+18/+2	+33/+17	+42/+26	+50/+34	+59/+43
50	65	−340/−530	−190/−380	−140/−330	−100/−174	−60/−106	−30/−60	−10/−29	0/−19	0/−30	0/−74	0/−190	±9.5	+21/+2	+39/+20	+51/+32	+60/+41	+72/+53
65	80	−360/−550	−200/−390	−150/−340	−100/−174	−60/−106	−30/−60	−10/−29	0/−19	0/−30	0/−74	0/−190	±9.5	+21/+2	+39/+20	+51/+32	+62/+43	+78/+59
80	100	−380/−600	−220/−440	−170/−390	−120/−207	−72/−126	−36/−71	−12/−34	0/−22	0/−35	0/−87	0/−220	±11	+25/+3	+45/+23	+59/+37	+73/+51	+93/+71
100	120	−410/−630	−240/−460	−180/−400	−120/−207	−72/−126	−36/−71	−12/−34	0/−22	0/−35	0/−87	0/−220	±11	+25/+3	+45/+23	+59/+37	+76/+54	+101/+79
120	140	−460/−710	−260/−510	−200/−450	−145/−245	−85/−148	−43/−83	−14/−39	0/−25	0/−40	0/−100	0/−250	±12.5	+28/+3	+52/+27	+68/+43	+88/+63	+117/+92
140	160	−520/−770	−280/−530	−210/−460	−145/−245	−85/−148	−43/−83	−14/−39	0/−25	0/−40	0/−100	0/−250	±12.5	+28/+3	+52/+27	+68/+43	+90/+65	+125/+100
160	180	−580/−830	−310/−560	−230/−480	−145/−245	−85/−148	−43/−83	−14/−39	0/−25	0/−40	0/−100	0/−250	±12.5	+28/+3	+52/+27	+68/+43	+93/+68	+133/+108
180	220	−660/−950	−340/−630	−240/−530	−170/−285	−100/−172	−50/−96	−15/−44	0/−29	0/−46	0/−115	0/−290	±14.5	+33/+4	+60/+31	+79/+50	+106/+77	+151/+122
200	225	−740/−1030	−380/−670	−260/−550	−170/−285	−100/−172	−50/−96	−15/−44	0/−29	0/−46	0/−115	0/−290	±14.5	+33/+4	+60/+31	+79/+50	+109/+80	+159/+130
225	250	−820/−1100	−420/−710	−280/−570	−170/−285	−100/−172	−50/−96	−15/−44	0/−29	0/−46	0/−115	0/−290	±14.5	+33/+4	+60/+31	+79/+50	+113/+84	+169/+140
250	280	−920/−1240	−480/−800	−300/−620	−190/−320	−110/−191	−56/−108	−17/−49	0/−32	0/−52	0/−130	0/−320	±16	+36/+4	+66/+34	+88/+56	+126/+94	+190/+158
280	315	−1050/−1370	−540/−860	−330/−650	−190/−320	−110/−191	−56/−108	−17/−49	0/−32	0/−52	0/−130	0/−320	±16	+36/+4	+66/+34	+88/+56	+130/+98	+244/+208

续表

公称尺寸/mm		公差带																
		a	b	c	d	e	f	g	h				js	k	n	p	r	s
大于	至	11	11	11	9	8	7	6	6	7	9	11	6	6	6	6	6	6
315	355	-1200 -1560	-600 -960	-360 -720	-210 -350	-125 -214	-62 -119	-18 -54	0 -36	0 -57	0 -140	0 -360	±18	+40 +4	+73 +37	+98 +62	+144 +108	+226 +190
335	400	-1350 -1710	-680 -1040	-400 -760													+150 +114	+244 +208
400	450	-1500 -1900	-760 -1160	-440 -840	-230 -385	-135 -232	-68 -131	-20 -60	0 -40	0 -63	0 -155	0 -400	±20	+45 +5	+80 +40	+108 +68	+166 +126	+272 +232
450	500	-1650 -2050	-840 -1240	-480 -880													+172 +132	+292 +252

附表 15   优先配合中孔的上、下极限偏差数值（摘自 GB/T 1800.1—2020、GB/T 1800.2—2020）

μm

公称尺寸/mm		公差带																
		A	B	C	D	E	F	G	H				JS	K	N	P	R	S
大于	至	11	11	11	10	9	8	7	7	8	9	11	7	7	7	7	7	7
—	3	+330 +270	+200 +140	+120 +60	+60 +20	+39 +14	+20 +6	+12 +2	+10 0	+14 0	+25 0	+60 0	±5	0 -10	-4 -14	-6 -16	-10 -20	-14 -24
3	6	+345 +270	+215 +140	+145 +70	+78 +30	+50 +20	+28 +10	+16 +4	+12 0	+18 0	+30 0	+75 0	±6	+3 -9	-4 -16	-8 -20	-11 -23	-15 -27
6	10	+370 +280	+240 +150	+170 +80	+98 +40	+61 +25	+35 +13	+20 +5	+15 0	+22 0	+36 0	+90 0	±7.5	+5 -10	-4 -19	-9 -24	-13 -28	-17 -32
10	18	+400 +290	+260 +150	+205 +95	+120 +50	+75 +32	+43 +16	+24 +6	+18 0	+27 0	+43 0	+110 0	±9	+6 -12	-5 -23	-11 -29	-16 -34	-21 -39
18	30	+430 +300	+290 +160	+240 +110	+149 +65	+92 +40	+53 +20	+28 +7	+21 0	+33 0	+52 0	+130 0	±10.5	+6 -15	-7 -28	-14 -35	-20 -41	-27 -48
30	40	+470 +310	+330 +170	+280 +120	+180 +80	+112 +50	+64 +25	+34 +9	+25 0	+39 0	+62 0	+160 0	±12.5	+7 -18	-8 -33	-17 -42	-25 -50	-34 -59
40	50	+480 +320	+340 +180	+290 +130														
50	65	+530 +340	+380 +190	+330 +140	+220 +100	+134 +60	+76 +30	+40 +10	+30 0	+46 0	+74 0	+190 0	±15	+9 -21	-9 -39	-21 -51	-30 -60	-42 -72
65	80	+550 +360	+390 +200	+340 +150													-32 -62	-48 -78
80	100	+600 +380	+440 +220	+390 +170	+260 +120	+159 +72	+90 +36	+47 +12	+35 0	+54 0	+87 0	+220 0	±17.5	+10 -25	-10 -45	-24 -59	-38 -73	-58 -93
100	120	+630 +410	+460 +240	+400 +180													-41 -76	-66 -101

续表

公称尺寸/mm 大于	至	A 11	B 11	C 11	D 10	E 9	F 8	G 7	H 7	H 8	H 9	H 11	JS 7	K 7	N 7	P 7	R 7	S 7
120	140	+710 +460	+510 +260	+450 +200													-48 -88	-77 -117
140	160	+770 +520	+530 +280	+460 +210	+305 +145	+185 +85	+106 +43	+54 +14	+40 0	+63 0	+100 0	+250 0	±20	+12 -28	-12 -52	-28 -68	-50 -90	-85 -125
160	180	+830 +580	+560 +310	+480 +230													-53 -93	-93 -133
180	200	+950 +660	+630 +340	+530 +240													-60 -106	-105 -151
200	225	+1030 +740	+670 +380	+550 +260	+355 +170	+215 +100	+122 +50	+61 +15	+46 0	+72 0	+115 0	+290 0	±23	+13 -33	-14 -60	-33 -79	-63 -109	-113 -159
225	250	+1110 +820	+710 +420	+570 +280													-67 -113	-123 -169
250	280	+1240 +920	+800 +480	+620 +300	+400 +190	+240 +110	+137 +56	+69 +17	+52 0	+81 0	+130 0	+320 0	±26	+16 -36	-14 -66	-36 -88	-74 -126	-138 -190
280	315	+1370 +1050	+860 +540	+650 +330													-78 -130	-150 -202
315	355	+1560 +1200	+960 +600	+720 +360	+440 +210	+265 +125	+151 +62	+75 +18	+57 0	+89 0	+140 0	+360 0	±28.5	+17 -40	-16 -73	-41 -98	-87 -144	-169 -226
355	400	+1710 +1350	+1040 +680	+760 +400													-93 -150	-187 -244
400	450	+1900 +1500	+1160 +760	+840 +440	+480 +230	+290 +135	+165 +68	+83 +20	+63 0	+97 0	+155 0	+400 0	±31.5	+18 -45	-17 -80	-45 -108	-103 -166	-209 -272
450	500	+2050 +1650	+1240 +840	+880 +480													-109 -172	-229 -292

［1］陈彩萍．工程制图［M］.4 版．北京：高等教育出版社，2018.

［2］邵娟琴．机械制图与计算机绘图［M］.3 版．北京：北京邮电大学出版社，2021.

［3］王晨曦．机械制图［M］.2 版．北京：北京邮电大学出版社，2021.

［4］沈凌．工程制图及 CAD［M］．北京：高等教育出版社，2020.

［5］彭晓兰．机械制图与 CAD［M］.3 版．北京：高等教育出版社，2023.

［6］涂晶洁．机械制图：项目式教学［M］.2 版．北京：机械工业出版社，2018.

［7］李玉军，张云杰．AutoCAD 2016 中文机械设计培训教程［M］．北京：清华大学出版
社，2016.

郑重声明

高等教育出版社依法对本书享有专有出版权。任何未经许可的复制、销售行为均违反《中华人民共和国著作权法》，其行为人将承担相应的民事责任和行政责任；构成犯罪的，将被依法追究刑事责任。为了维护市场秩序，保护读者的合法权益，避免读者误用盗版书造成不良后果，我社将配合行政执法部门和司法机关对违法犯罪的单位和个人进行严厉打击。社会各界人士如发现上述侵权行为，希望及时举报，我社将奖励举报有功人员。

反盗版举报电话　(010) 58581999　58582371

反盗版举报邮箱　dd@ hep. com. cn

通信地址　北京市西城区德外大街 4 号　高等教育出版社法律事务部

邮政编码　100120

读者意见反馈

为收集对教材的意见建议，进一步完善教材编写并做好服务工作，读者可将对本教材的意见建议通过如下渠道反馈至我社。

咨询电话　400-810-0598

反馈邮箱　gjdzfwb@ pub. hep. cn

通信地址　北京市朝阳区惠新东街 4 号富盛大厦 1 座　高等教育出版社总编辑办公室

邮政编码　100029